全国本科院校机械类创新型应用人才培养规划教材

数控技术及其应用

主　编　贾伟杰

副主编　曹甜东　卢正红　田　锐

北京大学出版社

PEKING UNIVERSITY PRESS

内 容 简 介

本书根据应用型本科人才的培养要求编写，将数控技术及其应用的理论和实践知识有机结合，密切联系生产实际，以适应高等教育的教学模式。 全书共 9 章，内容可以分为 3 个部分。 第一部分为第 1~4 章，主要讲解数控机床控制原理和机械结构等理论知识；第二部分为第 5~8 章，主要讲解数控加工工艺、数控机床编程和操作等应用知识；第三部分为第 9 章，通过实训来锻炼学生的实际动手能力。 本书在编写时适当简化理论知识的阐述，加强应用知识的讲解，注重培养学生的操作技能。

本书可作为应用型本科院校的机械类专业学生的数控课程教材，也可作为高职高专院校的机械类专业学生的教材，还可作为相关专业工程技术人员的参考用书。

图书在版编目(CIP)数据

数控技术及其应用/贾伟杰主编. —北京：北京大学出版社，2016.4
(全国本科院校机械类创新型应用人才培养规划教材)
ISBN 978-7-301-27034-9

Ⅰ. ①数…　Ⅱ. ①贾…　Ⅲ. ①数控技术—高等学校—教材　Ⅳ. ①TP273

中国版本图书馆 CIP 数据核字(2016)第 076298 号

书　　　　名	数控技术及其应用
	SHUKONG JISHU JI QI YINGYONG
著作责任者	贾伟杰　主编
策 划 编 辑	童君鑫
责 任 编 辑	李娉婷
标 准 书 号	ISBN 978-7-301-27034-9
出 版 发 行	北京大学出版社
地　　　　址	北京市海淀区成府路 205 号　100871
网　　　　址	http://www.pup.cn　新浪微博：@北京大学出版社
电 子 信 箱	pup_6@163.com
电　　　　话	邮购部 62752015　发行部 62750672　编辑部 62750667
印 刷 者	北京溢漾印刷有限公司
经 销 者	新华书店
	787 毫米×1092 毫米　16 开本　18.5 印张　425 千字
	2016 年 4 月第 1 版　2019 年 8 月第 2 次印刷
定　　　　价	46.00 元

前　　言

数控技术是采用数字控制的方法对某一工作过程实现自动控制的技术。数控机床是采用数控技术对机床的加工过程进行自动控制的机床。20 世纪 70 年代以来，随着微电子技术、计算机技术、传感器技术的发展，计算机数控技术获得了突飞猛进的发展，数控机床已经成为机械制造业的主流装备。现代数控机床是柔性制造系统(FMS)和计算机集成制造系统(CIMS)中不可缺少的基础设备。

编者在编写本书时，立足于机械专业应用型人才的培养目标，以培养学生对数控技术的应用能力为主，培养适应社会需要的应用型高级技能人才，按照"必需、够用、实用"的原则，采用"精简、增加、整合"的方法优化理论教学内容，增加实践教学内容。本书编写具有如下特点。

(1) 不过多编写不必要的理论推导，以讲清概念、原理、结论为主。为了加强针对性和实用性，本书对数控加工工艺、数控机床(选用日本 FANUC 0i 数控系统)的编程与操作做了较详尽的讲解。

(2) 结合教学中的经验，保持理论与实践紧密结合。为了加强实践性教学环节，本书增加了应用方面的内容和实例，还在综合实训一章中安排了数控加工的 4 个实例，让学生在实际操作中提高动手能力和专业技能。

(3) 力求适用面宽，在全面阐述数控技术理论知识和应用知识的同时又注重难易程度的把握。

本书是按 64 学时编写的，内容基本上概括了数控技术理论和应用的各个方面，最后一章综合实训可单独安排一周的实训课程。如有的学校专业课程学时较少，可对各章节有选择的讲授，或启发式讲授后让学生自学。

本书由贾伟杰担任主编，曹甜东、卢正红、田锐担任副主编。在编写过程中，编者参阅了相关教材和资料，并得到了许多同行专家、教授的支持和帮助，在此表示衷心的感谢。

由于编者水平所限，书中难免存在疏漏之处，敬请专家、同仁和广大读者批评指正。

编　者

2015 年 10 月

目　　录

第1章 概述

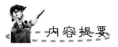

内容提要

　　本章首先介绍数控机床的基本概念，然后讲解数控机床的组成和分类，最后阐述数控机床的加工特点和应用范围，以及数控机床的发展趋势，为后续章节的学习打下基础。

1.1　数控机床的产生及作用

1.1.1　数控技术和数控机床的基本概念

数字控制(Numerical Control，NC)简称数控，是指用数字化信号对控制对象进行控制的方法，也称数控技术。对数控机床来说，这个控制对象就是金属切削机床。实现数字控制任务的设备称为数控系统，装备了数控系统的机床就称为数控机床。数字控制是相对于模拟控制而言的，数字控制系统中的控制量是数字量，而模拟控制系统中的控制量是模拟量。数字控制与模拟控制相比有很多优点，如数字信号易于存储、加密、传输和再现，数字系统抗干扰性强、可靠性高、集成度高等。虽然机床实现数字控制的初衷是为了加工各种复杂形状的曲面，但是几十年来数控技术在应用和发展过程中表现出来的多方面的卓越性能，已经引起了制造技术革命性的变革。

在数控系统中，数控装置是实现数控技术的关键。数控装置完成数控程序的读入、解释，并根据数控程序的要求对机床进行运动控制和逻辑控制。在早期的数控装置中，所有这些工作都是由数字逻辑电路实现的，现在称为硬件数控。现代数控系统中，数控装置的工作都是由计算机系统来完成的。以计算机系统作为数控装置构成的数控系统称为计算机数控(Computerized Numerical Control，CNC)系统。CNC系统的数字信息处理功能主要由软件实现，因而十分灵活，并可以处理数字逻辑电路难以处理的复杂信息，使数控系统的功能大大提高。人们现在看到的数控系统几乎都是计算机数控系统。

数控技术最早是被应用到金属切削机床上的，所以说到数控技术总是和数控机床联系在一起，其实数控技术可以用于各种机械设备，如冶金机械、锻压机械、轻工机械、纺织机械、包装机械、医疗机械等。

1.1.2　数控机床的产生和发展

1952年，美国麻省理工学院为解决复杂零件的自动化加工问题，研制成功世界上第一台三坐标联动、利用脉冲乘法器原理的试验性数字控制系统，并把它装在一台立式铣床上。该系统的控制装置由大约2000个电子管组成，体积约有一间普通教室那么大。尽管现在看来这套控制系统体积庞大、功能简单，但它在制造技术的发展史上却有着划时代的意义，它标志着机床数字控制时代的开始。

数控技术是机械技术和电子技术相结合的产物，因此机械技术、电子技术特别是计算机技术的每一点进步都在推动数控技术向前发展。1959年，晶体管器件的出现使电子设备的体积大大减小，数控系统中广泛采用晶体管和印制电路板，数控技术的发展进入第二代。1965年，出现了集成电路并被用于数控系统，它体积小、功耗低，使数控系统的可靠性得以进一步提高，被称为第三代数控系统。以上三代数控系统中，所有功能都是靠硬件实现的，灵活性差、可靠性难以进一步提高，现在称为硬件数控(Numerical Control，NC)。

1970年，在美国芝加哥国际机床展览会上，首次展出了一台以通用小型计算机作为数控装置的数控系统。这样的数控系统的最大特征是，许多数控功能可以由软件来实现，系统变得灵活、通用性好，被称为第四代数控系统。第四代数控系统的意义在于开创了计算机数控系统(Computerized Numerical Control，CNC)的新时代，但是由于成本等方面的原因，发展缓慢，实际应用不多。1974 年开始出现的以微处理器为核心的数控系统使计算机数控技术的发展突飞猛进，获得了广泛的应用，被誉为第五代数控系统。这主要是因为微处理器实现了计算机核心部件的高度集成，不但可靠性高、功能强、速度快，而且价格便宜，满足了数控系统的特殊要求。40 多年来，装备微处理器数控系统的数控机床得到了飞速发展和广泛应用。

20 世纪 80 年代，微处理器完成了由 16 位向 32 位的过渡，通用化的个人计算机(PC)发展迅速，开始在全世界范围内普及应用。PC 进入数控技术领域，产生了基于 PC 的数控系统，也称为第六代数控系统。PC 数控是自数控技术诞生以来最具深远意义的一次飞越。它和第五代数控系统的最大不同之处在于，PC 数控系统的硬件及软件平台是完全通用的，可以毫无障碍地借鉴 PC 的全部资源和最新发展成果，这使计算机数控技术的发展走上了更加坚实、宽广、快速的道路。

我国数控技术的发展起步于 20 世纪 50 年代，通过"六五"期间引进数控技术，"七五"期间组织消化吸收，"八五"期间进行科技攻关，我国数控技术和数控产业取得了相当大的成绩。特别是最近几年，国家实施了"高档数控机床与基础制造装备"科技重大专项，我国数控产业发展迅速，2014 年我国数控机床产量达 39.1 万台，高居世界第一。目前，我国可供市场的数控机床有 1500 多种，几乎覆盖了整个金属切削机床的品种类别和主要的锻压机械。尽管如此，现阶段国内高档数控系统的 90%，高档数控机床的 85% 还有赖于从国外进口。由此可以看出国产数控机床特别是中高档数控机床仍然缺乏市场竞争力，究其原因主要在于国产数控机床的研究开发深度不够，制造水平依旧落后，数控系统生产应用推广不力及数控人才缺乏等。因此，要提高数控机床的整体技术水平还要开展大量的研究和开发工作。

1.1.3 数控机床的作用

数控机床与人工操作的普通机床相比，具有适应范围广、自动化程度高、柔性强、操作者劳动强度低、易于组成自动生产系统等优点。具体表现在以下几个方面：

(1) 生产效益一般比通用机床提高 3～5 倍，多的可达 8～10 倍。

(2) 减少刀具、夹具的存储和花费，减少零件的库存和搬运次数。

(3) 减少工装和人为误差，提高零件加工精度，重复精度高，互换性好。

(4) 缩短新产品的试制和生产周期(当改变零件设计时，只需改变零件程序即可)，易于组织多品种生产，使企业能对市场需求迅速做出响应。

(5) 能加工传统方法不能加工的大型复杂零件。

(6) 有利于产品质量的控制，便于生产管理。

(7) 减轻了劳动强度，改善了劳动条件，节省了人力，降低了劳动成本。

1.2 数控机床的组成

1.2.1 数控机床的加工过程

利用数控机床完成零件数控加工的过程如图 1.1 所示，主要内容如下：

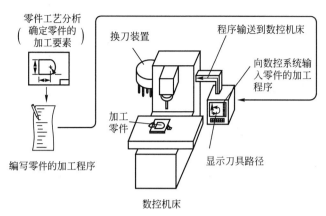

图 1.1 数控机床加工过程

（1）根据零件加工图样进行工艺分析，确定加工方案、工艺参数和位移数据。

（2）用规定的程序代码和格式编写零件加工程序单，或用自动编程软件 CAD/CAM 进行辅助编程，直接生成零件的加工程序文件。

（3）程序的输入，手工编写的程序通过数控机床的操作面板输入；软件生成的程序通过存储卡或计算机的串行通信接口直接传输到数控机床的数控装置。

（4）将输入数控装置的加工程序，通过试运行、刀具路径模拟等方法进行校核。

（5）通过对机床的正确操作，运行程序，完成零件的加工。

1.2.2 数控机床的基本组成

数控机床的基本组成包括输入装置、数控装置、伺服驱动系统和反馈系统、辅助控制装置及机床本体，如图 1.2 所示。

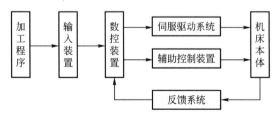

图 1.2 数控机床的基本组成

1. 输入装置

数控机床是按照零件加工程序运行的，加工程序是数控机床自动加工零件的工作指令。零件加工程序包括机床上刀具和零件的相对运动轨迹、工艺参数（进给量、主轴转速等）和辅助运动等加工所需的全部信息。

编制程序的工作可由人工进行，或者在外部计算机上由自动编程系统来完成，也可以在数控机床的数控装置上直接编程。

输入装置的作用是将程序输入数控装置内。根据程序存储介质的不同，输入装置可以是光电阅读机、磁带机或软盘驱动器等。加工程序也可以通过键盘，用手工方式（MDI）直接输入数控装置，或者将加工程序由编程计算机用通信方式传送到数控装置中。

2. 数控装置

数控装置是数控系统的核心，它接收输入装置送来的加工程序，经过数控装置软件或逻辑电路进行编译、运算和逻辑处理后，输出各种信号和指令来控制机床的各个部分，进行规定的、有序的操作。这些控制信号中最基本的信号是：由插补运算决定的各坐标轴（即进给运动的各执行部件）的进给位移量、进给方向和速度的指令信号；主运动部件的变速、换向和起停信号；选择和交换刀具的指令信号；控制冷却和润滑的起、停，机床部件的松开、夹紧及分度工作台的转位等辅助指令信号。

3. 伺服驱动系统及反馈系统

伺服驱动系统由伺服驱动电路和伺服驱动装置(电动机)组成，并与机床上的执行部件和机械传动部件组成数控机床的进给系统。它根据数控装置发来的速度和位移指令来控制执行部件的进给速度、方向和位移。每个进给运动的执行部件，都配有一套伺服驱动系统。

反馈系统将数控机床各坐标轴的位移检测出来并反馈到机床的数控装置中，数控装置对反馈回来的实际位移值与设定值进行比较，并向伺服系统输出达到设定值所需的位移量指令。

相对于数控装置发出的每个进给脉冲信号，机床的进给运动部件都有一个相应的位移量，此位移量称为脉冲当量，也称为最小设定单位，其值越小，加工精度越高。根据精度的不同，数控机床常用的脉冲当量为 0.01mm、0.005mm 和 0.001mm。

伺服驱动系统的伺服精度和动态响应将直接影响数控机床的加工精度、表面粗糙度及生产效率，是数控机床的关键部件。

4. 辅助控制装置

辅助控制装置的主要作用是接收数控装置发出的主轴换向、变速、起停，刀具选择和交换，以及操作其他辅助装置等指令信号，经过必要的编译、逻辑判断和运算，再经功率放大后直接驱动相应的电器，从而驱动机床的机械部件、液压气动等辅助装置完成指令规定的动作。此外，机床上的限位开关等开关信号也由辅助控制装置进行处理。

由于可编程逻辑控制器(PLC)具有响应快、性能可靠、易于使用、可编程序等特点，并可直接驱动机床电器，现已广泛应用于数控机床的辅助控制装置中。

数控机床用的 PLC 主要有独立式和内置式两类。独立式 PLC 对于 CNC 装置来说是一种外部设备。内置式 PLC 是 CNC 装置的组成部分，即在 CNC 装置中带有 PLC 的功能。现代 CNC 装置越来越多地采用内置式 PLC。

5. 机床本体

机床本体由主传动装置、进给传动装置、床身与工作台，以及辅助运动部件、液压气动系统、润滑系统、冷却装置的组成。对于加工中心类的数控机床，还有存放刀具的刀库、交换刀具的机械手等部件。数控机床的组成与普通机床相似，但传动结构更为简单，在精度、刚度、抗振性等方面要求更高，而且其传动和变速系统便于实现自动化控制。

1.3 数控机床的分类

数控机床的种类很多，通常按下面 4 种方法进行分类。

1.3.1 按加工工艺方法分类

1. 一般数控机床

与传统的机械加工车、铣、钻、镗、磨、齿轮加工相对应的数控机床有数控车床、数控铣床、数控钻床、数控镗床、数控磨床、数控齿轮加工机床等，而且每一类又有很多品种，如数控铣床就有数控立铣、数控卧铣、数控工具铣及数控龙门铣等。尽管这些数控机床加工工艺方法存在很大差别，具体的控制方式也各不相同，但它们都具有很好的精度一致性、较高的生产率和自动化程度，都适合加工单件、小批量和复杂零件。

2. 数控加工中心

这类数控机床是在一般数控机床的基础上加装一个刀库和自动换刀装置，构成一种具备自动换刀功能的数控机床。典型的数控加工中心有镗铣加工中心和车削加工中心。

数控加工中心又称为多工序数控机床。在加工中心上，零件一次装夹后，可进行多种工艺、多道工序的集中连续加工，这就大大减少了机床台数。由于装卸零件、更换和调整刀具的辅助时间缩减，从而提高了加工效率，同时由于克服了多次安装的定位误差，减少了机床台数，所以提高了生产效率和加工自动化的程度。因此，近年来数控加工中心得以迅速发展和应用。

3. 数控特种加工机床

数控特种加工机床包括数控电火花加工机床、数控线切割机床、数控激光切割机床等。

1.3.2 按运动控制的方式分类

1. 点位控制的数控机床

点位控制的数控机床只要求获得准确的加工坐标点的位置，在移动过程中不进行加工，对两点间的移动速度和运动轨迹没有严格要求，可以沿多个坐标同时移动，也可以沿各个坐标先后移动。为了减少移动时间和提高终点位置的定位精度，一般采取先快速移动，当接近终点位置时，再降速缓慢靠近终点的方式，以保证定位精度。

采用点位控制的机床有数控钻床、数控坐标镗床、数控冲床和数控测量机等。

2. 点位直线控制的数控机床

点位直线控制的数控机床除了要求控制位移终点位置外，还能实现坐标轴的直线切削加工，并且可以设定直线加工的进给速度。因此，这类机床应具有主轴转速的选择与控制、切削速度与刀具的选择，以及循环进给加工等辅助功能。这种控制方式常用于简易数控车床、数控镗铣床等。

3. 轮廓控制的数控机床

轮廓控制的数控机床能够对两个或两个以上的坐标轴同时进行控制,这类机床不仅能够控制机床移动部件的起点与终点坐标值,而且能控制整个加工过程中每一点的速度与位移量。其数控装置一般要求具有直线和圆弧插补功能、主轴转速控制功能及较齐全的辅助功能。这类机床用于加工曲面、凸轮及叶片等复杂零件。轮廓控制的数控机床有数控铣床、数控车床、数控磨床和加工中心等。

1.3.3 按进给伺服系统的特点分类

1. 开环控制的数控机床

开环控制的数控机床采用开环进给伺服系统,图1.3所示是典型的开环控制的结构。这类控制没有位置检测元件,伺服驱动部件通常为反应式步进电动机或混合式步进电动机。数控装置每发出一个进给指令脉冲,经驱动电路功率放大后,驱动步进电动机旋转一个角度,再经传动机构带动工作台移动。这类系统信息流是单向的,即进给脉冲发出去以后,实际移动值不反馈回来,所以称这种控制为开环控制。受步进电动机的步距精度和工作频率及传动精度影响,开环系统的速度和精度都较低,但由于开环控制结构简单、调试方便、容易维修、成本较低,仍被广泛应用于经济型数控机床上。

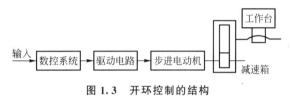

图 1.3 开环控制的结构

2. 闭环控制的数控机床

图1.4所示为闭环控制系统。这类控制系统带有直线位移检测元件和速度检测元件。直线位移检测元件直接对工作台的实际位移量进行检测,将检测的信息反馈到数控装置中,与所要求的位置进行比较,用比较的差值进行控制,直到差值消除为止。可见,闭环控制系统可以消除机械传动部件的各种误差和零件加工过程中产生的干扰,从而使加工精度大大提高。速度检测元件检测伺服电动机的速度并转换成电信号送到速度控制电路中,进行反馈校正,保证电动机转速保持恒定。常用速度检测元件是测速发电机。

闭环控制的特点是加工精度高、移动速度快。这类数控机床采用直流伺服电动机或交流伺服电动机作为驱动元件,电动机的控制电路比较复杂,检测元件价格昂贵,因而调试和维修比较复杂,且成本高。

3. 半闭环控制的数控机床

半闭环控制系统如图1.5所示。这类控制系统与闭环控制系统的区别在于采用了角位移检测元件,反馈信号不是

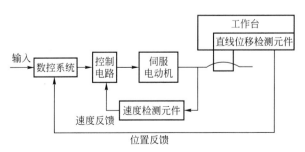

图 1.4 闭环控制系统框图

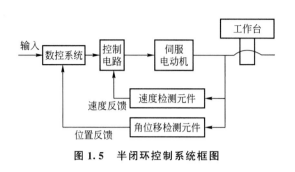

图 1.5 半闭环控制系统框图

来自工作台，而是来自与电动机相联系的角位移检测元件。由于反馈环内没有包含工作台，故称为半闭环控制系统。半闭环控制精度较闭环控制差，但稳定性好、成本较低，调试维修也较容易，兼顾了开环控制和闭环控制两者的特点，因此应用比较普遍。

1.3.4 按数控装置的功能水平分类

按数控装置的功能水平可把数控机床分为高、中、低(经济型)档三类。这种分类方式在我国用得很多。高、中、低三档的界限是相对的，不同时期的划分标准不同。就目前的发展水平来看，可以根据表1-1中的功能及指标，将各种类型的数控产品分为高、中、低档三类。其中高、中档一般称为全功能数控或标准型数控。在我国还有经济型数控的提法，经济型数控属于低档数控，是指由单板机或单片机和步进电动机组成的数控系统及其他功能简单、价格低的数控系统。经济型数控主要用于车床、线切割机床及旧机床改造等。

表 1-1 不同档次数控功能及指标

功 能	高 档	中 档	低 档
系统分辨率/μm	0.1	1	10
进给速度/(m/min)	24～100	15～24	8～15
伺服进给类型	闭环及直、交流伺服	半闭环及直、交流伺服	开环及步进电动机
联动轴数	5轴或5轴以上	2～4轴	2～3轴
通信功能	RS-232C、DNC、MAP	RS-232C 或 DNC	无
显示功能	CRT，可显示三维图形，自诊断	CRT，可显示图形，人机对话	数码管
PLC	强功能内装 PLC	内装 PLC	无
主 CPU	32 位、64 位	16 位	8 位

1.4 数控机床的特点及应用范围

1.4.1 数控机床的加工特点

1. 加工精度高

数控机床是按指令进行加工的。目前数控机床的刀具或工作台最小移动量(脉冲当量)

普遍达到了 0.001mm，而且进给传动链的反向间隙与丝杆螺距误差等均可由数控系统进行补偿，因此，数控机床能达到很高的加工精度。对于中小型数控机床，定位精度普遍可达 0.03mm，重复定位精度为 0.01mm。此外，数控机床传动系统与机床结构都具有很高的刚度和热稳定性，数控机床的自动加工方式避免了人为的干扰因素，所以，加工同一批零件的尺寸一致性好，产品合格率高，加工质量十分稳定。

2. 生产效率高

零件加工所需的时间主要包括加工时间和辅助时间两部分。由于数控机床结构刚度好，允许进行大切削量的强力切削；数控机床主轴转速和进给量的变化范围比普通机床大，因此每一道工序都可选用最佳的切削量，这就提高了数控机床的切削效率，节省了切削时间。数控机床的移动部件空行程运动速度快（一般在 15 m/min 以上，有些甚至达到 240 m/min），零件装夹时间短，对刀、换刀快，更换被加工零件时几乎不需要重新调整机床，节省了零件安装时间。数控机床加工质量稳定，一般只做首件零件检验和工序间关键尺寸的抽样检验，因此节省了停机检验时间。数控机床加工零件一般不需制作专用工装夹具，节省了工艺装备的设计、制造等准备工作的时间。在数控加工中心上加工零件时，一台机床可实现多道工序的加工，生产效率的提高更为明显。与普通机床相比，数控机床的生产率可提高 2~3 倍，有些可提高几十倍。

3. 对加工对象的适应性强

在数控机床上改变加工零件后，只需要重新编制（更换）程序，输入新的程序就能实现对新零件的加工，这就为复杂结构零件的单件、小批量生产及试制新产品提供了极大的便利。对于那些普通机床很难加工或无法加工的精密、复杂表面（如螺旋表面），数控机床也能实现自动加工。

4. 自动化程度高，劳动强度低

数控机床对零件的加工是按事先编好的程序自动完成的，操作者除了输入加工程序、装卸零件、关键工序的中间检测及观察机床运行之外，不需要进行繁杂的重复性手工操作，劳动强度与紧张程度均大为减轻，加上数控机床一般都具有较好的安全防护、自动排屑、自动冷却和自动润滑装置，操作者的劳动条件也大为改善。

5. 良好的经济效益

数控机床虽然价格昂贵，分摊到每个零件上的设备折旧费较高，但在单件、小批量生产情况下使用数控机床加工，可节省划线工时，减少调整、加工和检验时间，节省直接生产费用；同时还节省了工艺装备费用；数控机床加工精度稳定，减少了废品率，使生产成本进一步下降。此外，数控机床可实现一机多用，节省厂房面积，节省建厂投资。因此，使用数控机床仍可获得良好的经济效益。

1.4.2 数控机床的使用特点

1. 数控机床对操作、维修人员的要求

数控机床采用计算机控制，机床精度很高，其操作和维修均较复杂，故要求操作、维修及管理人员具有较高的文化水平和技术素质。

数控机床按程序进行加工。编制的加工程序直接关系到数控机床功能的开发和使用，同时也直接影响到数控机床的加工精度，因此编制程序时既要有一定的工艺方法，又要有一定的技巧。数控机床的操作人员除了具有一定的工艺知识和普通机床的操作经验之外，还应对数控机床的结构特点、工作原理及程序编制进行专门的技术理论培训和操作训练，经考核合格者才能上机操作，以防止使用数控机床时发生人为的事故。经过培训的操作人员才能正确编制或快速理解程序，并对数控加工中出现的各种情况做出正确的综合判断和处理。

正确的维护和有效的维修是提高数控机床效率的基本保证。数控机床的维修人员应有较高理论知识和维修技术，其中机修人员要懂得一些数控机床电气维护知识，电修人员要了解数控机床的结构和程序编制方法。维修人员有比较宽的机、电、液专业知识面，才能综合分析、判断故障根源，实现高效维修，以便尽可能地缩短故障停机时间。因此，数控机床维修人员和操作人员一样，必须进行专门的培训；不但要对从事数控加工的人员和维修人员进行培训，而且应对与数控机床有关的工作人员进行数控加工技术知识的普及。

2. 数控机床对夹具和刀具的要求

当生产单件产品时，一般采用通用夹具。如果批量生产产品，为了节省加工工时，应使用专用夹具。数控机床的夹具应定位可靠，能自动夹紧或松开工件，还应具有良好的排屑、冷却结构。

数控机床的刀具应该具有以下特点：

(1) 较高的精度、耐用度和几何尺寸稳定、变化小。

(2) 刀具能实现机外预调、快速换刀。

(3) 刀具应具有柄部标准系列。

(4) 很好地控制切屑的折断、卷曲和排出。

(5) 具有良好的可冷却性能。

1.4.3 数控机床的应用范围

数控机床有一般机床所不具备的许多优点，数控机床应用范围正在不断扩大，但它并不能完全代替普通机床，也还不能以最经济的方式解决机械加工中的所有问题。数控机床最适合加工具有以下特点的零件。

(1) 多品种、小批量生产的零件。

(2) 形状结构比较复杂的零件。

(3) 需要频繁改型的零件。

(4) 价值昂贵、不允许报废的关键零件。

(5) 设计、制造周期短的急需零件。

(6) 批量较大、精度要求较高的零件。

根据国外数控机床的应用实践，数控机床加工的适用范围可用图 1.6 粗略表示。

图 1.6(a) 所示为随零件复杂程度和生产批量的不同，三种机床的应用范围。当零件不太复杂，生产批量又较小时，宜采用通用机床；当生产批量很大时，宜采用专用机床；随着零件复杂程度的提高，数控机床愈显适用。目前，随着数控机床的普及，其应用范围正由 *BCD* 线向 *EFG* 线(即复杂性较低的)范围扩大。

图 1.6(b)所示为通用机床、专用机床和数控机床的零件加工批量与成本的关系。从图中可看出，在多品种、中小批量生产情况下，采用数控机床时，总费用更为合理。

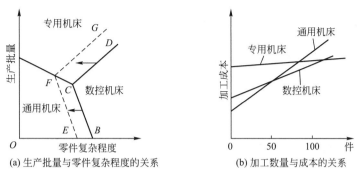

(a) 生产批量与零件复杂程度的关系　　(b) 加工数量与成本的关系

图 1.6　数控机床的加工范围

1.5　数控机床的发展趋势

从 20 世纪中叶数控技术出现以来，数控机床给机械制造业带来了革命性的变化。数控加工具有如下特点：加工柔性好，加工精度高，生产率高，减轻操作者劳动强度、改善劳动条件，有利于生产管理的现代化及经济效益的提高。数控机床是一种高度机电一体化的产品，适用于加工多品种小批量零件、结构较复杂、精度要求较高的零件、需要频繁改型的零件、价格昂贵不允许报废的关键零件、要求精密复制的零件、需要缩短生产周期的急需零件，以及要求 100% 检验的零件。数控机床的特点及其应用范围使其成为国民经济和国防建设发展的重要装备。

进入 21 世纪，我国经济与国际全面接轨，进入了一个蓬勃发展的新时期。机床制造业既面临着机械制造业需求水平提升而引发的制造装备发展的良机，也遭遇到加入世界贸易组织后激烈的国际市场竞争的压力，加速推进数控机床的发展是解决机床制造业持续发展的一个关键。随着制造业对数控机床的大量需求，以及计算机技术和现代设计技术的飞速进步，数控机床的应用范围还在不断扩大，并且不断发展以更适应生产加工的需要。

1. 高速化

随着汽车、国防、航空、航天等工业的高速发展及铝合金等新材料的应用，对数控机床加工的高速化要求越来越高。

(1) 主轴转速：机床采用电主轴(内装式主轴电动机)，主轴最高转速达 200000r/min。

(2) 进给率：在分辨率为 $0.01\mu m$ 时，最大进给速度达到 240m/min 且可获得复杂型面的精确加工。

(3) 运算速度：微处理器的迅速发展为数控系统向高速、高精度方向发展提供了保障，开发出 CPU 已发展到 32 位及 64 位的数控系统，频率提高到几百兆赫、上千兆赫。由于运算速度的极大提高，使得当分辨率为 $0.1\mu m$、$0.01\mu m$ 时仍能获得高达 24～240m/min 的进给速度。

(4) 换刀速度：目前国外先进加工中心的刀具交换时间普遍已在 1s 左右，高的已达

0.5s。德国 Chiron 公司将刀库设计成篮子样式，以主轴为轴心，刀具在圆周布置，其刀到刀的换刀时间仅 0.9s。

2．高精度化

数控机床精度的要求现在已经不局限于静态的几何精度，机床的运动精度、热变形，以及对振动的监测和补偿越来越获得重视。

（1）提高 CNC 系统控制精度：采用高速插补技术，以微小程序段实现连续进给，使 CNC 控制单位精细化，并采用高分辨率位置检测装置，提高位置检测精度（日本已开发装有 10^6 脉冲/转的内藏位置检测器的交流伺服电动机，其位置检测精度可达到 $0.01\mu m$/脉冲），位置伺服系统采用前馈控制与非线性控制等方法。

（2）采用误差补偿技术：采用反向间隙补偿、丝杆螺距误差补偿和刀具误差补偿等技术，对设备的热变形误差和空间误差进行综合补偿。研究结果表明，综合误差补偿技术的应用可将加工误差减少 60%～80%。

（3）采用网格解码器检查和提高加工中心的运动轨迹精度，并通过仿真预测机床的加工精度，以保证机床的定位精度和重复定位精度，使其性能长期稳定，能够在不同运行条件下完成多种加工任务，并保证零件的加工质量。

3．功能复合化

复合机床的含义是指在一台机床上实现或尽可能完成从毛坯至成品的多种要素加工。根据其结构特点可分为工艺复合型和工序复合型两类。工艺复合型机床如镗铣钻复合化加工中心、车铣复合化车削中心、铣镗钻车复合化加工中心等；工序复合型机床如多面多轴联动加工的复合机床和双主轴车削中心等。采用复合机床进行加工，减少了工件装卸、更换和调整刀具的辅助时间，以及中间过程中产生的误差，提高了零件加工精度，缩短了产品制造周期，提高了生产效率和制造商的市场反应能力，相对于传统的工序分散的生产方法具有明显的优势。

加工过程的复合化也导致了机床向模块化、多轴化发展。德国 Index 公司推出的模块化结构车削加工中心能够完成车削、铣削、钻削、滚齿、磨削、激光热处理等多种工序，可完成复杂零件的全部加工。随着现代机械加工要求的不断提高，大量的多轴联动数控机床越来越受到各大企业的欢迎。

在 2005 年中国国际机床展览会（CIMT2005）上，国内外制造商展出了形式各异的多轴加工机床（包括双主轴、双刀架、9 轴控制等），以及可实现 4～5 轴联动的五轴高速门式加工中心、五轴联动高速铣削中心等。

4．控制智能化

随着人工智能技术的发展，为了满足制造业生产柔性化、制造自动化的发展需求，数控机床的智能化程度在不断提高，具体体现在以下几个方面。

（1）加工过程自适应控制技术：通过监测加工过程中的切削力、主轴和进给电动机的功率、电流、电压等信息，利用传统的或现代的算法进行识别，以辨识出刀具的受力、磨损、破损状态及机床加工的稳定性状态，并根据这些状态实时调整加工参数（主轴转速、进给速度）和加工指令，使设备处于最佳运行状态，以提高加工精度、降低加工表面粗糙度，并提高设备运行的安全性。

（2）加工参数的智能优化与选择：将工艺专家或技师的经验、零件加工的一般与特殊规律，用现代智能方法，构造基于专家系统或基于模型的"加工参数的智能优化与选择器"，利用它获得优化的加工参数，从而达到提高编程效率和加工工艺水平、缩短生产准备时间的目的。

（3）智能故障自诊断与自修复技术：根据已有的故障信息，应用现代智能方法实现故障的快速准确定位及修复。

（4）智能故障回放和故障仿真技术：能够完整记录系统的各种信息，对数控机床发生的各种错误和事故进行回放和仿真，用以确定引起错误的原因，找出解决问题的办法，积累生产经验。

（5）智能化交流伺服驱动装置：能自动识别负载，并自动调整参数的智能化伺服系统，包括智能主轴交流驱动装置和智能化进给伺服装置。这种驱动装置能自动识别电动机及负载的转动惯量，并自动对控制系统参数进行优化和调整，使驱动系统获得最佳运行。

（6）智能4M数控系统：在制造过程中，加工、检测一体化是实现快速制造、快速检测和快速响应的有效途径，将测量（Measurement）、建模（Modelling）、加工（Manufacturing）、机器操作（Manipulator）四者（即4M）融合在一个系统中，实现信息共享，促进测量、建模、加工、装夹、操作的一体化。

5. 体系开放化

（1）向未来技术开放：由于软硬件接口都遵循公认的标准协议，只需少量的重新设计和调整，新一代的通用软硬件资源就可能被现有系统所采纳、吸收和兼容，这就意味着系统的开发费用将大大降低，而系统性能与可靠性将不断改善并处于长生命周期。

（2）向用户特殊要求开放：更新产品、扩充功能、提供硬软件产品的各种组合以满足特殊应用要求。

（3）数控标准的建立：国际上正在研究和制定一种新的CNC系统标准ISO14649（STEPNC），以提供一种不依赖于具体系统的中性机制，能够描述产品整个生命周期内的统一数据模型，从而实现整个制造过程乃至各个工业领域产品信息的标准化。标准化的编程语言，既方便了用户使用，又降低了和操作效率直接有关的劳动消耗。

6. 驱动并联化

并联运动机床克服了传统机床串联机构移动部件质量大、系统刚度低、刀具只能沿固定导轨进给、作业自由度偏低、设备加工灵活性和机动性不够等固有缺陷，在机床主轴（一般为动平台）与机座（一般为静平台）之间采用多杆并联连接机构驱动，通过控制杆系中杆的长度使杆系支撑的平台获得相应自由度的运动，可实现多坐标联动数控加工、装配和测量多种功能，更能满足复杂特种零件的加工，具有现代机器人的模块化程度高、质量小和速度快等优点。

并联机床作为一种新型的加工设备，已成为当前机床技术的一个重要研究方向，受到了国际机床行业的高度重视，被认为是"自发明数控技术以来在机床行业中最有意义的进步"和"21世纪新一代数控加工设备"。

7. 极端化（大型化和微型化）

国防、航空、航天事业的发展和能源等基础产业装备的大型化需要大型且性能良好的数控机床的支撑。而超精密加工技术和微纳米技术是 21 世纪的战略技术，需发展能适应微小型尺寸和微纳米加工精度的新型制造工艺和装备，所以微型机床包括微切削加工（车、铣、磨）机床、微电加工机床、微激光加工机床和微型压力机等的需求量正在逐渐增大。

8. 信息交互网络化

对于面临激烈竞争的企业来说，使数控机床具有双向、高速的联网通信功能，以保证信息流在车间各个部门间畅通无阻是非常重要的。这样既可以实现网络资源共享，又能实现数控机床的远程监视、控制、培训、教学、管理，还可实现数控装备的数字化服务（数控机床故障的远程诊断、维护等）。例如，日本 Mazak 公司推出的新一代加工中心配备了一个称为信息塔（e-Tower）的外部设备，包括计算机、手机、机外和机内摄像头等，能够实现语音、图形、视像和文本的通信故障报警显示、在线帮助排除故障等功能，是独立的、自主管理的制造单元。

9. 应用新型功能部件

为了提高数控机床各方面的性能，具有高精度和高可靠性的新型功能部件的应用成为必然。具有代表性的新型功能部件包括以下几项。

（1）高频电主轴：是高频电动机与主轴部件的集成，具有体积小、转速高、可无级调速等一系列优点，在各种新型数控机床中已经获得广泛的应用。

（2）直线电动机：近年来，直线电动机的应用日益广泛，虽然其价格高于传统的伺服系统，但由于负载变化扰动、热变形补偿、隔磁和防护等关键技术的应用，机械传动结构得到简化，机床的动态性能有了提高。例如，西门子公司生产的 1FN1 系列三相交流永磁式同步直线电动机已开始广泛应用于高速铣床、加工中心、磨床、并联机床，以及动态性能和运动精度要求高的机床等；德国 EX-CELL-O 公司的 XHC 卧式加工中心三向驱动均采用两个直线电动机。

（3）电滚珠丝杠：是伺服电动机与滚珠丝杠的集成，可以大大简化数控机床的结构，具有传动环节少、结构紧凑等一系列优点。

10. 高可靠性

数控机床与传统机床相比，增加了数控系统和相应的监控装置等，应用了大量的电气、液压和机电装置，导致出现失效的概率增大；工业电网电压的波动和干扰对数控机床的可靠性极为不利，而数控机床加工的零件型面较为复杂，加工周期长，要求平均无故障时间在 20000h 以上。为了保证数控机床有高的可靠性，就要精心设计系统、严格制造和明确可靠性目标，以及通过维修分析故障模式并找出薄弱环节。国外数控系统平均无故障时间在 70000～100000h 以上，国产数控系统平均无故障时间仅为 10000h 左右；国外整机平均无故障工作时间达 800h 以上，而国内最高只有 300h。

11. 加工过程绿色化

随着日趋严格的环境与资源约束，制造加工的绿色化越来越重要，而中国的资源、环境问题尤为突出，因此，近年来不用或少用冷却液、实现干切削、半干切削节能环保的机床不断出现，并在不断发展当中。在 21 世纪，绿色制造的大趋势将使各种节能环保机床加速发展，占领更多的世界市场。

12. 多媒体技术的应用

多媒体技术集计算机、声像和通信技术于一体，使计算机具有综合处理声音、文字、图像和视频信息的能力，因此也对用户界面提出了图形化的要求。合理的人性化的用户界面极大地方便了非专业用户的使用，人们可以通过窗口和菜单进行操作，便于蓝图编程和快速编程、三维彩色立体动态图形显示、图形模拟、图形动态跟踪和仿真、不同方向的视图和局部显示比例缩放功能的实现。此外，在数控技术领域应用多媒体技术可以做到信息处理综合化、智能化，应用于实时监控系统和生产现场设备的故障诊断、生产过程参数监测等，因此多媒体技术在数控技术领域有着重大的应用价值。

小　　结

本章介绍了数控机床的一些基本概念，通过本章的学习，应明确以下几点：

（1）数控技术是指用数字化信号对控制对象进行控制的方法，而数控机床是用数字化信号对机床运动及其加工过程进行自动控制的机床。数控机床上实现数字控制任务的设备称为数控系统。数控系统的发展经历了电子管、晶体管、小规模集成电路、小型计算机、微处理器和通用计算机 6 个阶段。

（2）数控机床的基本组成包括输入装置、数控装置、伺服驱动系统和反馈系统、辅助控制装置及机床本体。输入装置主要用于输入数控加工程序；数控装置是数控系统的核心，它的主要作用是根据输入的程序和数据，完成数值计算、逻辑判断、轨迹插补等任务，并输出相应的指令脉冲信号控制机床运动；伺服驱动系统的作用是把来自数控装置的脉冲信号转换成机床移动部件的运动；反馈系统将数控机床各坐标轴的位移速度检测出来并反馈到机床的数控装置中；辅助控制装置主要是对开关量进行处理，完成机床主轴换向、变速、起停，刀具的选择和交换，以及其他辅助功能。

（3）数控机床可以按多种方式分类。按加工工艺方法分类，可以分为一般数控机床、数控加工中心和数控特种加工机床；按数控机床的运动控制方式分类，可以分为点位控制数控机床、点位直线控制数控机床和轮廓控制数控机床；按伺服控制方式分类，可以分为开环数控机床、半闭环数控机床和闭环数控机床；按功能水平分类，可以分为高档数控机床、中档数控机床和低档数控机床。

（4）数控机床的加工特点是加工精度高、生产效率高、对加工对象的适应性强、自动化程度高、经济效益好。适应数控机床加工的零件有多品种、小批量生产的零件；形状结构比较复杂的零件；需要频繁改型的零件；价值昂贵、不允许报废的关键零件；设计、制造周期短的急需零件；批量较大、精度要求较高的零件。

（5）目前，数控机床正朝着高速度、高精度、高可靠性、功能复合化、智能化、体系开放化、驱动并联化、极端化、信息化和绿色化等方向发展。数控机床的应用也越来越广泛。

习　　题

1-1　什么是数控机床？它有哪些特点？

1-2　数控机床由哪些部分组成？各组成部分有什么作用？

1-3　什么是脉冲当量？

1-4　数控机床按工艺用途有哪些类型？各用于什么场合？

1-5　什么是点位控制数控机床、点位直线控制数控机床、轮廓控制数控机床？各有何特点及应用？

1-6　什么是开环控制数控机床、闭环控制数控机床、半闭环控制数控机床？各有何特点及应用？

1-7　加工中心与其他数控机床相比，有什么特点？

1-8　什么是 NC、CNC？

1-9　数控机床的特点是什么？试分析其应用范围。

1-10　试分析数控机床的发展趋势。

第2章 数控装置

内容提要

　　在数控机床中，数控装置是实现加工过程自动控制的计算机系统，是数控系统的核心。本章介绍了数控装置的组成、硬件结构、软件的数据处理流程和主要特点。因为插补是数控装置实现加工轨迹控制的关键技术，其运算速度和精度直接影响数控装置的性能指标，所以本章重点介绍了逐点比较法和数字积分法等插补算法。另外，还介绍了数控装置的刀具半径补偿原理及数控装置的位置控制等技术。

2.1 数控装置的组成和工作过程

2.1.1 数控装置的组成

数控机床的组成如图 1.2 所示，除机床本体以外的部分称为数控系统，数控系统的核心是数控装置。数控装置的主要功能是，读入数控加工程序，将其转换成控制机床运动和辅助功能要求的内部数据格式，分别送给伺服驱动装置和辅助控制装置 PLC，来实现机床主运动、进给运动和辅助动作。具有闭环控制功能的数控装置还会读入位置检测装置发出的机床实际位置信号，将其与指令位置比较后，用比较的差值控制机床的移动，以获得较高的位置控制精度。

早期的数控装置完全由数字逻辑电路构成，称为硬件数控。随着半导体技术和计算机技术的发展，现代数控装置大都以微型计算机为主体，部分功能由软件来实现，称为计算机数控装置。计算机数控装置的灵活性增强，可靠性提高，成本下降，因而推动了数控技术的普及。

现在数控机床上使用的都是计算机数控装置，它由硬件和软件两大部分组成，硬件为软件的运行提供支持环境。从信息处理的角度看，软件与硬件在逻辑上是等价的，即硬件能完成的功能从理论上讲也可以用软件来完成。因此，在数控装置的设计阶段就要考虑哪些功能由软件来实现，哪些功能由硬件来实现，合理确定 CNC 装置软件硬件的功能分担，即所谓的软件和硬件的功能界面划分的问题。

一般来说，硬件处理速度快，但价格高，灵活性差，实现复杂控制的功能困难。软件设计灵活，适应性强，但处理速度相对较慢。正确地划分软硬件界面，可以获得较高的性能价格比（性价比）。图 2.1 是几种典型的软硬件界面的划分。数控装置发展的趋势是软件承担的任务越来越多，这主要是由于计算机的运算能力不断增强，使软件运行的速度大大提高的结果。

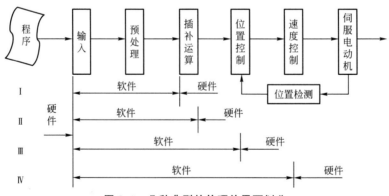

图 2.1 几种典型的软硬件界面划分

2.1.2 数控装置的硬件结构

1. 单微处理器结构

所谓单微处理器结构，是指在 CNC 装置中只有一个微处理器（CPU），采用的工作方式是集中控制、分时处理数控系统的各项任务。有的 CNC 装置虽然有两个以上的微处理器，但其中只有一个微处理器能够控制系统总线，占有总线资源，其他微处理器成为专用的智能部件，不能控制系统总线，不能访问主存储器，它们组成主从结构，也属于单微处理器结构。图 2.2 是单微处理器结构框图，其基本组成包括 CPU 和总线、存储器、外部存储器接口、I/O 接口、MDI/CRT 接口、位置控制器、PC(可编程控制器)接口。

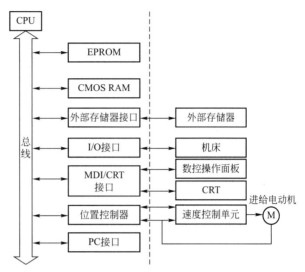

图 2.2　单微处理器结构框图

单微处理器结构的数控装置只有一个 CPU，实行集中控制，其功能受处理器字长、寻址能力和运算速度的限制。由于程序输入、插补等功能均由软件实现，由同一个 CPU 处理，所以扩展数控装置的功能和提高处理速度是单 CPU 数控装置的突出矛盾。

2. 多微处理器结构

多微处理器结构的数控装置有两个或两个以上的 CPU，并大多采用模块化结构，即每个微处理器分管各自的任务，形成特定的功能单元，具有良好的适应性和扩展性，且结构紧凑，特别是各功能单元更换方便，因而可使故障局限在单独的功能单元中，对整个系统的影响降到最低限度。与单微处理器数控装置相比，多微处理器数控装置的运算速度有了很大的提高，它更适合于多轴控制、高进给速度、高精度、高效率的数控要求。

多微处理器数控装置各模块之间的互连和通信主要采用共享总线和共享存储器两类结构。

1) 共享总线结构

将各功能模块插在配有总线插槽的机箱内，由系统总线将各个模块有效地连接在一起，按照要求交换各种控制指令和数据，实现各种预定的功能。常用的总线有 STD 总线、VME 总线等。

在共享总线的结构中，挂在总线上的功能模块分为带有 CPU 的主模块和不带 CPU 的从模块(如各种 RAM/EPROM 模块、I/O 模块等)。只有主模块才有权控制使用总线，而且某一时刻只能由一个主模块占有总线。在共享总线结构中必须解决多个主模块同时请求使用总线的竞争问题。为此，必须设有仲裁机构，当多个主模块争用总线时，由仲裁机构来判别出其优先权的高低。

在共享总线的结构中，多采用公共存储器方式进行各模块之间的信息交换。公共存储器直接挂在系统上，各主模块都能访问，可供任意两个主模块交换信息。共享总线结构如图 2.3 所示。

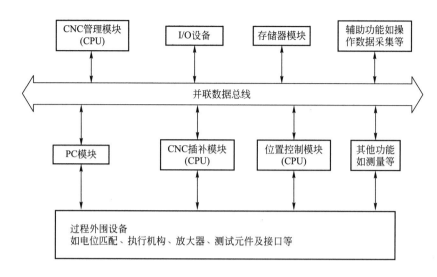

图 2.3　共享总线结构框图

2）共享存储器结构

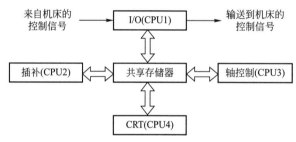

图 2.4　共享存储器结构框图

共享存储器结构采用多端口存储来实现各微处理器之间的互连和通信。每个端口都配有一套数据、地址、控制线，以供端口访问。它由专门的多端口控制逻辑电路解决访问的冲突问题。图 2.4 为具有 4 个微处理器的共享存储器结构框图。当微处理器数量增多时，往往会由于争用共享存储器而造成信息传输的阻塞，降低系统效率，因此这种结构功能扩展比较困难。

3．开放式体系结构

上述无论是单微处理器体系结构，还是多微处理器体系结构，它们都是以数控机床为控制对象的专用计算机系统。采用专用计算机系统必然会有兼容性差、可扩充性差、成本高等缺点。相比之下，开放式体系结构主张采用通用计算机及其配套模块，组成一个开放式体系结构的系统，使数控装置标准化、模块化，从而实现系列化、可兼容、可扩充和易升级换代等目标，大幅度降低了系统的研制和制造费用，提高了用户设备和资源的利用率及数控产品的市场竞争力，满足现代制造业发展的需要。

由于数控机床在国民经济发展中处于非常重要的地位，目前在国际上各发达国家已开展了新一代开放式数控装置的基础和应用研究，如美国的 OMAC 计划、欧盟的 OSACA 计划和日本的 OSEC 计划等。

2.1.3　数控装置软件的数据处理流程

数控系统的主要任务就是将由零件加工程序表达的加工信息，转换成各进给轴的位移指令、主轴转速指令和辅助动作指令，控制加工设备的轨迹运动和逻辑动作，加工出符合要求的零件。系统内数据的转换流程可以反映出数控系统的工作原理。

由于在数控装置中对直线、圆弧和其他加工曲线的数据转换流程大致相同，所以这里仅通过对一条直线段（XY 平面）的处理，说明在数控装置中数据是怎样转换的。如图 2.5 所示，图中每一个框中的变量表示进行一次数据转换后的结果，共有 5 次数据转换过程。

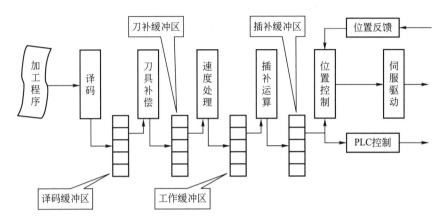

图 2.5　直线控制的数据转换流程

1. 译码

数控系统通过输入装置接收的程序由程序段组成，计算机不能直接识别。译码程序对零件程序进行词法和语法分析，发现可能的词法和语法错误，如无错误，则译码程序就按照一定的语法规则将程序段信息翻译成计算机能够识别的数据形式，并按一定的格式放在指定的内存专用区域。存储数据的结构定义如下。

```
Struct PROG_BUFFER  {
     char buf_state;            //缓冲区状态,0 为空;1 为准备好
     int block_num;             //以 BCD 码的形式存放本程序段号
     double COOR[20];           //存放尺寸指令的数值 μm
     int F,S;                   //F 单位为 mm/min,S 单位为 r/min
     char G0;                   //以标志形式存放 G 指令,如图 2.6 所示
     char G1;
     char M0;                   //以标志形式存放 M 指令
     char M1;
     char T;                    //存放本段换刀的刀具号
     char D;                    //存放刀具补偿的刀具半径值
     };
```

在程序中一般都有由若干个这样结构组成的程序缓冲区组，当前程序段被解释完后便将该段的数据信息送入缓冲区组中空闲的一个。后续程序（如刀补程序）从该缓冲区组中获取程序信息进行工作。

下面举一直线加工程序段的例子说明其译码过程。

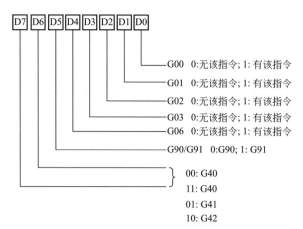

图 2.6　以标志形式存放 G 指令示例

N06 G90 G41 G01 X200 Y300 D11 F200;

该程序段译码后存储于缓冲区的结构如下。

```
Struct PROG_BUFFER   {
        char buf_state;               0:(开始);1(;)
        int block_num;                06(N06)
        double COOR[20];              COOR[1]=200000;(X200)
                                      COOR[2]=300000;(Y300)
        int F,S;                      F=200;(F200)
        char G0;                      D5=0;(G90)
                                      D6,D7=0,1(G41)
                                      D1=1;(G01)
        ...
        char D;                       D=11(D11)
    };
```

2. 刀具补偿

零件加工程序通常是按照轮廓轨迹编制的，刀具补偿(刀补)的作用是把零件轮廓轨迹转换成刀具中心轨迹，以保证机床按照刀具中心轨迹运动，加工出所要求的零件轮廓。

当程序中有刀具半径补偿要求时(刀具补偿指令不一定在本程序段中给出，可能在此之前已经指定)，刀补处理的主要工作为根据 G90/G91 计算零件轮廓的终点坐标值、根据半径补偿值和 G41/42 计算本段刀具中心轨迹的终点坐标值、根据本段与前段连接关系进行段间连接处理。刀补处理的结果存放在刀补缓冲区中。

3. 速度处理

速度控制的任务是保证实现程序中指定的进给速度。进给速度是沿运动轨迹方向上的速度，它是沿各坐标方向运动速度的合成。速度处理主要为后续的插补工作计算出各坐标方向的方向角，以及每个插补周期内的合成移动量。当直线长度和斜率为已知时，就可以方便地求出刀具补偿后直线段的方向余弦，即

$$\begin{cases} \cos\alpha = L_X/L \\ \cos\beta = L_Y/L \end{cases}$$

式中，L_X 和 L_Y 分别是刀具补偿后直线段在 X 和 Y 坐标方向上的投影；L 是刀具补偿后直线段的长度，如图 2.7 所示。

根据速度代码 F（mm/min）和插补周期 T（ms），可以求出每个周期内的插补进给量 ΔL（μm），即

$$\Delta L = FT/60$$

式中，1/60 为单位换算常数。速度处理的结果存放在系统工作缓冲区中。

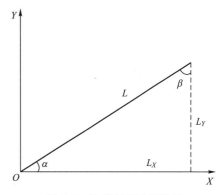

图 2.7　速度处理数据转换

4. 插补运算

插补的目的是控制加工运动轨迹，使刀具相对于零件走出符合零件轮廓的轨迹。具体地说，插补就是数控装置根据输入的零件轮廓数据，通过计算把零件轮廓描述出来，边计算边根据计算的结果向各坐标轴发出运动指令，使刀具或零件在相应的坐标方向上移动一个位移量，将零件加工成所需的轮廓形状。所以说，插补就是在已知曲线的形状、起点、终点和进给速度的条件下，在曲线的起、终点之间进行“数据点的密化”。在每个插补周期内，运行一次插补程序，形成一个一个微小的直线段。插补一个程序段（即加工一条曲线）需经过若干次插补周期。

如果知道每个插补周期内的插补进给量 ΔL，根据已经完成的插补的次数就能计算出第 $i-1$ 次插补周期内动点与起点之间的距离（用 l 表示），该距离在 X 和 Y 方向上的投影（$X_{2(i-1)}$，$Y_{2(i-1)}$）值为

$$X_{2(i-1)} = l\cos\alpha , \quad Y_{2(i-1)} = l\cos\beta$$

本次插补进给量 ΔL 在 X 和 Y 方向上的投影（ΔX_2，ΔY_2）值为

$$\begin{cases} \Delta X_2 = \Delta L \cos\alpha \\ \Delta Y_2 = \Delta L \cos\beta \end{cases}$$

运算结果存放在插补缓冲区中。

5. 位置控制

插补的结果产生了一个周期内的位置增量。位置控制的任务是在每个采样周期内，将插补计算的指令位置与实际反馈位置相比较，用其差值去控制伺服电动机。在位置控制中通常还应完成位置回路的增益调整、各螺距误差补偿和反向间隙补偿，以提高数控机床的定位精度。位置控制处在伺服回路的位置环上，可以由软件进行位置控制，也可以由硬件来完成。

位置控制将插补输出的位置增量 ΔX_2 和 ΔY_2 加上本次插补之前的动点位置值 $X_{2(i-1)}$ 和 $Y_{2(i-1)}$，得到本次指令位置（X_{2i}，Y_{2i}）值，即

$$\begin{cases} X_{2i} = X_{2(i-1)} + \Delta X_2 \\ Y_{2i} = Y_{2(i-1)} + \Delta Y_2 \end{cases}$$

由于机床存在定位精度，所以实际位置和指令位置不一致，实际位置值由反馈装置采

样获得，反馈的实际位置$(X_{1i}，Y_{1i})$值为

$$\begin{cases} X_{1i}=X_{1(i-1)}+\Delta X_1 \\ Y_{1i}=Y_{1(i-1)}+\Delta Y_1 \end{cases}$$

式中，ΔX_1 和 ΔY_1 是反馈位置增量；$X_{1(i-1)}$ 和 $Y_{1(i-1)}$ 是本次采样前的实际位置值。

指令位置值减去实际位置值即为位置控制输出量$(\Delta X_3，\Delta Y_3)$，相应的计算如下。

$$\begin{cases} \Delta X_3=X_{2i}-X_{1i} \\ \Delta Y_3=Y_{2i}-Y_{1i} \end{cases}$$

位置控制数据转换关系如图2.8所示。

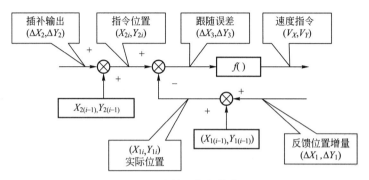

图 2.8　位置控制数据转换关系

图中 $f(\ )$ 是位置环的调节控制算法，具体的算法视具体系统而定。这一步在有些系统中是采用硬件来实现的。$(V_X，V_Y)$送给伺服驱动单元，控制电动机运行，实现CNC装置的轨迹控制。

2.1.4　数控装置的软件特点

数控装置是典型的实时控制系统。数控装置的软件系统则是一个专用的实时多任务操作系统，必须满足机械加工过程对控制系统的要求。数控软件的主要特点是多任务并行处理、前后台型软件结构和中断型软件结构。

1. 多任务并行处理

数控系统的基本功能由多个功能模块来实现，在许多情况下，某些功能模块必须同时运行，这是由具体的加工控制要求所决定的。数控系统中的每项功能都可定义为一个任务，这些任务可以分为两大类，即管理任务和控制任务，如图2.9所示。管理任务包括输入、I/O处理、显示和诊断等，这类任务的实时性要求不高。控制任务包括译码、刀具补偿、速度处理、插补运算和位置控制等，这类任务有很强的实时性要求。

管理和控制这两部分任务经常是同时进行的。例如，在加工零件的同时，要显示其工作状态(如零件程序的执行过程、参数变化和刀具运动轨迹等)。这样，在控制任务执行时，管理中的显示任务也必须同时运行。另外，在控制任务执行过程中，其本身的一些其他任务也必须同时运行。例如，为使刀具运动连续，即在各程序段之间不能停顿，译码、刀具补偿和速度处理必须与插补同时进行。

并行处理是指计算机在同一时刻或同一时间间隔内，完成两种或两种以上性质相同或不相同的工作。并行处理最显著的优点是提高了运算速度。在数控装置的硬件设计中，已

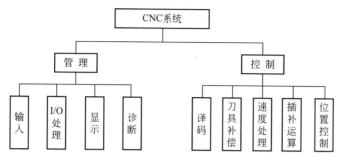

图 2.9　数控装置任务分类

广泛使用资源重复的并行处理方法，如采用多 CPU 的系统体系结构来提高系统的速度；而在数控装置的软件设计中，则采用资源分时共享和资源重叠的流水线处理技术来实现多任务并行处理。

　　图 2.10 是一个典型的数控装置多任务分时共享 CPU 的时间分配图。系统在完成初始化任务后自动进入时间分配循环中，在环中依次轮流处理各任务。对于系统中一些实时性很强的任务则按优先级排队，分别处于不同的中断优先级上作为环外任务，环外任务可以随时中断环内各任务的执行。

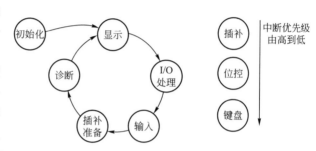

图 2.10　CPU 分时共享和中断优先

　　每个任务允许占有 CPU 的时间受到一定限制，对于某些占 CPU 时间较多的任务，如插补准备(包括译码、刀具半径补偿和速度处理等)，可以在其中的某些地方设置断点，运行到断点处时，自动让出 CPU，等下一个运行时间里自动跳到断点处继续执行。

　　2. 前后台型软件结构

　　常见的数控装置的软件结构有前后台型软件结构和中断型软件结构。在前后台型软件结构中，整个系统软件分为两大部分，即前台程序和后台程序。前台程序是一个实时中断服务程序，承担了几乎全部的实时功能，实现与机床动作直接相关的功能，如插补、位置控制、机床相关逻辑和监控等，就好像是前台表演的演员；后台程序则是一个循环执行程序，一些实时性要求不高的功能，如输入、译码、数据处理等插补准备工作和管理程序等均由后台程序承担，就好像配合演员演出的舞台背景，因此又称为背景程序。

　　在背景程序循环运行的过程中，前台的实时中断程序不断定时插入，二者密切配合，共同完成零件的加工任务。程序一经起动，初始化后便进入背景程序循环。同时开放定时中断，每隔一定时间间隔(T)发生一次中断，执行一次实时中断服务程序，执行完毕后退回背景程序。如此循环往复，共同完成数控的全部功能，如图 2.11 所示。

　　3. 中断型软件结构

　　中断型软件结构没有前后台之分，除了初始化程序外，根据各功能模块实时要求的不同，把控制程序安排成不同优先级别的中断服务程序，整个软件构成一个大的中断系统，

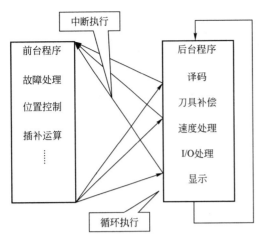

图 2.11　前后台程序运行关系

系统的管理功能主要通过各级中断服务程序之间的通信来实现。表 2-1 列出了 FANUC 7M 数控系统中断服务程序的优先级别,中断服务程序共分为 8 级,其中 7 级优先级别最高,0 级最低。其中,位置控制程序的优先级别很高,因为它决定着数控系统一个重要的指标——响应时间。插补运算与位置控制密切相关,每次插补运算的结果送给位置伺服程序。若插补运算在规定时间内未完成,则位置伺服控制将无法进行。因此,插补程序也具有较高的优先级及较短的中断时间间隔。位置伺服程序与插补程序必须经过严格的优化,运行时间必须非常短,只有这样才能有多余的时间间隙供其他模块使用。

CRT 显示级别最低,在不发生其他中断的情况下才进行处理。

表 2-1　FANUC 7M 系统中断优先级别

优先级别	主要功能	中　断　源
0	控制 CRT 显示	硬件
1	指令译码处理,刀补处理	软件,16 ms 定时
2	NC 键盘控制,I/O 信号处理	软件,16 ms 定时
3	外部面板和电传打字机处理	硬件
4	插补运算	软件,8 ms 定时
5	外部存储器处理	硬件
6	伺服位置控制的处理	4 ms 定时
7	测试	硬件

2.2　数控装置的插补原理

　　机床数字控制的核心问题之一,就是如何控制刀具与工件的相对运动。加工平面直线或曲线需要两个坐标协调运动,对于空间曲线或曲面则需要 3 个或 3 个以上坐标联动,才能走出其轨迹。这种联动即所谓的插补(Interpolation)。

　　插补计算就是对数控系统输入基本数据(如直线的起点、终点坐标,圆弧的起点、终点、圆心坐标等),运用一定的算法计算,并根据计算结果向相应的坐标发出若干进给指令。对应于每一个进给指令,机床在相应的坐标方向上移动一定距离,从而一步一步加工出零件所需的轮廓形状。实现这一插补运算的装置,称为插补器。插补器分为硬件插补器和软件插补器。软件插补器结构简单,灵活易变,现代数控系统多采用软件插补器。目前大多数数控机床的数控系统都具有直线插补器和圆弧插补器。根据插补所采用的原理和计算方法，可有许多插补方法，目前应用的插补方法分为脉冲增量插补和数字增量插补两类。

脉冲增量插补又称为基准脉冲插补，适用于以步进电动机为驱动的开环数控系统中。在控制过程中通过不断向各坐标轴驱动电动机发出互相协调的进给脉冲，每个脉冲通过步进电动机驱动装置使步进电动机转过一个固定的角度(称为步距角)，使机床工作台产生相应的位移。该位移称为脉冲当量，是最小指令位移。脉冲增量插补算法很多，最常用的是逐点比较法、数字积分法、时间分割法及最小偏差法等。

数字增量插补根据加工的进给速度，将轮廓曲线分割为插补采样周期的进给段——轮廓步长。在每一插补周期中，插补程序调用一次，为下一周期计算出坐标轴应该行进的增长段(而不是单个脉冲)ΔX 或 ΔY 等，然后再计算出相应插补点(动点)位置的坐标值。在数控装置中，数字增量插补常采用时间分割插补算法。

2.2.1 逐点比较法插补

逐点比较法的原理就是每走一步控制系统都要将加工点与给定的图形轨迹相比较，以决定下一步进给的方向，使之逼近加工轨迹。逐点比较法以折线来逼近直线或圆弧，其最大的偏差不超过一个最小设定单位。逐点比较法运算直观，容易理解，输出脉冲均匀，因此在两坐标插补的开环步进控制系统中普遍得到应用。

1. 逐点比较法直线插补

如图 2.12 所示，设直线 OA 为第一象限的直线，起点为坐标原点 $O(0，0)$，终点坐标为 $A(X_e，Y_e)$，$P(X_i，Y_i)$ 为加工点。

若 P 点正好在直线 OA 上，由相似三角形关系则有

$$\frac{Y_i}{X_i}=\frac{Y_e}{X_e}$$

即 $\quad X_eY_i-X_iY_e=0$

若 P 点在直线 OA 上方(严格来说为直线 OA 与 Y 轴正向所包围的区域)，则有

$$\frac{Y_i}{X_i}>\frac{Y_e}{X_e}$$

即 $\quad X_eY_i-X_iY_e>0$

若 P 点在直线 OA 下方(严格来说为直线 OA 与 X 轴正向所包围的区域)，则有

$$\frac{Y_i}{X_i}<\frac{Y_e}{X_e}$$

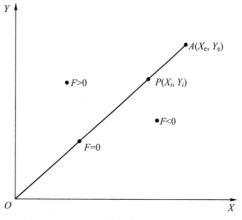

图 2.12 逐点比较法第一象限直线插补

即 $\quad X_eY_i-X_iY_e<0$

令 $\quad F_i=X_eY_i-X_iY_e \quad (2-1)$

则有：

(1) 若 $F_i=0$，则点 P 在直线 OA 上；

(2) 若 $F_i>0$，则点 P 在直线 OA 上方；

(3) 若 $F_i < 0$，则点 P 在直线 OA 下方。

因此，可将式(2-1)作为点 P 所在区域的判别式，称式(2-1)为偏差判别式。

从图 2.12 中可以看出，对于起点在第一象限的直线 OA，当 P 在直线上方时(即 $F_i >$ 0 时)，应向 $+X$ 方向进给一步，以逼近该直线；当 P 在直线下方时(即 $F_i < 0$ 时)，应向 $+Y$ 方向进给一步，以逼近该直线；当 P 在直线上时(即 $F_i = 0$ 时)，既可向 $+X$ 方向进给一步，也可向 $+Y$ 方向进给一步。一般将 $F_i > 0$ 及 $F_i = 0$ 视为一类情况，即 $F_i \geq 0$ 时，都向 $+X$ 方向进给一步。对于加工直线 OA，根据偏差判别函数值的大小，分别向 $+X$ 方向、$+Y$ 方向进给，当两个方向所走的步数的值与终点坐标值相等时，即停止插补。这就是逐点比较法直线插补的原理。

对第一象限直线 OA，从起点(即坐标原点)出发，当 $F_i \geq 0$ 时，向 $+X$ 方向走一步；当 $F_i < 0$ 时，向 $+Y$ 方向走一步。

如果直接按偏差公式(2-1)计算偏差，需做两次乘法、一次减法。由于在数控加工过程中，每一步都需计算偏差，这样的计算比较麻烦，为此在数控加工中采用递推的方法计算偏差，即每走一步后新的加工点的偏差用前一点加工偏差递推出来。由于采用递推方法，必须知道开始加工点偏差，而开始加工点正是直线的起点，故 $F_0 = 0$，下面推导其递推公式。

设在加工点 $P(X_i, Y_i)$ 处，$F_i \geq 0$，则应沿 $+X$ 方向进给一步，此时新加工点的坐标值为

$$X_{i+1} = X_i + 1, \qquad Y_{i+1} = Y_i$$

新加工点的偏差为

$$F_{i+1} = X_e Y_{i+1} - X_{i+1} Y_e = X_e Y_i - (X_i + 1) Y_e = X_e Y_i - X_i Y_e - Y_e$$

即

$$F_{i+1} = F_i - Y_e \qquad (2-2)$$

若在加工点 $P(X_i, Y_i)$ 处，$F_i < 0$，则应沿 $+Y$ 方向进给一步，此时新加工点的坐标值为

$$X_{i+1} = X_i, \qquad Y_{i+1} = Y_i + 1$$

新加工点的偏差为

$$F_{i+1} = X_e Y_{i+1} - X_{i+1} Y_e = X_e (Y_i + 1) - X_i Y_e = X_e Y_i - X_i Y_e + X_e$$

即

$$F_{i+1} = F_i + X_e \qquad (2-3)$$

综上所述，逐点比较法直线插补每走一步都要完成 4 个步骤(节拍)：

(1) 位置判别，根据偏差值 F_i 大于零、等于零、小于零来确定当前加工点的位置。

(2) 坐标进给，根据偏差值 F_i 大于零、等于零、小于零确定沿哪个方向进给一步。

(3) 偏差计算，根据递推公式算出新的加工点偏差值。

(4) 终点判别，用来确定加工点是否到达终点。若已到达，则应发出停机或转换新程序的信号。一般用沿 X 和 Y 坐标方向所要走的总步数 J 来判别。令 $J = X_e + Y_e$，每走一步则 J 减 1，直至 $J = 0$。

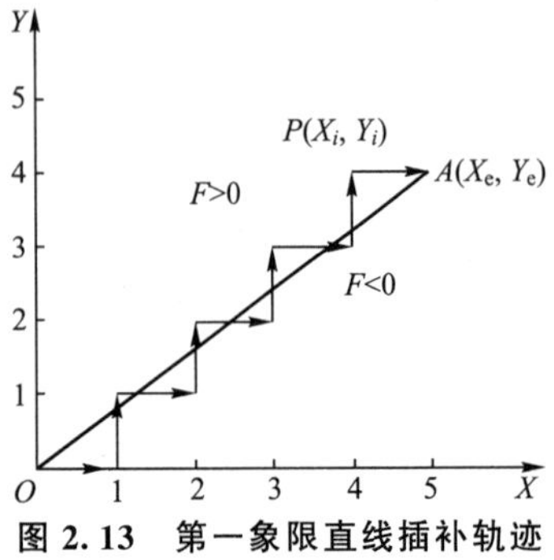

图 2.13　第一象限直线插补轨迹

例 2-1　要加工直线为 OA(图 2.13)，其终点坐标为 $A(5,4)$，则终点计数值 $J = X_e + Y_e = 5 + 4 = 9$，加工过程的运算节拍如表 2-2 所示。

表 2－2　逐点比较法直线插补运算节拍

序号	工 作 节 拍			
	第一拍：位置判别	第二拍：坐标进给	第三拍：偏差计算	第四拍：终点判别
1	$F_0=0$	$+\Delta X$	$F_1=F_0-Y_e=0-4=-4$ $X_1=0+1=1,\ Y_1=0$	$J=9-1=8$
2	$F_1=-4<0$	$+\Delta Y$	$F_2=F_1+X_e=-4+5=1$ $X_2=1,\ Y_2=0+1=1$	$J=8-1=7$
3	$F_2=1>0$	$+\Delta X$	$F_3=F_2-Y_e=1-4=-3$ $X_3=1+1=2,\ Y_3=1$	$J=7-1=6$
4	$F_3=-3<0$	$+\Delta Y$	$F_4=F_3+X_e=-3+5=2$ $X_4=2,\ Y_4=1+1=2$	$J=6-1=5$
5	$F_4=2>0$	$+\Delta X$	$F_5=F_4-Y_e=2-4=-2$ $X_5=2+1=3,\ Y_5=2$	$J=5-1=4$
6	$F_5=-2<0$	$+\Delta Y$	$F_6=F_5+X_e=-2+5=3$ $X_6=3,\ Y_6=2+1=3$	$J=4-1=3$
7	$F_6=3>0$	$+\Delta X$	$F_7=F_6-Y_e=3-4=-1$ $X_7=3+1=4,\ Y_7=3$	$J=3-1=2$
8	$F_7=-1<0$	$+\Delta Y$	$F_8=F_7+X_e=-1+5=4$ $X_8=4,\ Y_8=3+1=4$	$J=2-1=1$
9	$F_8=4>0$	$+\Delta X$	$F_9=F_8-Y_e=4-4=0$ $X_9=4+1=5,\ Y_9=4$	$J=1-1=0$

以上讨论了第一象限直线插补计算方法，对于其他象限的直线，可根据相同原理得到其插补计算方法。表 2－3 列出了各象限直线 L_1、L_2、L_3、L_4 进给方向及偏差计算公式，其中偏差计算中的 X_e、Y_e 均为绝对值。图 2.14 所示为第一象限逐点比较法直线插补的程序框图。

表 2－3　直线插补计算公式和进给方向

各象限进给示意	线型	$F\geqslant0$ 进给方向	$F<0$ 进给方向	偏差公式
	L_1	$+\Delta X$	$+\Delta Y$	$F\geqslant0$ 时 $F\leftarrow F-Y_e$ $F<0$ 时 $F\leftarrow F+X_e$
	L_2	$-\Delta X$	$+\Delta Y$	
	L_3	$-\Delta X$	$-\Delta Y$	
	L_4	$+\Delta X$	$-\Delta Y$	

2. 逐点比较法圆弧插补

圆弧插补加工与直线插补相似，它是将加工点到圆心的距离与被加工圆弧的名义半径相比较，并根据偏差大小确定它的进给方向，以逼近被加工圆弧。下面以第一象限逆圆弧

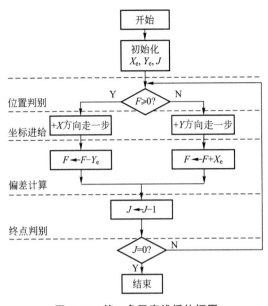

图 2.14　第一象限直线插补框图

为例，讨论圆弧的插补方法。如图 2.15 所示，设要加工圆弧为第一象限逆圆弧 AB，原点为圆心 O，起点为 $A(X_0，Y_0)$，终点为 $B(X_e，Y_e)$，半径为 R。瞬时加工点为 $P(X_i，Y_i)$，点 P 到圆心距离为 R_P。

若点 P 正好在圆弧上，则有

$$X_i^2+Y_i^2=R_P^2=R^2$$

即

$$X_i^2+Y_i^2-R^2=0$$

若点 P 在圆弧外侧，则有

$$X_i^2+Y_i^2=R_P^2>R^2$$

即

$$X_i^2+Y_i^2-R^2>0$$

若点 P 在圆弧内侧，则有

$$X_i^2+Y_i^2=R_P^2<R^2$$

即

$$X_i^2+Y_i^2-R^2<0 \tag{2-4}$$

显然，若令 $F_i=X_i^2+Y_i^2-R^2$，

则有：

(1) 若 $F_i=0$，则点 P 在圆弧上；

(2) 若 $F_i>0$，则点 P 在圆弧外侧；

(3) 若 $F_i<0$，则点 P 在圆弧内侧。

式(2-4)称为圆弧插补偏差判别式。当 $F_i\geq0$ 时，为逼近圆弧，应向 $-X$ 方向进给一步；当 $F_i<0$ 时，应向 $+Y$ 方向进给一步。这样，就可获得逼近圆弧的折线圆弧。

与直线插补偏差计算公式相似，圆弧插补的偏差计算也采用递推的方法以简化计算。若加工点 $P(X_i，Y_i)$ 在圆弧外或圆弧上，则有

$$F_i=X_i^2+Y_i^2-R^2\geq0$$

为逼近该圆需沿 $-X$ 方向进给一步，移到新加工点 $P(X_{i+1}，Y_{i+1})$，此时新加工点的坐标值为

$$X_{i+1}=X_i-1，Y_{i+1}=Y_i$$

新加工点的偏差为

$$F_{i+1}=(X_i-1)^2+Y_i^2-R^2=X_i^2-2X_i+1+Y_i^2-R^2$$
$$=X_i^2+Y_i^2-R^2-2X_i+1$$

即

$$F_{i+1}=F_i-2X_i+1 \tag{2-5}$$

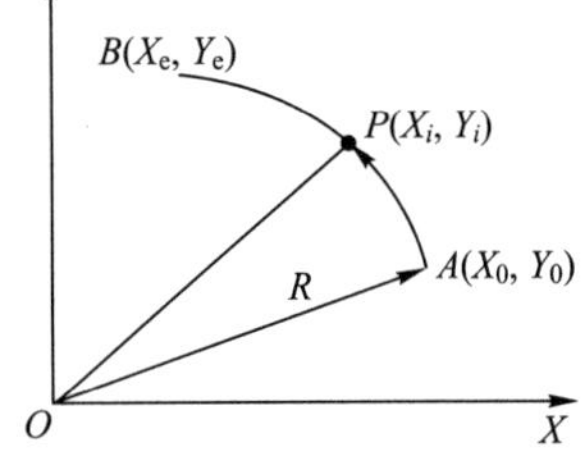

图 2.15　第一象限逐点比较法圆弧插补

若加工点 $P(X_i，Y_i)$ 在圆弧内，则有

$$F_i=X_i^2+Y_i^2-R^2<0$$

为逼近该圆需沿 $+Y$ 方向进给一步，移到新加工点 $P(X_{i+1}，Y_{i+1})$，此时新加工点的坐标值为

$$X_{i+1}=X_i，Y_{i+1}=Y_i+1$$

新加工点的偏差为

$$F_{i+1}=X_i^2+(Y_i+1)^2-R^2=X_i^2+Y_i^2+2Y_i+1-R^2$$
$$=X_i^2+Y_i^2-R^2+2Y_i+1$$

即
$$F_{i+1}=F_i+2Y_i+1 \qquad (2-6)$$

从式(2-5)和式(2-6)可知,递推偏差计算仅为加法(或减法)运算,大大降低了计算的复杂程度。由于采用递推方法,必须知道开始加工点的偏差,而开始加工点正是圆弧的起点,故 $F_0=0$。除偏差计算外,还要进行终点判别。一般用 X、Y 坐标方向所要走的总步数来判别。令 $J=|X_e-X_0|+|Y_e-Y_0|$,每走一步 J 减 1,直至 $J=0$ 表示到达终点,停止插补。

综上所述,逐点比较法圆弧插补与直线插补一样,每走一步都要完成位置判别、坐标进给、偏差计算、终点判别 4 个步骤(节拍)。图 2.16 所示为第一象限逆圆弧逐点比较法插补的程序框图。下面举例说明插补的过程。

例 2-2 要加工圆弧为第一象限逆圆弧 AB,如图 2.17 所示。原点为圆心,起点为 $A(6,0)$,终点为 $B(0,6)$,终点计算值为
$$J=|X_e-X_0|+|Y_e-Y_0|=|0-6|+|6-0|=12$$

加工过程的运算节拍如表 2-4 所示。

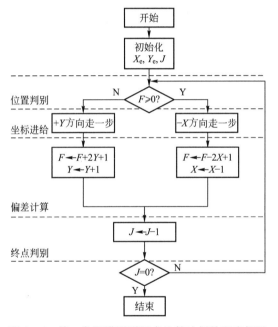

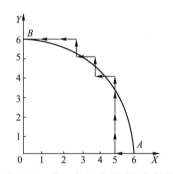

图 2.16 第一象限逆圆弧逐点比较法插补程序框图　　图 2.17 第一象限逆圆弧插补轨迹

表 2-4 逐点比较法圆弧插补运算节拍

序号	工 作 节 拍			
	第一拍:位置判别	第二拍:坐标进给	第三拍:偏差计算	第四拍:终点判别
1	$F_0=0$	$-\Delta X$	$F_1=0-2\times6+1=-11$ $X_1=6-1=5$,$Y_1=0$	$J=12-1=11$
2	$F_1=-11<0$	$+\Delta Y$	$F_2=-11+2\times0+1=-10$ $X_2=5$,$Y_2=0+1=1$	$J=11-1=10$

(续)

序号	工 作 节 拍			
	第一拍：位置判别	第二拍：坐标进给	第三拍：偏差计算	第四拍：终点判别
3	$F_2 = -10 < 0$	$+\Delta Y$	$F_3 = -10+2\times1+1 = -7$ $X_3 = 5,\ Y_3 = 1+1 = 2$	$J = 10-1 = 9$
4	$F_3 = -7 < 0$	$+\Delta Y$	$F_4 = -7+2\times2+1 = -2$ $X_4 = 5,\ Y_4 = 2+1 = 3$	$J = 9-1 = 8$
5	$F_4 = -2 < 0$	$+\Delta Y$	$F_5 = -2+2\times3+1 = 5$ $X_5 = 5,\ Y_5 = 3+1 = 4$	$J = 8-1 = 7$
6	$F_5 = 5 > 0$	$-\Delta X$	$F_6 = 5-2\times5+1 = -4$ $X_6 = 5-1 = 4,\ Y_6 = 4$	$J = 7-1 = 6$
7	$F_6 = -4 < 0$	$+\Delta Y$	$F_7 = -4+2\times4+1 = 5$ $X_7 = 4,\ Y_7 = 4+1 = 5$	$J = 6-1 = 5$
8	$F_7 = 5 > 0$	$-\Delta X$	$F_8 = 5-2\times4+1 = -2$ $X_8 = 4-1 = 3,\ Y_8 = 5$	$J = 5-1 = 4$
9	$F_8 = -2 < 0$	$+\Delta Y$	$F_9 = -2+2\times5+1 = 9$ $X_9 = 3,\ Y_9 = 5+1 = 6$	$J = 4-1 = 3$
10	$F_9 = 9 > 0$	$-\Delta X$	$F_{10} = 9-2\times3+1 = 4$ $X_{10} = 3-1 = 2,\ Y_{10} = 6$	$J = 3-1 = 2$
11	$F_{10} = 4 > 0$	$-\Delta X$	$F_{11} = 4-2\times2+1 = 1$ $X_{11} = 2-1 = 1,\ Y_{11} = 6$	$J = 2-1 = 1$
12	$F_{11} = 1 > 0$	$-\Delta X$	$F_{12} = 1-2\times1+1 = 0$ $X_{12} = 1-1 = 0,\ Y_{12} = 6$	$J = 1-1 = 0$

上面讨论的是第一象限逆圆弧插补方法。第一象限顺圆弧的运动趋势是 X 轴绝对值增大，Y 轴绝对值减小，当动点在圆弧上或圆弧外，即 $F_i \geqslant 0$ 时，沿 Y 轴负向进给，新加工点的偏差为

$$F_{i+1} = F_i - 2Y_i + 1 \qquad (2-7)$$

$F_i < 0$ 时，沿 X 轴正向进给，新加工点的偏差为

$$F_{i+1} = F_i + 2X_i + 1 \qquad (2-8)$$

与直线插补相似，如果插补计算都用坐标的绝对值，将进给方向另做处理，4 个象限插补公式可以统一起来，当对第一象限顺圆插补时，将 X 轴正向进给改为 X 轴负向进给，则走出的是第二象限逆圆；若沿 X 轴负向、Y 轴正向进给，则走出的是第三象限顺圆。如果用 SR_1、SR_2、SR_3、SR_4 分别表示第一、二、三、四象限的顺时针圆弧，用 NR_1、NR_2、NR_3、NR_4 分别表示第一、二、三、四象限的逆时针圆弧，4 个象限圆弧的进给方向如图 2.18 所示。

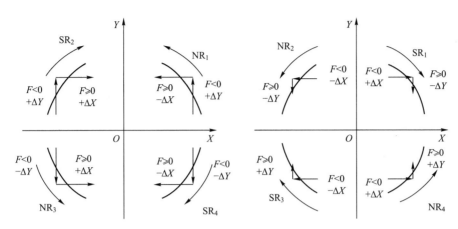

图 2.18   第一、二、三、四象限圆弧插补进给方向

2.2.2   数字积分法插补

数字积分法(Digital Differential Analyzer，DDA)是建立在数字积分器基础上的一种插补算法，其最大特点是易于实现多坐标插补，不仅能实现平面直线、圆弧的插补，而且可以实现空间曲线的插补，在轮廓控制数控系统中得到了广泛应用。下面首先介绍数字积分器的工作原理，然后介绍数字积分法的直线和圆弧插补方法。

1. 数字积分器的工作原理

如图 2.19 所示，求函数 $y=f(t)$ 在区间 $[t_0, t_n]$ 的定积分，就是求函数在该区间内与 t 轴所包围的面积，即

$$S = \int_{t_0}^{t_n} y \, \mathrm{d}t$$

若将积分区间 $[t_0, t_n]$ 等分成很多小区间 Δt(其中 $\Delta t = t_{i+1} - t_i$)，则面积 S 可近似看成很多小长方形面积之和，即

$$S = \sum_{i=1}^{n} y_i \Delta t$$

若将 Δt 取为一个最小单位时间(即一个脉冲周期时间)，即 $\Delta t = 1$，则

$$S = \sum_{i=1}^{n} y_i$$

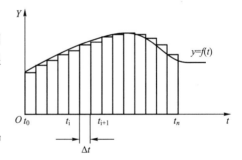

图 2.19   函数的积分法运算

因此函数的积分运算变成了函数值的累加运算，即当 Δt 足够小时，累加求和运算代替积分运算，所产生的误差可以不超过所允许的误差。

在计算机中积分运算的原理如图 2.20 所示，它由一个被积函数寄存器 J_V，一个累加器 J_R(又称余数寄存器)和一个与门构成。每隔 Δt 时间发一个脉冲，与门打开一次，便将被积函数寄存器 J_V 中的 y_i 值与累加器 J_R 中的值累加一次。若累加器 J_R 的容量为一个单位面积值，则在累加过程中累加器 J_R 的累加和超过累加器的容量时，累加器 J_R 便溢出一个脉冲，此脉冲即为一个单位面积值，累加结束后，累加器 J_R 总的溢出次数即为所求的

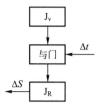

图 2.20 积分运算原理图

总面积，即所求的积分值。其累加次数取决于累加器 J_R 的位数。

2. 数字积分法的直线插补

如图 2.21 所示对直线 OE 进行插补，起点为坐标原点 O，终点坐标为 $E(7,4)$，若要使从 O 点到 E 点的插补过程进给脉冲均匀，就必须使分配给 X、Y 方向的单位增量成比例。设被积函数寄存器和累加器容量为 1，将 $X_e=7$，$Y_e=4$ 分别分成 8 段，每一段分别为 7/8、4/8，将其存入被积函数寄存器 J_{VX} 和 J_{VY} 中，当第一个时钟脉冲来到时，将被积函数寄存器 J_{VX} 和 J_{VY} 的数分别送入相应的累加器 J_{RX} 和 J_{RY} 中进行累加，因不大于累加器容量，没有溢出脉冲，累加器里的值分别为 7/8、4/8。第二个时钟脉冲来到时，再将被积函数寄存器中的数送入各自的累加器中，累加器 J_{RX} 为 7/8+7/8=1+6/8，因累加器容量为 1，满 1 就溢出一个脉冲，则往 X 方向发出一进给脉冲走一步，余下的 6/8 仍寄存在累加器里。累加器 J_{RY} 为 4/8+4/8，其结果等于 1，Y 方向也进给一步。第三个脉冲到来时，仍继续累加，累积器 J_{RX} 为 6/8+7/8，大于 1，X 方向再走一步，累加器 J_{RY} 为 0+4/8，其结果小于 1，无溢出脉冲，Y 方向不走步。如此下去，直到输入第八个脉冲时，积分器便工作一个周期，因经 8 次累加，X 方向溢出脉冲总数为 7/8×8=7，Y 方向溢出脉冲总数为 4/8×8=4，到达终点 E。由此可见，OE 直线插补过程实质上是一个累加过程（即积分过程）。

以上过程可以描述为：将直线按精度要求进行分段，以折线代替直线，分段逼近，相连即为插补轨迹。

如图 2.22 所示，设直线 OA 为第一象限的直线，起点为坐标原点 $O(0,0)$，终点坐标为 $A(X_e,Y_e)$，刀具以匀速 V 由起点移向终点，其 X、Y 坐标的速度分量为 V_X、V_Y，对于直线函数下式成立：

$$\frac{V}{OA}=\frac{V_X}{X_e}=\frac{V_Y}{Y_e}=k$$

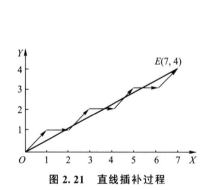

图 2.21 直线插补过程

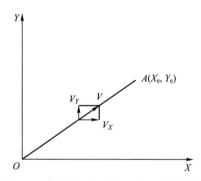

图 2.22 数字积分法第一象限直线插补

各坐标轴的位移量为

$$\begin{cases} X=\displaystyle\int_{t_0}^{t_n}V_X\,\mathrm{d}t=\int_{t_0}^{t_n}kX_e\,\mathrm{d}t \\ Y=\displaystyle\int_{t_0}^{t_n}V_Y\,\mathrm{d}t=\int_{t_0}^{t_n}kY_e\,\mathrm{d}t \end{cases}$$

$$(2-9)$$

式中，t_0 和 t_n 分别对应起点和终点的时间。式(2-9)即为用数字积分法求 x 和 y 在区间 $[t_0, t_n]$ 的定积分，积分值即为由 O 到 A 的坐标增量。因积分起点为坐标原点，所以此坐标增量即为终点坐标。

将式(2-9)用累加和代替积分式得

$$\begin{cases} X_e = \sum_{i=1}^{n} kX_e\Delta t \\ Y_e = \sum_{i=1}^{n} kY_e\Delta t \end{cases} \tag{2-10}$$

式中，k、X_e、Y_e 均为常数。若取 Δt 为一个脉冲时间间隔，即 $\Delta t = 1$，则

$$\begin{cases} X_e = \sum_{i=1}^{n} kX_e\Delta t = kX_e\sum_{i=1}^{n} 1 = kX_e n \\ Y_e = \sum_{i=1}^{n} kY_e\Delta t = kY_e\sum_{i=1}^{n} 1 = kY_e n \end{cases} \tag{2-11}$$

由式(2-11)可得

$$\begin{cases} k = 1/n \\ \Delta X = kX_e, \quad \Delta Y = kY_e \end{cases} \tag{2-12}$$

选择 k 时应使每次增量 ΔX 和 ΔY 均小于1，以使在各坐标轴每次分配进给脉冲时不超过一个脉冲（即每次增量只移动一个脉冲当量），即

$$\Delta X = kX_e < 1, \quad \Delta Y = kY_e < 1 \tag{2-13}$$

X_e 及 Y_e 的最大允许值，受到寄存器容量的限制。设寄存器的字长为 N，则 X_e 及 Y_e 的最大允许值为 $2^N - 1$，为满足式(2-13)的条件，有

$$kX_e = k(2^N - 1) < 1, \quad kY_e = k(2^N - 1) < 1$$

即要求

$$k < 1/(2^N - 1)$$

通常取

$$k = 1/2^N$$

则

$$\Delta X = kX_e = (2^N - 1)/2^N < 1, \quad \Delta Y = kY_e = (2^N - 1)/2^N < 1$$

这样既决定了系数 k，又保证了 ΔX 和 ΔY 均小于1的条件。

由式(2-12)得 $k = 1/n$，故累加次数为

$$n = 1/k = 2^N$$

上式表明，若寄存器位数是 N，则直线整个插补过程要进行 2^N 次累加才能到达终点。

取 Δt 为一个脉冲时间间隔（即 $\Delta t = 1$），并将 $k = 1/2^N$ 代入式(2-10)有

$$\begin{cases} X_e = \sum_{i=1}^{n} kX_e = \sum_{i=1}^{n} X_e/2^N \\ Y_e = \sum_{i=1}^{n} kY_e = \sum_{i=1}^{n} Y_e/2^N \end{cases} \tag{2-14}$$

式(2-14)表明，可用两个积分器来完成平面直线的插补计算，其被积函数寄存器的值分别为 $X_e/2^N$ 和 $Y_e/2^N$。对于二进制数来说，一个 N 位寄存器中存放 X_e 和 kX_e 的数字是一样的，只是小数点的位置不同罢了。X_e 除以 2^N，只需把小数点左移 N 位，小数点

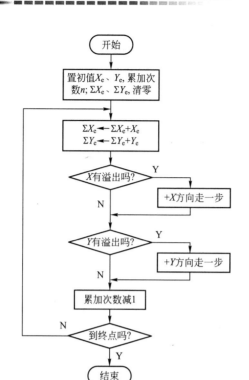

图 2.23　第一象限数字积分法直线插补程序框图

出现在最高位数的前面。采用 kX_e 进行累加，累加结果大于 1，就有溢出。若采用 X_e 进行累加，超出寄存器容量 2^N 就有溢出。将溢出脉冲用来控制机床进给，其效果是一样的。在被积函数寄存器里可只存 X_e，而省略 k。

因此，进行数字积分法的直线插补计算时，应分别对终点 X_e 和 Y_e 进行累加，累加器每溢出一个脉冲，则控制机床在相应的坐标轴上进给一个脉冲当量。当累加 n（为 2^N）次后，在 X 轴和 Y 轴上所走的步数正好到达终点。

直线插补的终点判别，由容量与积分器中的寄存器容量相同的终点计数器来进行，而当累加 n 次后，直线插补结束。为保证每次累加只溢出一个脉冲，累加器的位数与 X_e、Y_e 寄存器的位数应相同，其位长取决于最大加工尺寸和精度。第一象限数字积分法直线插补的程序框图如图 2.23 所示。

下面举例说明数字积分法直线插补的计算方法。

例 2 - 3　要加工直线 OA（图 2.24），起点为坐标原点 $O(0,0)$，终点坐标为 $A(5,2)$，若被积函数寄存器 J_V、余数寄存器 J_R 和终点计数器 J_E 的容量均为 3 位二进制寄存器，则累加次数 $n=2^3=8$，插补前 J_E、J_{RX}、J_{RY} 均为零，J_{VX}、J_{VY} 分别存放 $X_e=5=101B$，$Y_e=2=010B$，插补计算过程如表 2-5 所示。直线插补时，被积函数寄存器中的数值在插补计算过程中始终保持不变。其插补轨迹如图 2.24 中的折线所示。由此可见，经过 8 次累加后，在 X、Y 坐标方向分别通过 5 个和 2 个脉冲到达直线终点坐标。直线插补轨迹与理论直线的最大误差不超过一个脉冲当量。

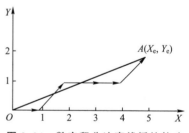

图 2.24　数字积分法直线插补轨迹

表 2 - 5　数字积分法直线插补计算过程

累加次数 n	X 积分器			Y 积分器			终点计数 J_E
	J_{VX}	J_{RX}	ΔX	J_{VY}	J_{RY}	ΔY	
1	101	000+101=101		010	000+010=010		000
2	101	101+101=010	1	010	010+010=100		001
3	101	010+101=111		010	100+010=110		010
4	101	111+101=100	1	010	110+010=000	1	011

（续）

累加次数	X 积分器			Y 积分器			终点计数
n	J_{VX}	J_{RX}	ΔX	J_{VY}	J_{RY}	ΔY	J_E
5	101	100＋101＝001	1	010	000＋010＝010		100
6	101	001＋101＝110		010	010＋010＝100		101
7	101	110＋101＝011	1	010	100＋010＝110		110
8	101	011＋101＝000	1	010	110＋010＝000	1	111

当被加工直线较短，而寄存器和累加器的位数较长时，就会出现累加多次才产生一个溢出脉冲的现象，此时进给速度就会很慢，从而影响生产率。故一般在编程时将 X_e 和 Y_e 同时放大 2^m 倍，即改变溢出脉冲的数量来提高进给速度。但此时终点判别应做相应的改变。由于 X_e 和 Y_e 同时放大 2^m 倍，使得溢出脉冲的位置右移了 m 位，因此累加次数应减少到 $n/2^m = 2^N/2^m = 2^{N-m}$。

对于不同象限的直线插补，若取终点坐标的绝对值，则计算过程相同。各坐标轴的进给方向如表 2－6 所示。

表 2－6　坐标轴的进给方向

象　　　限	第一象限	第二象限	第三象限	第四象限
X 坐标进给方向	＋	－	－	＋
Y 坐标进给方向	＋	＋	－	－

3. 数字积分法的圆弧插补

下面以第一象限逆圆弧为例，讨论数字积分法圆弧插补的原理。如图 2.25 所示，设要加工的为圆弧 AB，起点为 $A(X_0，Y_0)$，终点为 $B(X_e，Y_e)$，圆心在坐标原点，半径为 R，$P(X_i，Y_i)$ 为动点，则圆弧 AB 的方程式为

$$X_i^2 + Y_i^2 = R^2$$

将上式对时间 t 求导得

$$2X_i \frac{dX_i}{dt} + 2Y_i \frac{dY_i}{dt} = 0$$

$$\frac{dX_i/dt}{dY_i/dt} = -\frac{Y_i}{X_i} \qquad (2-15)$$

将式（2-15）写成参量方程，则有

$$\begin{cases} V_X = dX_i/dt = -kY_i \\ V_Y = dY_i/dt = kX_i \end{cases} \qquad (2-16)$$

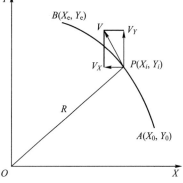

图 2.25　数字积分法第一象限逆圆插补

式中，k 为比例系数，V_X 为动点 P 在 X 方向的分速度；V_Y 为动点 P 在 Y 方向的分速度。由于第一象限逆圆弧对应 X 坐标逐渐减小，所以 V_X 取负号。

对式（2-16）求其在 A 到 B 区间的定积分，t_0 和 t_n 分别对应起点和终点的时间，其积分值为 A 到 B 的坐标增量，即

$$\begin{cases} X_e - X_0 = -\int_{t_0}^{t_n} kY_i \, dt \\ Y_e - Y_0 = \int_{t_0}^{t_n} kX_i \, dt \end{cases} \quad (2-17)$$

将式(2-17)用累加和代替积分式得

$$\begin{cases} X_e - X_0 = -\sum_{i=1}^{n} kY_i \Delta t \\ Y_e - Y_0 = \sum_{i=1}^{n} kX_i \Delta t \end{cases}$$

若取 Δt 为一个脉冲时间间隔，即 $\Delta t = 1$，则

$$\begin{cases} X_e - X_0 = -\sum_{i=1}^{n} kY_i \\ Y_e - Y_0 = \sum_{i=1}^{n} kX_i \end{cases} \quad (2-18)$$

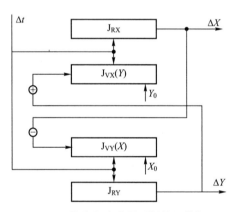

图 2.26 数字积分法圆弧插补运算框图

由此可见，圆弧插补与直线插补类似，也可由两套数字积分器来实现，如图 2.26 所示。两者之间所不同的是：直线插补被积函数寄存器为常数（X_e 和 Y_e），且随着溢出脉冲而不变化。对于圆弧插补而言，被积函数寄存器 J_{VX} 中存放动点 Y 轴坐标值，被积函数寄存器 J_{VY} 中存放动点 X 轴坐标值。在起点时，J_{VX}、J_{VY} 分别存放起点坐标值 Y_0、X_0，在插补过程中，Y 积分器的累加器 J_{RY} 每溢出一个脉冲，则 X 积分器的 J_{VX} 寄存器应该加 "1"（$Y_{i+1} = Y_i + 1$）；反之，X 积分器的累加器 J_{RX} 每溢出一个脉冲，则 Y 积分器的 J_{VY} 寄存器应该减 "1"（$X_{i+1} = X_i - 1$）。在图 2.26 中用 "+" 和 "-" 表示了修正动点坐标时的这种加 "1" 和减 "1" 的关系。

此外，在圆弧插补时，X 坐标值（X_i）累加的溢出脉冲作为 Y 轴方向的进给脉冲，而 Y 坐标值（Y_i）累加的溢出脉冲作为 X 轴方向的进给脉冲。在终点判别时，因圆弧插补的两个坐标不一定同时到达终点，故在两个方向上都要进行终点判别，其判别条件分别为

$$J_{EX} = |X_e - X_0|, \quad J_{EY} = |Y_e - Y_0|$$

只有当两个坐标都到达终点时，才停止插补计算。

例 2-4 设有第一象限逆圆弧 AB，如图 2.27 所示，起点坐标为 $A(5, 0)$，终点坐标为 $B(0, 5)$。被积函数寄存器、余数寄存器和终点计数器的容量均为 3 位二进制寄存器，插补前 J_{RX}、J_{RY} 均为零，J_{VX}、J_{VY} 分别存放 $Y_0 = 0 = 000B$，$X_0 = 5 = 101B$，J_{EX}、J_{EY} 均存放 101B，插补计算过程如表 2-7 所示。圆弧插补时，被积函数寄存器中的数值随着插补的进行不断变化。其插补轨迹如图 2.27 中的折线所示。

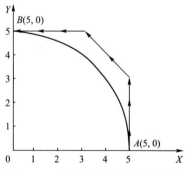

图 2.27 数字积分法圆弧插补轨迹

表 2－7　数字积分法圆弧插补计算过程

累加次数 n	X 积分器				Y 积分器			
	J_{VX}	J_{RX}	ΔX	J_{EX}	J_{VY}	J_{RY}	ΔY	J_{EY}
1	000	000＋000＝000		101	101	000＋101＝101		101
2	000 / 001	000＋000＝000		101	101	101＋101＝010	1	100
3	001	000＋001＝001		101	101	010＋101＝111		100
4	001 / 010	001＋001＝010		101	101	111＋101＝100	1	011
5	010 / 011	010＋010＝100		101	101	100＋101＝001	1	010
6	011	100＋011＝111		101	101	001＋101＝110		010
7	011 / 100	111＋011＝010	1	100	101 / 100	110＋101＝011	1	001
8	100	010＋100＝110		100	100	011＋100＝111		001
9	100 / 101	110＋100＝010	1	011	100 / 011	111＋100＝011	1	000
10	101	010＋101＝111		011		停止		
11	101	111＋101＝100	1	010				
12	101	100＋101＝001	1	001				
13	101	001＋101＝110		001				
14	101	110＋101＝011	1	000				
15		停止						

对不同象限的顺圆弧和逆圆弧的插补，若取终点坐标的绝对值，则计算过程相同，各坐标轴的进给方向如表 2－8 所示。

表 2－8　圆弧插补进给方向及函数值寄存器内容修正

圆弧方向	顺　圆　弧				逆　圆　弧			
象限	一	二	三	四	一	二	三	四
$J_{VX}(Y_i$ 修正)	－	＋	－	＋	＋	－	＋	－
$J_{VY}(X_i$ 修正)	＋	－	＋	－	－	＋	－	＋
X 坐标进给方向	＋X	＋X	－X	－X	－X	－X	＋X	＋X
Y 坐标进给方向	－Y	＋Y	＋Y	－Y	＋Y	－Y	－Y	＋Y

2.2.3　时间分割法插补

时间分割法是现代计算机数控系统中广泛应用的一种插补计算方法。这种方法是每隔时间 $T(\text{ms})$ 进行一次插补计算，算出在这一时间间隔内各个坐标轴的进给量，边计算边输出，直至到达终点。通常将间隔时间称为插补周期。时间分割法中所采用的插补周期 T 必须大于插补运算所占用的 CPU 的时间。插补周期 T 与加工精度及进给速度 v 有直接关系。

采用时间分割法，必须先通过速度计算，按进给速度 $v(\text{mm/min})$ 计算插补周期 T 内的合成进给量 f（又称为一次插补进给量），然后进行插补计算，并输出插补周期 T 内各坐标轴的进给量。若 v 的单位取 mm/min，T 的单位取 ms，f 的单位取 $\mu\text{m/ms}$，则一次插补进给量为

$$f = \frac{v \times 1000 \times T}{60 \times 1000} = \frac{vT}{60}$$

时间分割法插补算法的关键是计算插补周期内各个坐标轴的进给量 ΔX、ΔY，根据前一插补周期的动点位置和本次插补周期内的各坐标轴的进给量 ΔX、ΔY，就可算出本次插补周期动点位置的坐标。对于直线插补，插补所形成的合成进给量 f 不存在轨迹计算误差，如图 2.28 所示。对于圆弧插补，在满足精度的前提下，用切线或弦线来逼近圆弧，不可避免地会带来轮廓误差。其中，用切线逼近圆弧的方法会带来较大误差，故一般用弦线逼近圆弧的方法，如图 2.29 所示。

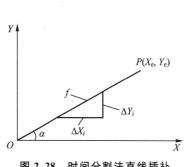

图 2.28　时间分割法直线插补

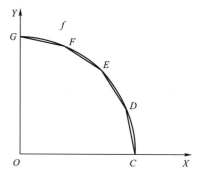

图 2.29　时间分割法圆弧插补

2.3　数控装置的刀具半径补偿

2.3.1　刀具半径补偿的基本原理

为了说明数控系统的刀具补偿，先来看一个铣削加工零件外轮廓的例子，如图 2.30 所示。在轮廓加工过程中，由于数控系统控制的是刀心轨迹，因此编程时要根据零件轮廓尺寸计算出刀心轨迹。零件轮廓可能需要粗铣、半精铣和精铣 3 个工步，由于每个工步加工余量不同，因此它们都有不同的刀心轨迹。另外，刀具磨损后，也需要重新计算刀心轨

迹。这样势必增加编程的复杂性。为了解决这个问题，在数控系统中设计了若干存储单元，存放刀心轨迹相对零件轮廓的偏移量。数控编程时，只需依照零件轮廓编写程序，而在加工时由系统根据偏移量自动计算出刀心轨迹控制刀具走刀。这样既简化了编程计算，又增加了程序的可读性。

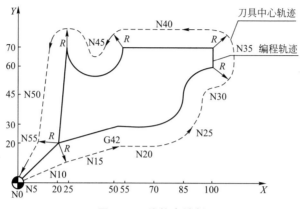

图 2.30　外轮廓铣削

根据同样的道理，在数控车床上车削零件时，车刀的刀尖半径也有类似的情形。无论是加工余量还是刀具磨损，或者是刀具半径的考虑，它们的实质是刀心轨迹相对于零件轮廓的偏置。实际加工时，编程人员根据零件图样尺寸编程，同时将加工余量和刀具半径值输入数控系统内存并在程序中调用，由数控系统自动使刀具沿轮廓偏置一个值，正确地加工出所需零件轮廓。这种以按照零件轮廓编制的程序和预先设定的偏置量为依据，自动生成刀具中心轨迹的功能称为刀具半径补偿功能。

根据 ISO 标准，当刀具中心轨迹在编程轨迹(零件轮廓)前进方向右边时称为右刀具补偿，简称右刀补，用 G42 表示；反之，则称为左刀补，用 G41 表示；当取消刀具补偿时用 G40 表示。

加工中心和数控车床在换刀之后还需要考虑刀具长度补偿。因此刀具补偿有刀具半径补偿和刀具长度补偿两部分。刀具长度的补偿计算较简单，本章重点讨论刀具半径补偿。

在零件轮廓加工过程中，刀具半径补偿的执行过程分为 3 步：

(1) 刀补建立。刀具从起点出发沿直线接近加工零件，依据 G41 或 G42 使刀具中心在原来的编程轨迹的基础上伸长或缩短一个刀具半径值，即刀具中心从与编程轨迹重合过渡到与编程轨迹偏离一个刀具半径值，如图 2.30 所示。

(2) 刀补进行。刀补指令是模态指令，刀补一旦建立后一直有效，直到刀补取消。在刀补进行期间，刀具中心轨迹始终偏离编程轨迹一个刀具半径值的距离。在轨迹转接处，采用圆弧过渡或直线过渡。

(3) 刀补撤销。刀具撤离工件，回到起刀点。与刀补建立时相似，刀具中心轨迹从与编程轨迹相距一个刀具半径值过渡到与编程轨迹重合。

刀具半径补偿只能在指定的二维平面内进行。而平面是由 G 代码 G17(XY 平面)、G18(XZ 平面)、G19(YZ 平面)指定的。刀具半径补偿值通过刀具半径补偿号来确定。

2.3.2 刀具半径补偿的计算

使用数控系统的刀具半径补偿功能,可以避开数控编程过程中的烦琐计算。这些计算量由数控系统来完成。对于直线加工,刀具补偿后的刀具中心轨迹是与原直线平行的直线,因此只要计算出刀具中心轨迹的起点和终点坐标值即可;对于圆弧加工,刀具补偿后的刀具中心轨迹是一个与原圆弧同心的一段圆弧,因此需要计算出刀具补偿后圆弧的起点、终点坐标值。

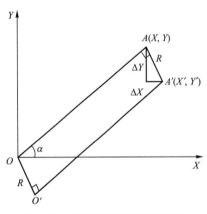

图 2.31　直线切削刀具半径补偿

1) 直线切削刀具半径补偿计算

如图 2.31 所示,加工的直线终点坐标为 $A(X,Y)$。假定程序加工完成后,刀具中心经刀具半径(R)补偿后到达直线 $O'A'$ 的终点(X',Y')。设终点刀具半径偏置矢量 AA' 的坐标投影为(ΔX,ΔY),则有

$$\begin{cases} X'=X+\Delta Y \\ Y'=Y+\Delta X \end{cases}$$

因为

$$\begin{cases} \Delta X=R\sin\alpha=R\dfrac{Y}{\sqrt{X^2+Y^2}} \\ \Delta Y=-R\cos\alpha=-R\dfrac{X}{\sqrt{X^2+Y^2}} \end{cases}$$

故 A' 点的坐标值为

$$\begin{cases} X'=X+R\dfrac{Y}{\sqrt{X^2+Y^2}} \\ Y'=Y-R\dfrac{X}{\sqrt{X^2+Y^2}} \end{cases}$$

第二、三、四象限的刀具半径补偿计算可以类似推导,所差仅为 ΔX 与 ΔY 的符号。

2) 圆弧切削刀具半径补偿计算

如图 2.32 所示,r 为所加工圆弧的半径,圆弧起点 $A(X_0,Y_0)$,终点 $B(X_e,Y_e)$。假定上段程序加工完成后刀具中心点为 $A'(X_0',Y_0')$,那么 BB' 和 AA' 的长度为刀具半径 R。设 BB' 在坐标轴上的投影为(ΔX,ΔY),则

$$\begin{cases} X_e'=X_e+\Delta X \\ Y_e'=Y_e+\Delta Y \end{cases}$$

从而得到

$$\begin{cases} X_e'=X_e+R\dfrac{X_e}{\sqrt{X_e^2+Y_e^2}} \\ Y_e'=Y_e+R\dfrac{Y_e}{\sqrt{X_e^2+Y_e^2}} \end{cases}$$

同样容易得到 A' 点的坐标,即

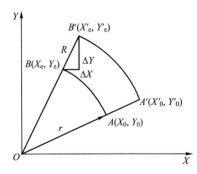

图 2.32　圆弧刀具半径补偿

$$\begin{cases} X_0' = X_0 + R \dfrac{X_0}{\sqrt{X_0^2 + Y_0^2}} \\ Y_0' = Y_0 + R \dfrac{Y_0}{\sqrt{X_0^2 + Y_0^2}} \end{cases}$$

2.3.3 C功能刀具半径补偿

通过上述公式已能计算出直线和圆弧轮廓经过刀具半径补偿后的起点与终点坐标。但在两段轮廓交接处如何过渡就有问题了，除非两个程序段轮廓正好光滑过渡，即前一程序段终点的刀偏矢量与下一程序段起点的刀偏矢量完全重合，否则必然在交接处出现间断点或交叉点。如图 2.33 所示，粗线为编程轮廓，当加工外轮廓时，会出现间断点 A' 和 B'；当加工内轮廓时，会出现交叉点 C''。

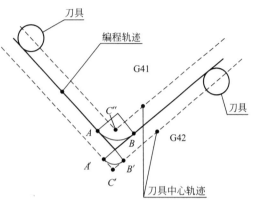

图 2.33　刀具半径补偿尖角过渡

对于只有 B 刀具补偿的数控系统，编程人员必须事先估计出进行刀具补偿后可能出现的间断点和交叉点的情况，并进行人为处理。遇到间断点时，可以在两个间断点之间增加一个半径为刀具半径的过渡圆弧段 $A'B'$。遇到交叉点时，事先在两程序段之间增加一个过渡圆弧段 AB，圆弧的半径必须大于所使用的刀具的半径。显然，这种仅有 B 刀具补偿功能的数控系统对编程人员是很不方便的。

最早的刀具补偿方法是由数控系统根据编程轨迹直接计算出刀具中心轨迹的转换交点 C' 和 C''，再对原来的程序轨迹做伸长或缩短的修正。以前 C' 和 C'' 点不易求得，主要是由于数控装置的运算速度和硬件结构的限制。随着 CNC 技术的发展，系统工作方式、运算速度及存储容量都有了很大的改进和增加，采用直线或圆弧过渡，直接求出刀具中心轨迹交点的刀具半径补偿方法已经能够实现了，这种方法被称为 C 功能刀具半径补偿，简称 C 刀补。

B 刀具半径补偿在确定刀具中心轨迹时，数控系统采用了读一段、算一段、走一段的控制方法。这样就无法预计到由于刀具半径补偿所造成下一段轨迹对本段轨迹的影响。在 C 刀补中，为了避免下一段加工轨迹对本段加工轨迹的影响，在计算本段的刀具中心轨迹时，提前将下一段程序读入。根据它们之间转换的具体情况，对本段的轨迹做适当的处理，得到正确的本段加工轨迹。这里，当下一段程序中没有运动指令时，数控系统会自动向下搜索，直到有坐标运动指令存在为止。

根据两段程序轨迹的矢量夹角 α 和刀具补偿方向的不同，刀具中心轨迹过渡连接形式有以下 3 种。矢量夹角 α 为两编程轨迹在交点处非加工侧的夹角，如图 2.34 所示。

（1）当 $\alpha \geqslant 180°$ 时为缩短型，是刀具中心轨迹短于编程轨迹的过渡方式。

（2）当 $90° \leqslant \alpha < 180°$ 时为伸长型，是刀具中心轨迹长于编程轨迹的过渡方式。

（3）当 $\alpha < 90°$ 时为插入型，是在两段刀具中心轨迹之间插入一段直线的过渡方式。

在一般的数控装置中，都有圆弧和直线插补两种功能。根据前后两段编程轨迹的连接

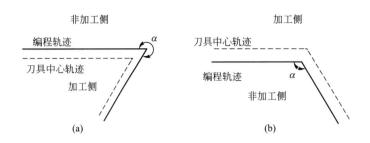

图 2.34　矢量夹角

方式不同，相应的有以下 4 种转接形式：直线与直线转接、直线与圆弧转接、圆弧与直线转接、圆弧与圆弧转接。图 2.35 所示为直线至直线各种转接的情况，编程轨迹为 OA →AF。

在图 2.35(a)和(b)中，AB、AD 为刀具半径值，刀具中心轨迹 IB 与 DK 的交点为 C，由数控系统求出交点 C 的坐标值，实际刀具中心运动轨迹为 IC→CK。采取求交点的方法，从根本上解决了内轮廓加工的刀具过切现象。由于 IC→CK 相对于 OA 与 AF 缩短了 CB 与 DC 的长度，因此，这种求交点的内轮廓过渡称为缩短型转换，在这里，求交点是其核心任务。

在图 2.35(c)中，C 点为 IB 与 DK 延长线的交点，由数控系统求出交点 C 的坐标，实际刀具中心运动轨迹为 IC→CK。同上道理，这种外轮廓过渡称为伸长型转换。

在图 2.35(d)中，若仍采用求 IB 与 DK 交点的方法，势必要过多地增加刀具的非切削空行程时间，这显然是不合理的。因此 C 刀补算法在这里采用插入型转换，即令 $BC=C'D=R$，数控系统求出 C 与 C' 点的坐标，刀具中心运动轨迹为 I→C→C'→K，即在原轨迹中间再插入 CC' 直线段，因此称其为插入型转换。

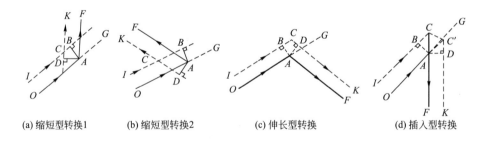

(a) 缩短型转换1　(b) 缩短型转换2　(c) 伸长型转换　(d) 插入型转换

图 2.35　直线至直线左刀补情况

值得一提的是，有些数控系统对上述伸长型或插入型一律采用半径为刀具半径的圆弧过渡，显然这种处理要简单些。但当刀具进行尖角圆弧过渡时，轮廓过渡点始终处于切削状态，加工会出现停顿，工艺性较差。

刀具半径补偿功能在实施过程中，各种转接形式和过渡方式的情况，如表 2-9 和表 2-10 所示。表中实线表示编程轨迹，虚线表示刀具中心轨迹，α 为矢量夹角，r 为刀具半径，箭头为走刀方向。表中是以右刀补(G42)为例进行说明的，左刀补(G41)的情况与右刀补相似，就不再重复。

表 2-9　刀具半径补偿的建立和撤销

转接形式　　　矢量夹角	刀补建立 (G42)		刀补撤销 (G42)		过渡方式
	直线—直线	直线—圆弧	直线—直线	圆弧—直线	
$\alpha \geq 180°$	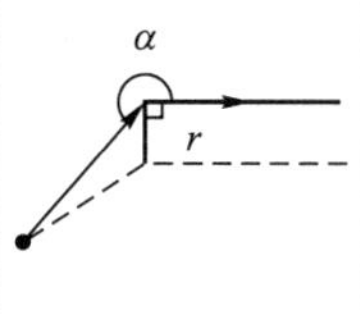	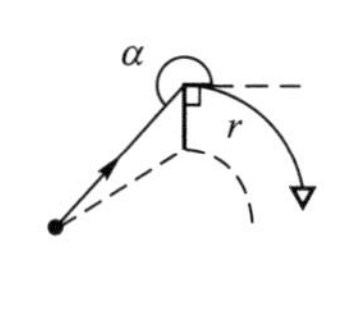	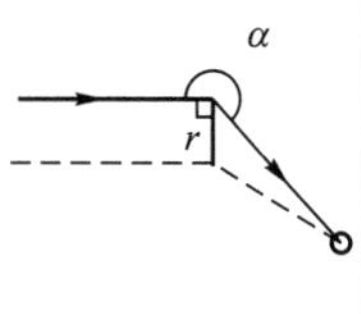	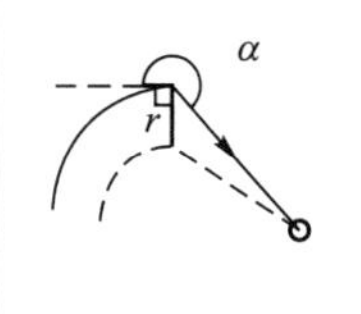	缩短型
$90° \leq \alpha < 180°$	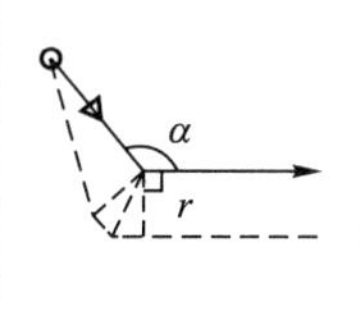	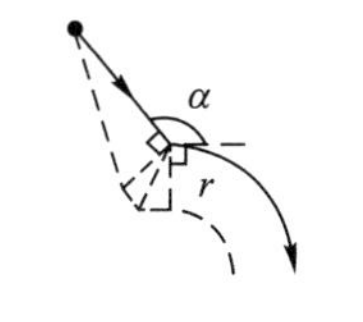	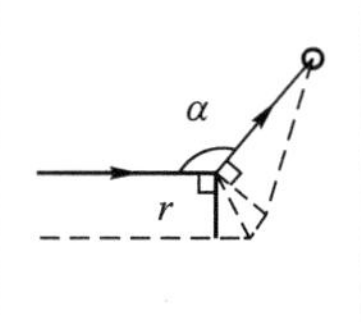	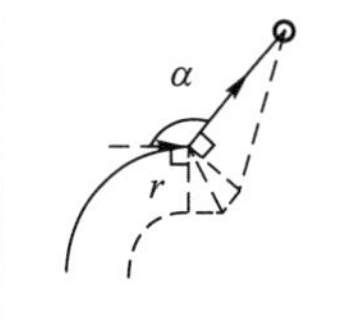	伸长型
$\alpha < 90°$	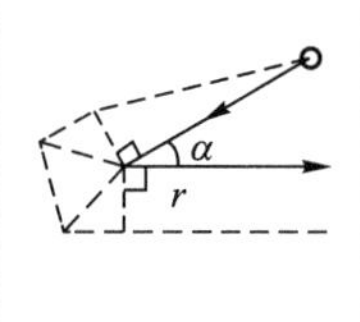	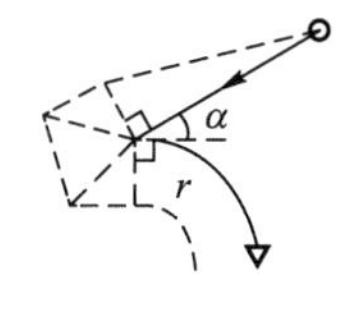	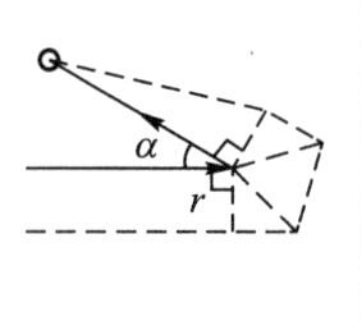	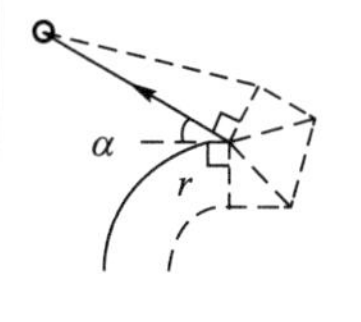	插入型

表 2-10　刀具半径补偿的进行

转接方式　　　矢量夹角	刀补进行 (G42)				过渡方式
	直线—直线	直线—圆弧	圆弧—直线	圆弧—圆弧	
$\alpha \geq 180°$	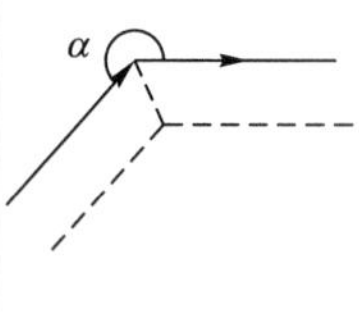	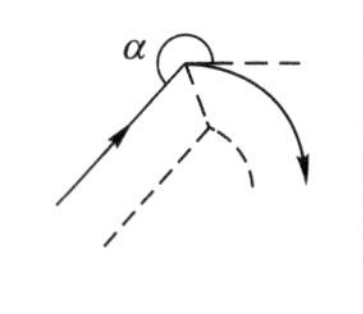	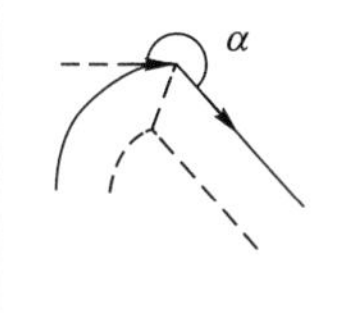	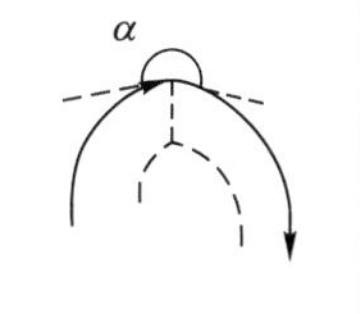	缩短型
$90° \leq \alpha < 180°$	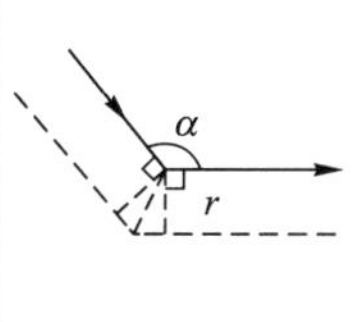	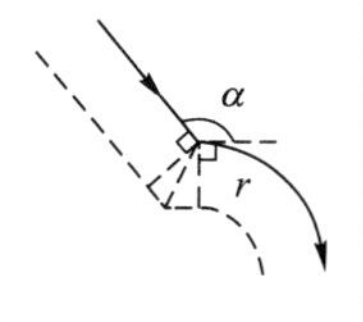	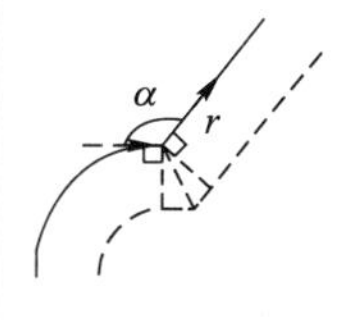	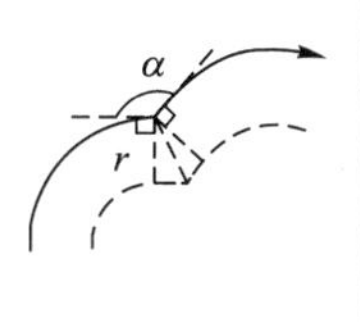	伸长型
$\alpha < 90°$	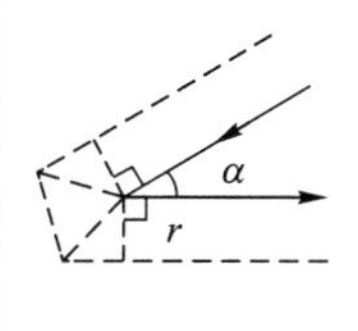	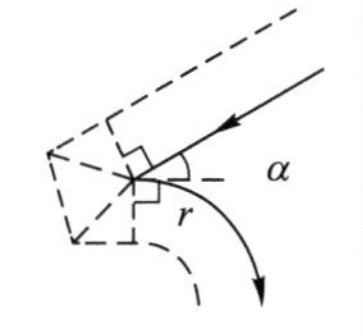	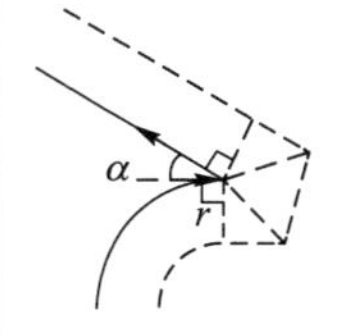	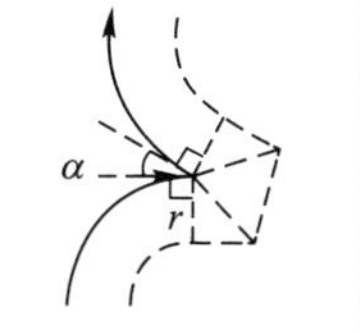	插入型

2.3.4 C功能刀具半径补偿的实例

图 2.36 中粗实线 OABCDE 为加工零件轮廓，虚线为刀具中心轨迹，数控系统 C 功能刀具半径补偿完成刀心轨迹的过程如下。

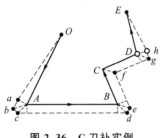

图 2.36　C刀补实例

读入 OA，判断出是刀补建立，继续读下一段。

读入 AB，因为 ∠OAB<90°，且又是右刀补（G42），由表可知，此时段间转接的过渡形式是插入型，则计算出 a、b、c 的坐标值，并输出直线段 Oa、ab、bc，供插补程序运行。

读入 BC，因为 ∠ABC<90°，同理，段间转接的过渡形式还是插入型，则计算出 d、e 点的坐标值，并输出直线 cd、de。

读入 CD，因为 ∠BCD>180°，由表可知，段间转接的过渡形式是缩短型，则计算出 f 点的坐标值，由于是内侧加工，须进行过切判别，若过切则报警，并停止输出，否则输出直线段 ef。

读入 DE（假定撤销刀补的 G40 命令），因为 90°<∠CDE<180°，由于是刀补撤销段，由表可知，段间转接的过渡形式是伸长型，则计算出 g、h 点的坐标值，然后输出直线段 fg、gh、hE。

刀具半径补偿处理结束。

2.3.5 加工过程中的过切判别

加工过程中的过切判别实质上是一种运行自诊断。前面说过 C 刀补能避免过切现象，是指若编程人员因某种原因编制出了肯定要产生过切的加工程序时，系统在运行过程中能提前发出报警信号，避免过切事故的发生。

1. 直线加工时的过切判别

如图 2.37 所示，当被加工的轮廓是直线段时，若刀具半径选用过大，就将产生过切削现象。图中，编程轨迹为 ABCD，B' 为对应于 AB、BC 的刀具中心轨迹的交点。当读入编程轨迹 CD 时，就要对上段刀具中心轨迹 B'C' 进行修正，确定刀具中心应从 B' 点移到 C' 点。显然，这时必将产生如图 2.37 阴影部分所示的过切。

在直线加工时，是否会产生过切，可以通过编程矢量与其相对应的修正矢量的标量积的正负进行判别。在图 2.37 中，BC 为编程矢量，B'C' 为 BC 对应的修正矢量，α 为它们之间的夹角，则标量积为

$$\overline{BC} \cdot \overline{B'C'} = |\overline{BC}||\overline{B'C'}|\cos\alpha$$

显然，当 $\overline{BC} \cdot \overline{B'C'} < 0$（即 90°<α<270°）时，刀具就要背向编程轨迹移动，造成过切。图 2.37 中 α=180°，所以必定产生过切。

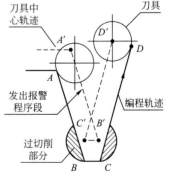

图 2.37　直线加工的过切

2. 圆弧加工时的过切削判别

在内轮廓圆弧加工时,若选用的刀具半径 r 过大,超过了所需加工的圆弧半径 R,那么就会产生如图 2.38(a)所示的过切。

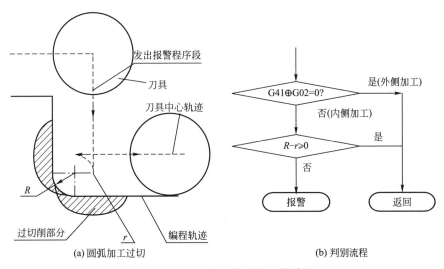

图 2.38 圆弧加工的过切及其判别

由图 2.38(a)所示的情况可知,只有当圆弧加工的命令为"G41 G03"或"G42 G02"时,才会产生过切现象;若命令为"G41 G02"或"G42 G03",则进行外轮廓切削,就不会产生过切的现象。分析这两种情况,可得到刀具半径大于所需加工的圆弧半径时的过切判别流程,如图 2.38(b)所示。

在实际加工中,还有各种各样的过切削情况,限于篇幅,无法一一列举。但是通过上面的分析可知,过切削现象都发生在过渡形式为缩短型的情况下,因而可以根据这一原则来判断发生过切削的条件,并据此设计过切削判别程序。

2.4 数控装置的位置控制

2.4.1 闭环位置控制的概念

数控系统位置控制的任务是准确控制数控机床各坐标轴的位置,闭环控制分为开环、半闭环和全闭环 3 种方式。开环位置控制比较简单,这里只讨论半闭环和全闭环的位置控制原理。半闭环(图 2.39)与全闭环(图 2.40)位置控制的基本原理相同,其控制是由数控系统中的计算机来完成的。

安装在工作台上的位置传感器(在半闭环方式中安装在电动机轴上的角度传感器)将机械位移转换成位置数字量,由计数器进行检测,计算机以固定的周期对该反馈值进行采样,该采样值与插补程序所输出的结果进行比较,得到位置误差,该误差经软件增益放大,输出给 D/A 转换器,为伺服装置提供控制电压,驱动工作台向减小误差的方向移动。

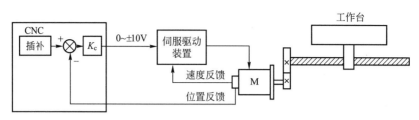

图 2.39　半闭环位置控制的构成

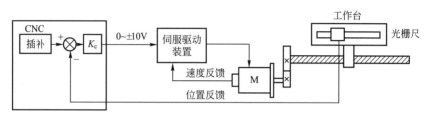

图 2.40　全闭环位置控制的构成

如果插补程序不断地有进给量产生，工作台就不断地跟随该进给量运动，只有在位置误差为零时，工作台才静止在要求的位置上。

从本质上讲，全闭环和半闭环都是位置闭环反馈系统，其根本的差别在于位置传感器所安装的位置不同。

（1）半闭环位置控制系统的位置传感器通常安装在电动机的轴上，它所反馈的信号是电动机所转过的角度，控制系统通过电动机转角与工作台移动的比例关系，即可算出工作台的移动距离。很显然，这是一种间接测量的方法。由于半闭环反馈系统只能补偿反馈环内部的误差，因此，传动链上的许多误差无法得到补偿，这使得半闭环位置控制的精度不太高。

但在半闭环位置控制系统中，位置传感器的安装十分方便（一般已由电动机供应厂商安装好），调试也很容易，加之传动链上的间隙及丝杠螺距误差可以在数控系统内部得到补偿，因此得到了广泛的应用。

（2）全闭环位置控制系统的位置传感器安装在工作台上，检测工作台的移动距离。由此构成的位置反馈，能补偿传动链上的种种误差，整个数控机床的定位精度可以大大提高，此时定位精度主要取决于位置传感器的精度。

但是全闭环控制使用的直线位置传感器价格较贵，安装与维护比较复杂，加上由于传动链也在闭环内，其间隙非线性及传动刚度等的影响使得全闭环的调试较为麻烦，容易产生振荡与超调，所以全闭环控制仅用于对精度要求较高的场合。

2.4.2　闭环位置控制的实现

在数控系统中，位置控制（以 X 轴为例）的接口如图 2.41 所示，它采用与电动机同轴安装的光电脉冲编码器作为反馈元件。光电脉冲编码器每转一圈能输出数千个均匀的脉冲信号，脉冲信号通过计数器的计数即可反映出工作台的位置。位置闭环控制程序和插补程序一样，都是在计算机的中断服务程序中实现的，其软件框图如图 2.42 所示。

当未进行进给运动时，插补程序被禁止执行，因此，每次中断时对应插补程序输出的

值 ΔX 为零，但每次中断服务程序中，位置闭环控制照常执行一遍，此时 $X=X_F$，因此，所输出的模拟电压为零。当进给轴需要运动时，插补程序输出相应的插补结果 ΔX，$X+\Delta X$ 就是新的指令位置，此时计算机将 $X+\Delta X$ 指令位置与计数器中反映出的实际位置进行比较，当其不相等时，其差值 E 经 K_c 软件增益放大，即可由 D/A 转换器输出一定的模拟电压，使得电动机带动工作台向减小误差的方向移动，使工作台向指令位置移动直至指令值与实际值相等为止。

值得指出的是，这种闭环控制当电动机停止运动时，实质上是一种动态定位，即位置闭环控制仍处于工作状态，无论何种干扰(如电网电压波动、伺服装置漂移、负载力矩扰动等)使电动机偏移了指令位置，位置闭环控制都能立即输出一定的电压给伺服装置，力图使驱动电动机恢复指令位置，使闭环控制在定位位置上始终存在着闭环修正。因此，动态定位时是有电磁力矩维持的。

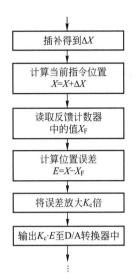

图 2.41 闭环位置控制软件框图

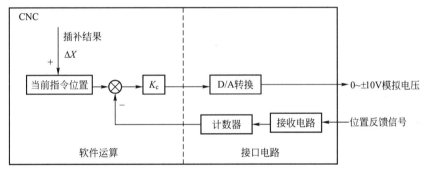

图 2.42 数控装置位置控制接口

2.4.3 开环放大倍数与跟随误差

上面从物理概念了解了位置闭环控制的原理，要更深一步地讨论则必须建立在数学模型的基础上，根据上述的讨论与位置闭环的结构容易得到图 2.43 中的位置闭环控制传递函数。

在图 2.43 中，X 与 X_F 为指令位置与实际位置，K_c 为软件增益，可由用户通过数控系统设置；K_{DA} 为 D/A 转换的系数，单位为伏/数字(V/P)；K_A 为脉冲编码器的转换系数，单位为数字/转(P/r)。伺服装置这里使用一阶简化惯性环节来近似，K_m 为伺服装置的放大倍数，单位为 $((r \cdot s^{-1})/V)$，它描述了对伺服装置每加 1V 的控制电压对应的电动机转速；τ 为伺服装置的时间常数，单位为毫秒(ms)，它描述了伺服装置的快速性，即 τ 愈小表明快速性愈好。

整个闭环系统的开环放大倍数 $K=K_c \cdot K_{DA} \cdot K_M \cdot K_A (s^{-1})$，指令位置与实际位置的偏差称为跟随误差 E，开环放大倍数 K 与跟随误差 E 是位置闭环控制中两个最为重要

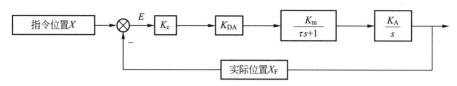

图 2.43 位置闭环控制数学模型

的概念。

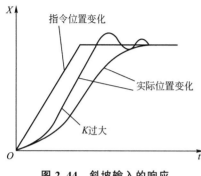

图 2.44 斜坡输入的响应

当动态定位时，跟随误差总是在零至 ±0.001 或 ±0.002 mm 上下跳动。当进行直线移动时，每个插补周期输出的 ΔX 相同，即为斜坡输入，根据自动控制原理的结论，对上述系统，当斜坡输入时，其稳态跟随误差为一常量，如图 2.44 所示，$E(\text{mm})=v(\text{mm}\cdot\text{s}^{-1})/K(\text{s}^{-1})$。

显然，从减小跟随误差的角度看，K 愈大愈好，但 K 过大将引起超调和振荡，在数控机床中，这是不允许的，因此，K 应选择较合适的值。通过分析和计算可以得出，$K=(0.2\sim0.3)/\tau$ 是一个比较合适的值，它既可以保证有较小的跟随误差和较快的响应，又不致引起超调与振荡。可见，K 的选择与伺服单元时间常数 τ 有很大的关系。τ 越小，表明可以选择越大的开环放大倍数 K，跟随误差也就越小，一般数控机床的开环放大倍数为 $15\sim80\text{s}^{-1}$。

那么，通常跟随误差有多大，它对加工轮廓精度有多大的影响呢？

例如，当开环放大倍数为 30s^{-1}，加工进给速度为 $200\text{mm}/\text{min}$ 时，有

$$E=\frac{v}{K}=0.11\text{mm}$$

这一误差是很大的，但跟随误差不是轮廓误差。当数控机床单轴运动时，不论跟随误差是多少，只要不产生超调，跟随误差对轮廓误差是没有影响的。当两轴 X、Y 直线联动时，其轮廓误差 E 与各轴跟随误差 E_X、E_Y 的影响如图 2.45 所示，A 为指令位置，B 为由于跟随误差导致的实际位置。由图可得

$$E = E_Y\cos\theta - E_X\sin\theta = \frac{v_Y}{K_Y}\frac{v_X}{v} - \frac{v_X}{K_X}\frac{v_Y}{v}$$

$$= \frac{v\cos\theta\, v\sin v}{K_Y\cdot v} - \frac{v\sin\theta\, v\cos\theta}{K_X\cdot v}$$

$$= \frac{v\sin 2\theta}{2}\left(\frac{1}{K_Y} - \frac{1}{K_X}\right)$$

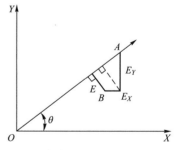

图 2.45 轮廓误差与跟随误差的关系

由此可见：

（1）当 $K_X=K_Y$，即两轴的开环放大倍数相同时，由于两轴跟随误差的抵消，轮廓误差为零。

（2）当 $\sin 2\theta=0$，即 $\theta=0°$ 或 $90°$ 时，轮廓误差为零。其物理意义为沿着 X 或 Y 轴进给

时，不存在轮廓误差。

（3）在实用中很难保证 K_X 与 K_Y 完全相等，根据上式的变化，有

$$E = \frac{v\sin 2\theta}{2} \frac{K_X - K_Y}{K_X K_Y}$$

可以看出，只要 K_X 和 K_Y 足够大，所产生的轮廓误差也很小。

在圆弧加工时，当 $K_X \neq K_Y$ 时，运动轮廓将是长轴沿 45° 或 135° 方向的椭圆；当 $K_X = K_Y$ 时，只要满足 $K_X = (0.2 \sim 0.3)/\tau_X$ 和 $K_Y = (0.2 \sim 0.3)/\tau_Y$，跟随误差对轮廓的影响是非常小的，可以忽略。

因此在实用中，开环放大倍数的选择必须遵守两个原则，其一为 $K_Y = (0.2 \sim 0.3)/\tau$，其二为各轴开环放大倍数要尽可能相等。由于开环放大倍数的重要性，通常数控系统将各轴的此项值作为参数由用户灵活设置。实际上由于硬件设备一旦选定，K_{DA}、K_M、K_A 无法改变，开环放大倍数的改变实质上是改变数控装置内部的软件增益 K_c。

值得指出的是，由于跟随误差的存在，在两段轮廓的过渡处会出现轮廓过渡误差。如图 2.46 所示，编程轮廓沿 Y 轴运动至 A 点，再沿 X 轴运动至 B 点。当轮廓加工时，指令位置到达 A 点时，由于跟随误差的存在，实际刀具滞后于指令位置在 C 点，这时 X 轴的控制已经开始，因此出现了过渡误差，如想消除此误差，在轮廓过渡处进行尖角过渡，可采用下面两种方法：

（1）在两轮廓编程之间，加入延时 G04 指令，等待前一轮廓跟随误差的消除。

（2）采用尖角过渡指令（有些数控系统为 G07），其为模态指令，执行此指令编程后，数控系统在每一轮廓进给完成后，均要检查跟随误差是否小于一定的值（该值可由用户在参数区中设置），只有当跟随误差足够小后，数控系统才会认为该段轮廓进给结束，下段轮廓的进给才能进行。

现代数控系统均采用变增益的位置控制，其增益设置如图 2.47 所示。

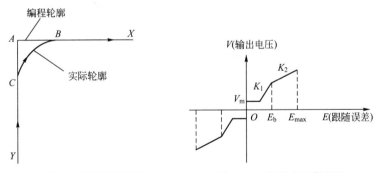

图 2.46　轮廓过渡误差示意　　图 2.47　变增益位置控制

为减小起、制动时的加速度，减小对机床进给机构的冲击，可减小增益，K_2 一般仅为 K_1 的 50%～80%，图 2.47 中 E_{max} 即为 G00 定位时所对应的跟随误差；E_b 为变增益转折点，一般应选择比机床最高切削进给速度所对应的跟随误差略大一些；V_m 为最小模拟电压输出值，由于伺服单元均存在一定的死区，即当控制电压低到一定的值后，伺服单元已无法测到其值，电动机停止运动。选择一定的最小输出电压则可克服这一现象，但应注意，如果 V_m 选择过大，则可能在定位处出现严重振荡现象。

小 结

数控装置的主要任务就是将零件加工程序表达的加工信息变换成各进给轴的位移指令，控制加工设备按一定的轨迹运动，加工出符合要求的零件。数控装置由硬件和软件组成，本章主要介绍了数控装置的组成和硬件结构、软件特点和软件的数据处理流程，具体包括译码、刀具补偿、速度处理、插补运算、位置控制等环节。

根据轨迹的起点、终点和形状，由数控系统实时地计算出各个中间点坐标的过程称为插补。插补的目的是获得对各坐标轴的控制，以最小的逼近误差来拟合零件轮廓。数控系统一般都具有直线和圆弧插补功能，其插补工作一般由软件来完成，常用的插补方法有逐点比较法、数字积分法等。

逐点比较法具有精度较高、速度平稳等特点，可实现直线和圆弧的插补。逐点比较法的 4 个节拍是位置判别、坐标进给、偏差计算和终点判别。在插补过程中，不断地判断偏差函数的符号，以便实现相应的进给，并计算新的偏差函数值，如果还没有到达终点，则为下一轮插补计算准备判别条件。

数字积分法是一种在轮廓控制系统中广泛应用的插补方法之一。其主要特点是容易实现多轴联动，可进行空间直线和曲面的插补等。在插补过程中，根据累加公式，通过被积函数寄存器与余数寄存器完成直线、圆弧的插补计算。

刀具半径补偿的作用是把程序中的零件轮廓轨迹转换成刀具中心轨迹，以保证机床按照刀具中心轨迹运动，加工出所要求的零件轮廓。根据刀具半径补偿指令进行的轮廓过渡有圆弧过渡（B 功能）和矢量过渡（C 功能）两种方法。前者的刀具中心过渡轨迹是以轮廓的交点为圆心，刀具补偿半径为半径的圆弧；后者的刀具中心过渡轨迹通过矢量计算有伸长型、缩短型和插入型 3 种形式。

位置控制的任务是在每个采样周期内，将插补计算的指令位置与实际反馈位置相比较，用其差值去控制伺服电动机。

习 题

2-1 试述数控装置的组成部分。

2-2 试述数控装置工作时内部的数据转换流程。

2-3 试述逐点比较法插补的 4 个节拍。

2-4 推导出第一象限顺圆逐点比较法的插补公式。

2-5 用逐点比较法插补第一象限的直线 OA，O 点的坐标为 $(0,0)$，A 点的坐标为 $(10,7)$，列出插补计算过程，画出插补轨迹图。

2-6 用逐点比较法插补第一象限的逆时针圆弧 AB，A 点的坐标为 $(8,0)$，B 点坐标为 $(0,8)$，圆心在原点 $O(0,0)$，列出插补计算过程，画出插补轨迹图。

2-7 用数字积分法插补第一象限的直线 OA，O 点坐标为 $(0,0)$，B 点坐标为 $(8,9)$，列出插补计算过程，画出插补轨迹图。

2-8 用数字积分法插补第一象限的顺时针圆弧 AB，A 点坐标为 $(0,9)$，B 点坐标为 $(9,0)$，圆心在原点 $O(0,0)$，列出插补计算过程，画出插补轨迹图。

2-9　试述刀具半径补偿的作用及 B 刀补和 C 刀补的区别。

2-10　试述 C 功能刀补是如何处理直线与直线的刀具中心轨迹过渡连接的。

2-11　试述闭环和半闭环位置控制的区别。

2-12　试述跟随误差的含义及控制跟随误差的方法。

第 3 章
伺服驱动系统及位置检测装置

 内容提要

　　伺服驱动系统作为数控机床的重要组成部分，其性能直接影响数控机床的精度、速度和可靠性等技术指标。本章以数控机床伺服驱动系统为研究对象，在阐述伺服系统原理的基础上，重点介绍了步进电动机、直流和交流伺服电动机等几种伺服驱动电动机。位置检测装置是闭环伺服系统中的重要部件，其作用是检测位移和速度，并将检测的信号反馈，构成闭环控制。本章以位置检测装置为主要研究对象，着重介绍磁尺、光栅、脉冲编码器、旋转变压器、感应同步器等常用检测装置的工作原理和在数控机床中的应用。

3.1 伺服驱动系统概述

3.1.1 伺服驱动系统的概念

伺服系统是以驱动装置和电动机为控制对象，以控制器为核心，以电力电子功率转换装置为执行机构，在自动控制理论的指导下组成的电气传动自动控制系统，它包括伺服驱动器和伺服电动机。数控机床伺服系统的作用在于接收来自数控装置的指令信号，驱动机床移动部件跟随指令脉冲运动，并保证动作的快速和准确，这就要求高质量的速度和位置伺服。数控机床的精度和速度等技术指标往往主要取决于伺服系统。

数控机床的性能在很大程度上取决于伺服驱动系统的性能，它对伺服驱动系统的主要要求如下。

1. 位移精度要高

伺服驱动系统的位移精度是指指令脉冲要求机床工作台进给的位移量和该指令脉冲经伺服驱动系统转化为工作台实际位移量之间的符合程度。两者误差越小，伺服驱动系统的位移精度越高。目前，高精度的数控机床伺服驱动系统的位移精度可达到在全程范围内 $\pm 5\mu m$。一般数控机床的脉冲当量为 $0.01\sim0.001mm$，高精度的数控机床其脉冲当量可达 $0.0001mm$。

2. 定位精度高

伺服驱动系统的定位精度是指输出量能复现输入量的精确程度。数控加工对定位精度和轮廓加工精度要求都比较高，定位精度一般为 $0.01\sim0.001mm$，甚至 $0.1\mu m$。轮廓加工精度与速度控制、联动坐标的协调控制有关。在速度控制中，要求调速精度高、抗负载扰动能力较强，即对静态、动态精度要求都比较高。

3. 稳定性好

稳定性是指系统在输入或外界干扰作用下，能较快地调节，达到新的或者恢复到原来的平衡状态的性能。较强的抗干扰能力，可保证进给速度均匀、平衡。稳定性直接影响数控加工零件的精度和表面粗糙度。

4. 动态响应快

动态响应时间是伺服驱动系统动态品质的重要指标，它反映了系统的跟踪精度。为了保证轮廓切削形状的精度和低的零件加工表面粗糙度，要求伺服驱动系统跟踪指令信号的响应要快。这一方面要求过渡过程时间要短，一般在 200ms 以内，甚至小于几十纳秒；另一方面要求超调要小。这两方面的要求往往是矛盾的，实际应用中采取一定的措施，按加工工艺要求做出一定的选择。

5. 调速范围宽

调速范围 S 是指机械装置要求电动机能提供的最高转速 n_{max} 和最低转速 n_{min} 之比（n_{max} 和 n_{min} 一般指额定负载时的转速，对于少数负载很轻的机械，也可以是实际负载时的转速）。

在数控机床中，由于加工用刀具和被加工材质及零件加工工艺的不同，为保证在任何情况下都能得到最佳切削质量，要求伺服驱动系统具有足够宽的调速范围。目前，在脉冲当量为 1 μm 的情况下，进给速度范围已达到 0～240m/min，并连续可调。对于一般的数控机床而言，要求进给伺服系统在 0～24m/min 进给速度下能工作，而且可以分为以下几种状态：

（1）在 0～24000mm/min 的速度范围，要求速度均匀、稳定、无爬行，且速降要小。

（2）在速度为 1mm/min 以下时，具有一定的瞬时速度，而平均速度很低。

（3）在零速时，即工作台停止运动时，要求电动机有足够的电磁转矩，以维持定位精度，使定位精度满足系统的要求。也就是说，应处于伺服锁住状态。

主轴伺服驱动系统主要是速度控制，它要求 1∶100～1∶1000 范围内的恒转矩调速和 1∶10 以上的恒功率调速，而且要保证足够大的输出功率。

6. 低速大转矩

数控机床加工的特点是在低速时进行重切削。因此，要求伺服系统在低速时有大的转矩。

为了满足对伺服驱动系统的要求，对伺服驱动系统的执行元件——伺服电动机也相应提出高精度、快响应、宽调速和大转矩的要求，具体有以下几方面要求：

（1）电动机从最低进给速度到最高进给速度之间都能平滑运转，转矩波动要小，尤其在最低转速时，如 0.1r/min 或更低转速时，仍有平稳的速度而无爬行现象。

（2）电动机负载特性硬，应具有较长时间的较大过载能力，以满足低速大转矩的要求。例如，电动机能在数分钟内过载 4～6 倍而不至于损坏。

（3）为了满足快速响应的要求，即随着控制信号的变化，电动机应能在较短时间内达到规定的速度。这要求电动机必须具有 4000rad/s² 以上的加速度，才能保证电动机在 0.2s 以内从静止到 1500r/min。因此，伺服驱动电动机必须具有较小的转动惯量和大的堵转转矩，机电时间常数和起动电压应尽可能地小。

（4）电动机应能承受频繁的起动、制动和正、反转。

3.1.2　伺服驱动系统的组成和工作原理

图 3.1 所示为闭环伺服驱动系统结构原理图。安装在工作台上的位置检测元件把机械位移变成位置数字量，并由位置反馈电路送到数控装置内部，该位置反馈与数控装置给定的指令位置进行比较，如果不一致，数控装置送出差值信号，经驱动电路将差值信号变换，放大后驱动电动机，经减速装置带动工作台移动。当比较后的差值信号为零时，电动机停止转动，此时，工作台移到指令所指定位置。这就是数控机床的位置控制过程。

图 3.1 中的测速发电机和速度反馈电路组成的速度反馈回路可实现速度恒值控制。测速发电机和伺服电动机同步旋转。假如因外负载增大而使电动机的转速下降，则测速发电机的转速下降，经速度反馈电路，把转速变化的信号送到驱动电路，与输入信号进行比较，比较后的差值信号经放大后，产生较大的驱动电压，从而使电动机转速上升，恢复到原先给定转速，使电动机排除负载变动干扰，维持转速恒定不变。

在该电路中，由速度反馈电路送出的转速信号是在驱动电路中进行比较的，而由位置

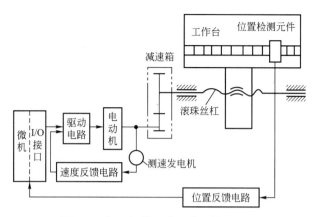

图 3.1 闭环伺服驱动系统结构原理图

反馈电路送出的位置信号是在数控装置中进行比较的。比较的形式也不同,速度比较是通过硬件电路完成的,而位置比较是通过软件完成的。

图 3.1 所示的闭环伺服驱动系统结构原理图可以用框图表示,如图 3.2 所示。

由上述原理图及框图可知,闭环伺服驱动系统主要由以下几个部分组成:

(1)数控装置。它能接收输入的加工程序和位置反馈信号,经数控软件处理后,由输出口送出指令信号。

(2)驱动电路。它能接收数控装置发出的指令,并将输入信号转换为电压信号,经过功率放大后,驱动电动机旋转。转速的大小由指令

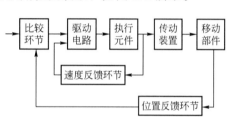

图 3.2 闭环伺服驱动系统框图

控制。若要实现恒速控制功能,驱动电路应能接收速度反馈信号,将反馈信号与来自数控装置的输入信号进行比较,将差值信号作为控制信号,使电动机保持恒速转动。

(3)执行元件。执行元件可以是直流电动机、交流电动机,也可以是步进电动机。采用步进电动机通常是开环控制。

(4)传动装置。传动装置包括减速箱和滚珠丝杠等。

(5)位置检测元件及反馈电路。位置检测元件有直线感应同步器、光栅和磁尺等。位置检测元件检测的位移信号由反馈电路转变成数控装置能识别的信号,由数控装置进行数据比较后送出差值信号。

(6)测速发电机及反馈电路。测速发电机实际上是小型发电机,发电机两端的电压值和发电机的转速成正比,故可将转速的变化量转变成电压的变化量。

3.1.3 伺服驱动系统分类

1. 按控制方式划分

按照控制方式的不同,伺服系统分为 3 类,它们的组成及特点如下。

1)开环伺服系统

开环伺服系统为无位置检测系统,如图 3.3 所示,系统的驱动元件主要是步进电动机

或电液压马达。该系统的特点是，只按照数控装置的指令脉冲进行工作，而对执行结果，即移动部件的实际位移，不进行检测和反馈。

开环系统结构简单，调试、维修、使用都很方便，工作可靠，成本低廉，但精度差，低速不平稳，高速转矩小。它一般用在轻载、负载变化不大的场合或经济型数控机床上。

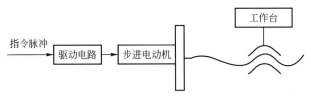

图 3.3　开环伺服系统

2) 闭环系统

闭环伺服系统是误差控制随动系统。如图 3.4 所示，它主要由位置比较、伺服放大器、伺服电动机、机械传动装置和直线位移检测装置等环节组成。

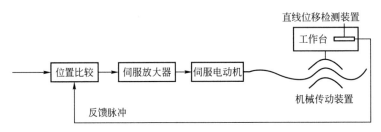

图 3.4　闭环伺服系统

闭环伺服系统的工作原理：当数控装置发出位移指令后，经过伺服放大器、伺服电动机、机械传动装置驱动工作台移动，直线位移检测装置将检测到的位移反馈到位置比较环节与输入信号进行比较，将误差补偿到控制指令中，再去控制伺服电动机。

由图 3.4 可以看出，系统的精度在很大程度上取决于位置检测装置的精度。但是，由于机械传动装置的刚度、摩擦阻尼特性、反向间隙等非线性因素对稳定性有很大影响，造成闭环进给伺服系统的安装调试比较复杂。再者，直线位置检测装置的价格比较高，因此，它多用在高精度数控机床和大型数控机床上。

3) 半闭环系统

图 3.5 所示为半闭环伺服系统。它与闭环系统的区别是检测元件为角位移检测装置，两者的工作原理完全相同。

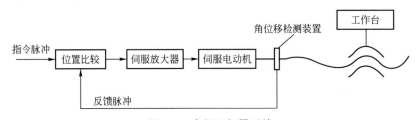

图 3.5　半闭环伺服系统

由于半闭环系统的反馈信号取自旋转轴，故进给系统中的机械传动装置处于反馈回路之外，其刚度、间隙等非线性因素对系统稳定性没有影响，所以调试也很方便。虽然它与闭环系统相比精度偏低，但是对绝大多数应用场合，精度已经足够，因此，半闭环系统得到了非常广泛的应用。

2. 按反馈方式划分

1) 脉冲、数字比较伺服系统

脉冲、数字比较伺服系统是闭环伺服系统中的一种控制方式。它是将数控装置发出的数字(或脉冲)指令信号与反馈检测装置测得的以数字(或脉冲)形式表示的反馈信号直接进行比较，达到闭环控制。

脉冲、数字比较伺服系统结构简单，整机工作稳定，在一般数控伺服系统中应用十分普遍。

2) 相位比较伺服系统

在相位比较伺服系统中，位置检测装置采取相位工作方式，指令信号与反馈信号都变成某种载波的相位，然后通过两者相位的比较，获得实际位置与指令位置的偏差，实现闭环控制。

相位比较伺服系统适于感应式检测元件(如旋转变压器、感应同步器)的工作状态，并可得到满意的精度。此外，由于载波频率高、响应快、抗干扰能力强，尤其适用于连续控制的伺服系统。

3) 幅值比较伺服系统

幅值比较伺服系统是以检测信号的幅值来反映机械位移的数值，并以此信号作为位置反馈信号。一般还要将此幅值信号转换成数字信号再与指令信号进行比较，构成闭环控制系统。

4) 数字伺服系统

随着微电子技术、计算机技术和伺服控制技术的发展，数控机床的伺服系统已开始采用高速、高精度的全数字伺服系统，使伺服控制技术从模拟方式、混合方式走向全数字方式。数字伺服系统采用了许多新的控制技术和改进伺服性能的措施，使控制精度和品质大大提高。

3. 按执行元件的类别分类

伺服驱动系统中的执行元件为电动机，经常采用的电动机有步进电动机伺服系统、直流电动机伺服系统和交流电动机伺服系统。

1) 步进电动机伺服系统

步进电动机制造容易，它常用在开环伺服系统中。在 20 世纪 60—70 年代初，这种电动机在数控机床上曾风行一时，但到现在，除经济型的数控机床外，一般数控机床已不再使用。另外，在某些机床上也有将它用在刀具磨损补偿运动及精密角位移的驱动等场合。

2) 直流电动机伺服系统

直流电动机伺服系统中所用的电动机有改进型直流电动机、小惯量直流电动机、永磁直流伺服电动机和无刷直流电动机。

改进型直流电动机在结构上与传统的直流电动机没有区别，只是它具有转动惯量较小、过载能力较强的特点，且具有较好的换向性能。它的静态特性和动态特性方面较普通直流电动机有所改进，在早期的数控机床上多用这种电动机。

小惯量电动机分无槽圆柱体电枢结构和带印刷绕组的盘形结构两种。因为小惯量直流电动机最大限度地减少了电枢的转动惯量，所以获得了较好的快速性。在早期的数控机床上应用这类电动机也较多。为了获得高的电动机角加速度，无论是小惯量直流电动机还是改进型的直流电动机，都设计成具有高的额定转速和低的转动惯量。因此，这些电动机一般都要经过中间的机械传动(如齿轮减速器)才能与丝杠相连接。

永磁直流伺服电动机能在较大过载转矩下长时间工作，以及有较大的转动惯量，能直接与丝杠相连而不需中间传动装置。此外，它还有一个特点，即可以在低速下运转，如能在 1r/min，甚至 0.1r/min 下平稳地运转。因此，这种直流伺服系统在数控机床上获得了广泛的应用。20 世纪 70—80 年代中期，这种电动机在数控机床上的应用占绝对统治地位，至今，许多数控机床上仍使用这种电动机的直流伺服系统。永磁直流伺服电动机的缺点是有电刷，限制了转速的进一步提高，这种电动机一般额定转速为 1000～1500r/min，而且结构复杂，价格较贵。

无刷直流电动机也称无换向器直流电动机，它由同步电动机和逆变器组成，而逆变器则由装在转子上的转子传感器来控制。因此，它实质上是交流电动机的一种。由于这种电动机的性能达到直流电动机的水平，又取消了换向器和电刷，使电动机的寿命大约提高了一个数量级。

3）交流电动机伺服系统

直流伺服电动机因为易于调节，具有起动、运行、制动等灵活方便的特点，在调速方面得到广泛的应用，但是它有个致命的弱点，就是制造和维护比较困难。直流电动机在运转时，电刷磨损产生的大量具有导电性的碳粉，容易出现局部放电现象；换向器是由多种材料制成的，由于各种材料的热膨胀系数及机械强度各不相同，且形状非常复杂，故给制造和维护都带来了很大的困难。人们一直在设法解决这个问题。由于直流伺服电动机存在着这些固有的缺点，使其应用范围受到限制。交流伺服电动机没有这些缺点，且转动惯量较直流电动机小，使得它动态响应快；另外在同样体积下，交流电动机的输出功率可比直流电动机提高 10%～70%；此外交流电动机的容量比直流电动机大，可达到更高的电压和转速。因此，交流伺服系统得到了迅速发展。从 20 世纪 80 年代后期，在数控机床上开始大量使用交流伺服系统，到今天，有些国家的机床已全部使用交流伺服系统。

4. 按驱动方式分类

伺服驱动系统按照驱动方式可分为液压伺服驱动系统、气压伺服驱动系统和电气伺服驱动系统等。

5. 按输出被控制量的性质分类

伺服驱动系统按照输出被控制量的性质可分为位置伺服驱动系统和速度伺服驱动系统等。

3.2　驱动电动机

驱动电动机是数控机床伺服系统的执行元件。用于驱动数控机床各坐标轴进给运动的称为进给电动机；用于驱动机床主运动的称为主轴电动机。开环伺服系统主要采用步进电动机。伺服电动机通常用于闭环或半闭环伺服系统中。伺服电动机又分直流伺服电动机和交流伺服电动机，直流伺服电动机在 20 世纪 70—80 年代中期在数控机床上的应用占绝对统治地位，至今许多数控机床仍使用这种电动机的直流伺服系统。直流电动机存在一些固有缺点，如电刷和换向器易磨损，需经常维护；换向器换向时会产生火花，致使电动机的最高转速受到限制，也使应用环境受到限制；直流电动机结构复杂，制造困难，所用钢铁材料消耗大，制造成本高。而伺服交流电动机没有上述缺点，且转子惯量较直流电动机小，使得动态响应更好。此外，交流电动机的容量可比直流电动机大，以达到更高的电压和转速。因此，从 20 世纪 80 年代后期开始，人们大量使用交流伺服系统，现在有些厂家已全部使用交流伺服系统。随着直线电动机技术的成熟，采用直线电动机作为进给驱动将成为未来发展的趋势，目前已有产品供应用户。

3.2.1 步进电动机

步进伺服驱动系统的驱动电动机是由步进电动机实现，步进电动机又称为脉冲电动机，是一种将电脉冲信号转换成相应的角位移或直线位移的机电执行元件。每当输入一个电脉冲，电动机就转动一个角度，脉冲一个一个地输入，电动机便一步一步地转动，故称它为步进电动机。又因为它输入的既不是正弦交流电，又不是恒定直流电，而是电脉冲，所以又称它为脉冲电动机。由于步进电动机输出的角位移与输入的脉冲数成正比，转速与脉冲频率成正比，因此，控制输入脉冲的数量、频率及电动机各相绕组的通电顺序，就可以得到所需的运行特性。

步进电动机用作执行元件具有以下优点：角位移输出与输入脉冲数相对应，每转一周都有固定步数，在不丢步的情况下运行，步距误差不会长期积累，同时在负载能力范围内，转速仅与脉冲频率高低有关，不受电源电压波动或负载变化的影响，也不受环境条件，如温度、气压、冲击和振动等的影响，因而可组成结构简单而精度高的开环控制系统。有的步进电动机在停机后某相绕组保持通电状态，即具有自锁能力，停止迅速，不需外加机械制动装置。此外，步距角能在很大的范围内变化，适合不同传动装置的要求，且在小步距角的情况下，可以不经减速器而获得低速运行。

1. 步进电动机的分类

步进电动机种类繁多，有旋转运动的、直线运动的和平面运动的。按力矩产生的原理，它分为反应式、励磁式(励磁式又可分为供电励磁式和永磁式两种)和混合式；按定子数目，它可分为单段定子式与多段定子式；按相数，它可分为单相、两相、三相和多相等。

各种步进电动机都有定子、转子，但因类型不同，结构也不完全相同。

1) 反应式步进电动机

反应式步进电动机的结构如图 3.6 所示，它由定子 1、定子绕组 2 和转子 3 组成。图 3.6(a)所示为三相单定子径向分相式反应式步进电动机的结构图，定子上有 6 个均布的磁极，在直径相对的两个极上的线圈串联，构成了一相控制绕组；每个定子极上均布一定数目的齿，齿槽距相等，转子上无绕组，只有均布一定数目的齿，齿槽等宽。图 3.6(b)所示为五相多定子轴向分相式反应式步进电动机的结构图，它的定子轴向排列，定子和转子铁心都成五段,每段一相,依次错开排列,每相是独立的,这就是五相步进电动机。

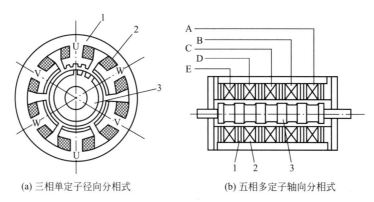

(a) 三相单定子径向分相式　　　　　　(b) 五相多定子轴向分相式

图 3.6　反应式步进电动机的结构

1—定子;2—定子绕组;3—转子

2)励磁式步进电动机

励磁式步进电动机的结构与反应式步进电动机的结构相似,其定子、转子铁心的磁场和齿槽均一样,两者的差别是励磁式步进电动机存在轴向恒定磁场。励磁式步进电动机是靠转子上的励磁绕组产生轴向磁场的;轴向磁场可以改善步进电动机的动态特性,其发展趋势为取代反应式步进电动机。

永磁式步进电动机的转子为永久磁铁,定子为软磁材料,其上有励磁绕组。这种电动机有多种结构形式,常用形式有爪极式和隐极式。爪极式步进电动机的结构一般采用二相或四相绕组;隐极式步进电动机的结构与反应式步进电动机一样,有二相、三相、四相、五相等多种绕组。

3)混合式步进电动机

混合式步进电动机的结构和工作原理兼有反应式和永磁式两电动机的特点。由于其转子上有磁钢,因此产生同样大小的转矩,需要的励磁电流大大减小;同时它还具有步距角小、起动和运行频率高、不通电时有定位转矩等优点,在小型、经济型数控机床中被广泛应用。

2. 反应式步进电动机的工作原理

图 3.7 所示为三相反应式步进电动机的工作过程。它的定子有 6 个极,每极都绕有控制绕组,每两个相对的极组成一相。转子上有 4 个均匀分布的齿,上面没有绕组。步进电动机的工作原理与电磁铁相似,定子绕组依次通电,转子被吸引一步一步前进,每步转过的角度称为步距角。

当 U 相通电时,V 相和 W 相都不通电。由于磁通总是沿着磁阻最小的路径通过,使转子的 1、3 齿与定子 U 相的两个磁极齿对齐。此时,因转子只有径向力而无切向力,故转矩为零,转子被自锁在该位置上,如图 3.7(a)所示;随后 U 相断电,V 相通电,转子受电磁力的作用,逆时针旋转 30°,使 2、4 两齿与 V 相(磁极)齿对齐,如图 3.7(b)所示;再使 V 相断电,W 相通电,转子再转 30°,使 1、3 齿与 W 相磁极齿对齐,如图 3.7(c)所示。当 U 相再次通电时,W 相断电,2、4 两齿与 U 相对齐,转子又转过 30°,依此类推,转子可按 30°一步,转动不停。

(a)　　　　　　　(b)　　　　　　　(c)

图 3.7　三相反应式步进电动机的工作过程

从一相通电换接到另一相通电，这个过程称为一拍，同时转子转过一个步距角。按 U—V—W—U 顺序通电时，电动机的转子便会按此顺序一步一步地旋转。反之，若按 U—W—V—U 顺序通电，则电动机就反向转动。这种三相依次单相通电的方式，称为三相单三拍运行方式。这里的"单"是指每次只有一相绕组通电，"三拍"是指一个循环内换接了 3 次，即 U、V、W 三拍。单三拍通电方式每次只有一相控制绕组通电吸引转子，容易使转子在平衡位置附近产生振荡，运行稳定性较差。另外，在切换时，一相控制绕组断电而另一相控制绕组开始通电，容易造成失步，因而实际上很少采用此种通电方式。

三相反应式步进电动机也可以三相双三拍方式运行，即通电方式为 UV—VW—WU—UV 的顺序，每次有两相绕组同时通电。这种通电方式转子受到的感应力矩大，静态误差小，定位精度高。另外，转换时始终有一相的控制绕组通电，所以工作稳定，不易失步。

此外，还有三相六拍运行方式，即其通电顺序为 U—UV—V—VW—W—WU—U，这种通电方式是单、双相轮流通电，它具有双三拍的特点，且通电状态增加一倍，而使步距角减少一半，即在三相单三拍运行方式下，步距角为 $30°$；在三相六拍运行方式下，步距角为 $15°$。

3. 步进电动机的主要参数及特性

步进电动机主要参数及特性有步距角、起动频率、连续运行频率、静态矩角特性、矩频特性与动态转矩、加减速特性等。

1) 步距角

上面介绍的反应式步进电动机的步距角较大，如果在数控机床中使用，就会影响到加工精度。目前使用得最多的是一种单段反应式步进电动机。

单段反应式步进电动机的特点是定子的磁极数通常为相数的两倍，每个磁极的极面上开有小齿，转子上沿圆周也开有均匀分布的小齿，它们的齿形和齿距完全相同。这种结构制造简便，精度易于保证，步距角较小，容易得到较高的起动和运行频率。为了获得较大的静转矩，齿宽和齿距之比通常选为 $0.32\sim0.38$。

图 3.8 所示的是一种具有代表性的单段三相反应式步进电动机，它的定子上有 6 个磁极，上面的绕组按星形连接成 U、V、W 三相，每相绕组有 2 个磁极，转子铁心上均匀分

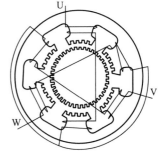

图 3.8　单段三相反应式步进电动机结构

布 40 个小齿，在定子每个磁极（也称极靴）上均布 5 个小齿。图 3.9 所示为其定子、转子展开图。定子、转子的齿数需要适当配合，即要求在 U—U 相这一对磁极下，定子、转子齿一一对齐时，下一相（V 相）绕组所在的一对磁极下的定子、转子齿错开 t/m（m 为相数，t 为齿距）；再下一相（W 相）的一对磁极下的定子、转子齿错开 $2t/m$，依此类推。

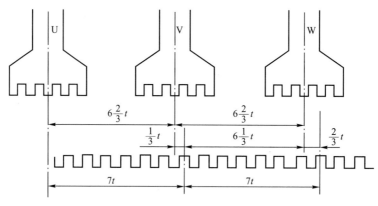

图 3.9　定子、转子展开图

设 Z_r 为转子齿数，则

$$转子齿距角 = \frac{360°}{Z_r} = \frac{360°}{40} = 9°$$

$$转子相邻相之间的齿数 = \frac{Z_r}{m} = \frac{40}{3} = 13\frac{1}{3}$$

$$定子相邻磁极之间的转子齿数 = \frac{Z_r}{2m} = \frac{40}{6} = 6\frac{2}{3}$$

这说明当 U 相一对磁极下定子、转子齿一一对齐时，V 相转子齿轴线沿 UVW 方向滞后于定子齿轴线 1/3 齿距；同理，W 相转子轴线沿 UVW 方向滞后于定子齿轴线 2/3 齿距。当 U 相断电、V 相通电时，在定子磁场的作用下，由于转子力图到达最大磁导（即磁阻最小）的位置，转子转过相当于 1/3 齿距的角度（即 3°），转子轴线前移了 1/3 齿距。这时在 W 相绕组的一对磁极下，定子、转子齿轴线只相距 1/3 齿距，所以在 V 相断电、W 相通电时，转子仍转过 1/3 齿距（角）。由此可见，m 相反应式步进电动机转子每转过一个齿距 t，齿距角为 $360°/Z_r$，而每一步（即每一拍）转过的步距角是齿距角的 $1/N$（N 是运行拍数），则步距角为

$$\theta_b = \frac{360°}{Z_r N} \tag{3-1}$$

可见，当转子齿数不变、齿距角不变时，若拍数增加一倍，则步距角减小一半。图中为三相三拍运行时，则步距角为 3°；为三相六拍运行时，步距角为 1.5°。由式（3-1）可知，转子齿数与数控装置对步进电动机要求的步距角有关，也与相数、拍数有关，其值任意选取。只要在错开的条件下增加转子齿数 Z_r 和电源的相数 m 及运行拍数 N，就可满足小步距角的要求，如 1.2°/0.6°或 1.5°/0.75°等。

在步进电动机中，一个通电循环的拍数 N（通常 $N=m$ 或 $N=2m$）与步距角 θ_b 的乘积为一个齿距角，对应 360° 电角度。当定子一相控制绕组通电时，在气隙周围形成的磁极个数为 $2P$（一般极对数 $P=1$），当通电的脉冲频率为 f（脉冲数/秒）时，步进电动机的转速

（单位为 r/min）为

$$n = 60 \times \frac{\theta_b f}{360} = \frac{60 f}{N Z_r} \qquad (3-2)$$

由式（3-2）可知，这种步进电动机在一定的脉冲频率下，其相数和转子齿数越多，转速就越低。当然相数越多，驱动电源也越复杂，成本也就越高。

2）起动频率 f_q

空载时，步进电动机由静止状态突然起动并进入不丢步的正常运行的最高频率称为起动频率 f_q 或突跳频率。加到步进电动机的指令脉冲频率如果大于起动频率就不能正常工作。步进电动机带负载（尤其是惯性负载）下的起动频率比空载要低，而且随着负载加大，起动频率会进一步降低。

3）连续运行频率 f_{max}

步进电动机起动以后，其运行速度能跟踪指令脉冲频率连续上升而不丢步的最高工作频率称为连续运行频率 f_{max}。连续运行频率远大于起动频率，且随着电动机所带负载的性质、大小而异，也与驱动电源有较大关系。

4）静态矩角特性

当步进电动机不改变通电状态时，转子处在不动状态，如果在电动轴上加一个负载转矩 T（静态转矩），定子与转子就产生一个角位移 θ（失调角），描述静态时静态转矩 T 与失调角 θ 的关系称为矩角特性，如图 3.10（a）所示。该特性上电磁转矩的最大值称为最大静转矩。在静态稳定区内，当外加转矩除去时，转子在电磁转矩作用下仍能回到稳定平衡点位置。

5）矩频特性与动态转矩

步进电动机的矩频特性描述的是步进电动机连续稳定运行时输出转矩与频率的关系，如图 3.10（b）所示。该特性曲线上每一个频率对应的转矩称为动态转矩，一般情况下，随着运行频率的增高，输出转矩下降，到某一频率后，步进电动机的输出转矩已变得很小，带不动负载或受到一个很小的干扰，步进电动机就会产生振荡、失步或停转。因此，动态

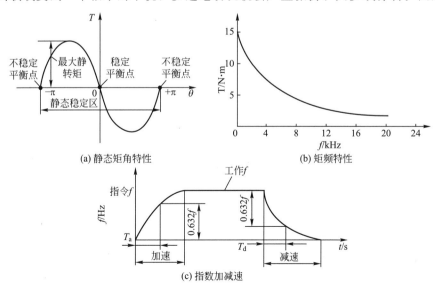

图 3.10　步进电动机的工作特性曲线

转矩的大小直接影响步进电动机的动态性能及带负载的能力。

6）加减速特性

步进电动机的加减速特性是描述步进电动机由静止到工作频率和由工作频率到静止的加减速过程中，定子绕组通电状态的变化频率与时间的关系，如图 3.10（c）所示。当要求步进电动机起动到大于突跳频率的工作频率时，变化速度必须逐渐上升；同样从最高工作频率或高于突跳频率的工作频率到停止时，变化速度必须逐渐下降。逐渐上升和逐渐下降的加、减速时间不能过小，否则会产生失步。

4. 步进电动机的选用

合理选用步进电动机是相当重要的，通常希望步进电动机的输出转矩大，起动频率和运行频率高，步距误差小，性价比高。但是增大转矩与快速运行存在一定矛盾，高性能与低成本存在矛盾，因此，实际选用时必须全面考虑。

首先，应考虑系统的精度和速度的要求。为了提高精度，希望脉冲量小，但是脉冲当量越小，系统运行速度越低，故应兼顾精度与速度的要求来选定系统的脉冲当量，在脉冲当量确定以后，就可以以此为依据来选择步进电动机的步距角和传动机构的传动比。

步进电动机有两条重要特性曲线，即反映起动频率与负载转矩之间关系的曲线和反映转矩与连续运行频率之间关系的曲线。若已知步进电动机的连续运行频率 f，就可以从工作矩频特性曲线中查出转矩 T_d，这也是转矩的极限值，有时称为失步转矩，也就是说，若步进电动机以频率 f 运行，它所拖动的负载转矩必须小于 T_d，否则就会导致失步。

另外，数控机床的运行分为两种情况，即快速进给和切削进给，这两种情况对转矩和进给速度有不同的要求，在选用步进电动机时，要注意使其在两种情况下都能满足要求。

3.2.2 直流伺服电动机

伺服电动机也称为执行电动机，它具有一种服从控制信号要求而动作的性能，在信号来到之前，转子静止不动；信号来到之后，转子立即转动；当信号消失，转子能及时自行停转。伺服电动机由于这种"伺服"性能而得名。

数控机床要求伺服系统在调速范围内能平滑运转，无爬行现象；具有较长时间的过载能力；有较小的转动惯量和较大的堵转转矩，并具有尽可能小的时间常数和起动电压；具有承受频繁起动、制动和正反转的能力。为满足数控机床对伺服系统的要求，有效的办法就是提高直流伺服电动机的力矩/惯量比，因此产生了小惯量直流伺服电动机和大惯量宽调速直流伺服电动机。

目前在数控机床进给驱动中采用的直流电动机主要是 20 世纪 70 年代研制成功的大惯量宽调速直流伺服电动机。这种电动机分为电励磁和永久磁铁励磁两种，但占主导地位的是永久磁铁励磁（永磁）直流伺服电动机。

1. 永磁直流伺服电动机的基本结构和特点

永磁直流伺服电动机的结构与普通直流电动机基本相同。它主要包括三大部分：定子、转子、电刷与换向片，如图 3.11 所示。其定子磁极是永久磁铁，转子亦称电枢，由硅钢片叠压而成，表面镶有线圈。电刷与电动机外部直流电源相连，换向片与电枢导体相接。

永磁直流伺服电动机是通过提高输出力矩来提高力矩/惯量比的。具体措施：一是增加定子磁极对数并采用高性能的磁性材料，如稀土钴、铁氧体等以产生强磁场，该磁性材料性能稳定且不易退磁；二是在同样的转子外径和电枢电流的情况下，增加转子上的槽数和槽的截面积。由此，电动机的机械时间常数和电气时间常数都有所减小，这样就提高了快速响应性。

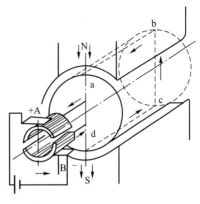

图3.11 直流伺服电动机

永磁直流伺服电动机的特点如下。

（1）能承受高的峰值电流，以满足数控机床快的加减速要求。

（2）大惯量的结构使其在长期过载工作时具有大的热容量，电动机的过载能力强。

（3）具有大的力矩/惯量比，快速性好。由于电动机自身惯量大，外部负载惯量相对较小，提高了机械抗干扰能力。因此伺服系统的调速与负载几乎无关，大大方便了机床的安装调试工作。

（4）低速高转矩和大惯量结构可以与机床进给丝杠直接连接，省去了齿轮等传动机构，提高了机床进给传动精度。

（5）一般没有换向极和补偿绕组，通过仔细选择电刷材料和磁场的结构，电动机在较大的加速度状态下有良好的换向性能。

（6）绝缘等级高，从而保证电动机在反复过载的情况下仍有较长的寿命。

（7）在电动机轴上装有精密的测速发电机、旋转变压器或脉冲编码器，从而可以得到精密的速度和位置检测信号，以反馈到速度控制单元和位置控制单元。当伺服电动机用于垂直轴驱动时，电动机内部可安装电磁制动器，以克服滚珠丝杠垂直安装时的非自锁现象。

2. 永磁直流伺服电动机的特性

直流伺服电动机的基本结构和工作原理与普通直流电动机相同，不同的是为了满足快速响应的要求，在结构上做得细长一些。

如图3.11所示，当电枢绕组通以直流电时，在定子磁场作用下产生电动机转子的电磁转矩，电刷与换向片保证电动机所产生的电磁转矩方向恒定，从而使转子沿固定方向均匀地带动负载连续旋转。只要电枢绕组断电，电动机立即停转，不会出现"自转"现象。

直流伺服电动机的控制方式通常采用保持励磁磁通一定、控制电枢电压的方式(简称电枢控制)。它的电枢控制特性主要是机械特性和调节特性。

1）机械特性

设电枢绕组所加控制电压为U，对电磁式直流伺服电动机，在励磁电压不变且忽略电枢电应的情况下，电枢控制的直流伺服电动机的机械特性方程式为

$$n = \frac{U}{K_e \phi} - \frac{R_a}{K_e K_T \phi^2} T = n_0 - kT \qquad (3-3)$$

其中 $k = \dfrac{R_a}{K_e K_T \phi^2}$

式中，U 为电枢控制电压；R_a 为电枢回路电阻；ϕ 为每极磁通；n_0 为理想空载转速；

T 为转矩；K_e、K_T 为电动机结构常数。

由机械特性方程式可知，n 与 T 的关系是斜率为 k 的线性关系，其机械性能特性曲线如图3.12所示。当 U 一定时，转矩 T 变大，转速 n 变小，转矩的增加与转速下降之间成线性关系，这个特性是十分理想的。特性曲线与纵轴的交点 n_0 即为 $T=0$ 时电动机的转速。实际上，由于电动机本身有空载损耗，电磁转矩并不为零，通常称 n_0 为理想空载转速。特性曲线与横轴的交点为转速 $n=0$ 时的电磁转矩，这个转矩称为电动机的堵转转矩或起动转矩。

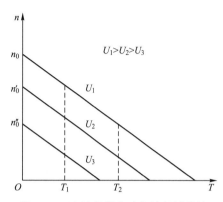

图3.12　直流伺服电动机的机械特性

永磁直流伺服电动机通过改变电枢电源电压即可得到一簇彼此平行的直线，如图3.12所示。由于电动机的工作电压一般以额定电压为上限，故只能在额定电压以下改变电源电压。当电动机负载转矩 T 不变，励磁磁通 ϕ 不变时，升高电枢电压 U，电动机的转速就升高；反之，降低电枢电压 U，转速就下降；在 $U=0$ 时，电动机则不转。当电枢电压的极性改变时，电动机的转向就随着改变。因此，永磁直流伺服电动机可以把电枢电压作为控制信号，实现电动机的转速控制。

2）调节特性

直流伺服电动机的另一个重要特性就是调节特性，即电动机在一定的转矩下，转速 n 与电枢控制电压 U 的关系，如图3.13所示。调节特性可以从机械特性的对应坐标得到，只是把机械特性的横坐标 T 换成电压 U，而把 T 作为调节特性的中间变量。

从调节特性上可以看出，当 T 一定时，电枢控制电压 U 与转速 n 成正比；另外当转速 $n=0$ 时，不同的转矩 T 需要不同的控制电压 U，如 $T=T'$ 时，$U=U'_K$。这表明，只有当 $U>U'_K$ 时，电动机才能转动起来，而当 U 在 $0\sim U'_K$ 之间时，尽管有控制电压，电动机仍然堵转。一般称 $0\sim U'_k$ 之间为死区或失控区。通常称 U'_k 为对应 T' 下的始动电压。T 不同，始动电压也不同；T 大，始动电压也大。当 $T=0$ 时，即电动机为理想空载

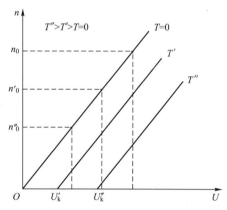

图3.13　直流伺服电动机的调节特性

时，只要 $U>0$，电动机即可转动。直流伺服电动机调节特性也是很理想的直线。

直流伺服电动机的转向随控制电压极性的改变而改变，能方便地实现伺服控制是直流伺服电动机的重要性能。

3.2.3　交流伺服电动机

针对直流电动机的缺点，人们一直在努力寻求以交流伺服电动机取代具有机械换向器和电刷的直流伺服电动机的方法，以满足各种应用领域，尤其是高精度、高性能伺服驱动领域

的需要，但是由于交流电动机具有强耦合、非线性的特性，控制非常复杂，所以高性能运用一直受到局限。自20世纪80年代以来，随着电子电力等各项技术的发展，特别是现代控制理论的发展，在矢量控制算法方面的突破，使原来交流电动机存在的问题得以解决。

交流伺服系统除了具有稳定性好、快速性好、精度高的特点外，与直流伺服电动机系统相比有一系列优点：

（1）交流伺服电动机不存在换向器圆周调整限制，也不存在电枢元件中电抗、电势数值限制，其转速限制可以设计得比相同功率的直流电动机高。

（2）调整范围宽。目前大多数的交流伺服电动机的变速比可以达到1：5000，高性能的伺服电动机的变速比已达1：10000以上，满足数控机床传动调速范围宽、静差率小的要求。

（3）矩频特性好。交流伺服电动机为恒力矩输出，即在其额定转速以内输出额定转矩，在额定转速以上为恒功率输出，并且具有转矩过载能力，可克服惯性负载在起动瞬间的惯性力矩，满足机床伺服系统输出转矩大、动态响应好、定位精度高的要求。

交流电动机伺服系统使用交流异步伺服电动机（一般用于主轴伺服电动机）和永磁同步伺服电动机（一般用于进给伺服电动机）。

1. 交流异步伺服电动机

交流异步伺服电动机的基本结构和异步电动机相似，它的定子铁心也是由有槽和齿的硅钢片叠压而成。定子槽中要嵌放励磁绕组与控制绕组，这两种绕组可有相同或不同的匝数。

交流异步伺服电动机的转子常做成鼠笼式，但它的电阻比一般异步电动机大得多。为了使伺服电动机反应迅速，必须减小转子的转动惯量，所以转子做得较细、较长。近年来多采用铝合金制成的空心杯形转子，其杯壁很薄，厚度仅为0.2～0.3mm。为了减少磁路的磁阻，在空心杯转子内放置了固定的内定子（图3.14）。空心杯转子的转动惯量很小，反应迅速，而且运转平稳，因此被广泛采用。

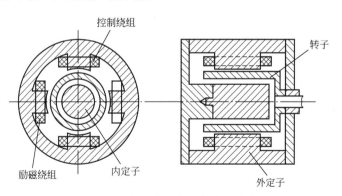

图 3.14 杯形转子伺服电动机结构

交流异步伺服电动机的工作原理与单相异步电动机相似。如图3.15所示，它的定子上装有空间相差90°电角度的两相分布绕组：一相为励磁绕组f，它始终接在交流电源U_f上；另一相为控制绕组k，它接输入控制电压U_k。U_f与U_k两者频率相同。当控制电压为零时，定子内只有励磁绕组产生的脉动磁场，电动机无起动转矩，转子不能起动。若有控制电压加在控制绕组上，且控制绕组内流过的电流和励磁绕组内的电流不同，则在定子内合成一个椭圆形的旋转磁场。转子沿旋转磁场的方向旋转。在负载恒定的情况下，电动机的转速将随控制电压的大小而变化。当控制电压的相位相反时，电动机将反转。

与单相异步电动机相比，伺服电动机有以下 3 个显著特点：

（1）起动转矩较大。由于转子电阻很大，可使临界转差率 $S_0 > 1$，定子一有控制电压，转子就立即旋转起来。

（2）运行范围宽。如图 3.16 所示，转差率 S 在 $0 \sim 1$ 的范围内，伺服电动机都能稳定运转。

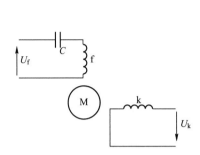

图 3.15　交流伺服电动机工作原理

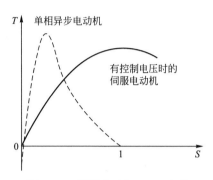

图 3.16　伺服电动机 T-S 曲线

（3）无自转现象。正常运转的伺服电动机只要失去控制电压，电动机会立即停止运转。当伺服电动机失去控制电压后，它处于单相运行状态，由于转子电阻大，它与一般的单相异步电动机的转矩特性不同。这时，合成转矩 T 是制动转矩，使电动机迅速停止。图 3.17 给出了定子中两个相反方向旋转的旋转磁场与转子作用所产生的两个转矩的特性（T_1-S_1、T_2-S_2 曲线）及合成转矩的特性（T-S 曲线）。

图 3.18 所示为伺服电动机的机械特性曲线。由图可见，当负载一定时，控制电压越高，转速越高；在控制电压一定时，负载增加，转速下降。

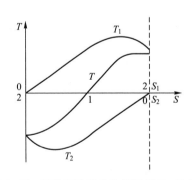

图 3.17　伺服电动机的单相运行 T-S 曲线

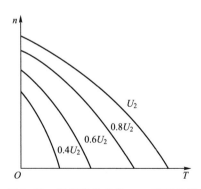

图 3.18　伺服电动机的 $n=f(T)$ 曲线

2. 交流同步伺服电动机

永磁交流伺服电动机属于交流同步伺服电动机，具有响应快、控制简单的特点，因而被广泛应用于数控机床。它是一台机组，由永磁同步电动机、转子位置传感器、速度传感器等组成。

如图 3.19 和图 3.20 所示，永磁交流伺服电动机主要由 3 部分组成：定子、转子和检测元件(转子位置传感器或测速发电机)。其中定子有齿槽，内装三相对称绕组，形状与普通异步电动机的定子相同，但其外圆多呈多边形，且无外壳，以利于散热，避免电动机发热对机床精度的影响。

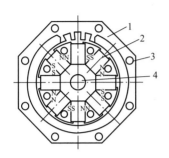

图 3.19　永磁交流伺服电动机横剖面

1—定子；2—永久磁铁；

3—轴向通风孔；4—转轴

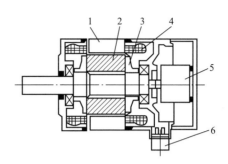

图 3.20　永磁交流伺服电动机纵剖面

1—定子；2—转子；3—压板；4—定子绕组；

5—脉冲编码器；6—出线盒

转子由多块永久磁铁和转子铁心组成。此结构气隙磁密度较高，极数较多，同一种铁心和相同的磁铁块数可以装成不同的极数，如图 3.21 所示。

无论何种永磁交流伺服电动机，所用永磁材料的性能对电动机外形尺寸、磁路尺寸和性能指标都有很大影响。随着高磁性永磁材料的应用，永久磁铁长度大大缩短，且对传统的磁路尺寸比例带来大的变革。永久磁铁结构也有着重大的改革，通常结构是永久磁铁装在转子的表面，称为外装永磁电动机，还可将永久磁铁嵌在转子里面，称为内装永磁电动机。后者结构更加牢固，允许在更高转速下运行；有效气隙小，电枢反应容易控制；电动机采用凸极转子结构。

磁性不同，制成的结构也不同。例如，星形转子只适合用铝镍钴等剩磁感应较高的永磁材料，而切向式永磁转子适宜用铁氧体或稀土钴合金制造。

如图 3.22 所示，以一个二极永磁转子为例，电枢绕组为三相对称绕组，当通以三相对称电流时，定子的合成磁场为一旋转磁场，图中用一对旋转磁极表示，该旋转磁极以同步转速 n_0 旋转。由于磁极同性相斥、异性相吸，定子旋转磁极与转子的永磁磁极互相吸引，带动转子一起旋转，因此转子也将以同步转速 n 与旋转磁场一起旋转。

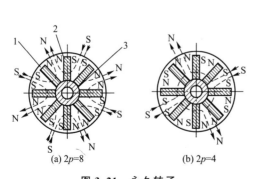

(a) $2p=8$　　(b) $2p=4$

图 3.21　永久转子

1—铁心；2—永久磁铁；3—非磁性套筒

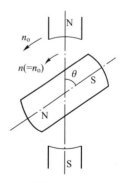

图 3.22　永磁同步电动机的工作原理

当转子加上负载转矩之后，转子磁场轴线将落后于定子磁场轴线一个 θ 角，随着负载增加，θ 角也随之增大，负载减小时，θ 角也减小，只要负载不超过一定限度，转子始终跟着定子的旋转磁场以恒定的同步转速 n_0 旋转。

转子速度 $n=n_0=60f/p$，即由电源频率 f 和磁极对数 p 所决定。

当负载超过一定限度后，转子不再按同步转速 n_0 旋转，甚至可能不转，这就是同步电动机的失步现象，此时负载的极限转矩称为最大同步转矩。

永磁交流伺服电动机通常在轴端装有位置检测器，通过检测转子角度来进行变频控制，转子位置检测器一般由光电编码器或霍尔开关组成。和直流伺服电动机相比，永磁交流伺服电动机没有机械换向器和电刷，避免了换向火花的产生和机械磨损等，同时又可获得和直流伺服电动机相同的调速性能。

与异步电动机相比，由于永磁同步电动机转子有磁极，在很低的频率下也能运行，因此，在相同的条件下，永磁同步电动机的调速范围比异步电动机更宽。同时，永磁同步电动机比异步电动机对转矩扰动具有更强的承受能力，能做出更快的响应。

永磁交流伺服电动机的机械特性曲线如图 3.23 所示。

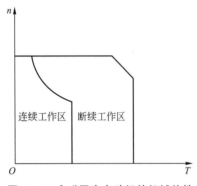

图 3.23　永磁同步电动机的机械特性

在连续工作区，转速和转矩的任何组合都可连续工作；在断续工作区，电动机可间断运行。连续工作区的划分受供给电动机的电流是否为正弦波及工作温度的影响。断续工作区的极限，一般受到电动机的供给电压的限制。交流伺服电动机的机械特性比直流伺服电动机更硬，断续工作范围更大，尤其在高速区，这有利于提高电动机的加/减速性能。

永磁同步电动机起动困难，不能自起动的原因有两点：一是由于电动机本身存在惯性。虽然当三相电源供给定子绕组时已产生旋转磁场，但转子仍处于静止状态，由于惯性作用跟不上旋转磁场的转动，在定子和转子两对磁极间存在相对运动时转子受到的平均转矩为零。二是定子、转子磁场之间转速相差过大。为此，在转子上装有笼式的起动绕组，使永磁同步电动机先像异步电动机那样产生起动转矩，当转子速度上升到接近同步转速时，定子磁场与转子永久磁极相吸引，将其拉入同步转速，使转子以同步转速旋转，即所谓的异步起动同步运行。而永磁交流同步电动机多无起动绕组，而是采用设计时降低转子惯量或采用多极，使定子旋转磁场的同步转速不很大。另外，也可在速度控制单元中采取措施，让电动机先在低速下起动，然后再提高到所要求的速度。

3.2.4　直线电动机

直线电动机是一种能将电信号直接转换成直线位移的电动机。直线电动机无须中间机械传动即可直接获得直线运动，所以它使用在数控机床上没有传动机械的磨损，并具有噪声低、结构简单、操作维护方便等优点。

典型直线电动机的结构与原理如图 3.24 所示。定子由磁钢和导磁铁心构成，动子(相当于旋转电动机的转子)是一个空心线圈。根据载流导体在磁场中受力的原理，线圈通电时动子受力运动，其运动规律与控制信号的形式有关。

直线伺服电动机采用直流信号控制，即直流驱动。当线圈中没有电流时，动子静止不动，如图3.24(a)所示。当线圈通以直流电时，动子受力朝着图3.24(b)中箭头方向向左移动。若改变线圈中电流的方向，则动子受力的移动方向也随之改变，如图3.24(c)所示。左、右两个极限位置之间的距离为动子的行程，即电动机的行程。电动机的最大行程由它的结构确定。在最大行程内，动子的速度通过调节电流的大小来控制，而动子的移动方向则以改变电流的方向来控制。

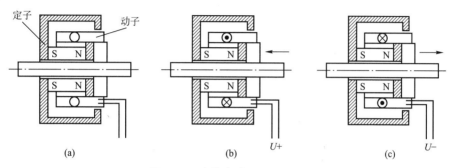

图 3.24　直线电动机工作原理

直线电动机较之旋转电动机有以下优点：

(1) 直线电动机不需要中间传动装置，因而整个机构得到了简化，提高了精度，减小了振动和噪声。

(2) 响应快速。用直线电动机拖动时，由于不存在中间传动机构的惯量和阻力矩的影响，因而加速和减速时间短，可快速起动和正反转。

(3) 散热良好，额定值高，电流密度可取很大，对起动的限制小。

(4) 装配灵活性大，往往可将电动机的定子和动子分别与其他机体合成一体。

直线电动机主要应用于金属传送带、冲压和锻压机床及高速电力机车等。如将直线电动机作为机床工作台进给驱动装置，则可将定子固定在工作台上，也可将它固定在床身上。

3.3　常用位置检测装置

位置检测装置(或称检测元件)是闭环、半闭环伺服系统的重要组成部分，其作用是检测位移和速度，发送反馈信号，构成闭环控制。采用闭环系统的数控机床，加工精度与检测装置的精度密切相关。

3.3.1　位置检测装置简介

根据工作条件和测量要求的不同，可以采用不同的测量方式。

1. 数字式测量和模拟式测量

1) 数字式测量

数字式测量是将被测量用数字形式来表示。测量信号一般为电脉冲，可以直接把它送到数控装置进行比较、处理。数字式测量装置具有如下特点：

(1) 被测量转换为脉冲个数，便于显示和处理。

(2) 测量精度取决于测量单位，与量程基本无关，但存在积累误差。

(3) 测量装置比较简单，脉冲信号抗干扰能力较强。

2) 模拟式测量

模拟式测量是将被测量用连续变量来表示，如电压、相位变化等。数控机床所用的模拟式测量主要用于小量程的测量，在大量程内做精确的模拟式测量时，对测量技术要求较高。模拟式测量具有如下特点：

(1) 被测量无须变换。

(2) 量程内实现较高精度的测量，技术上较为成熟。

2. 增量式测量和绝对式测量

1) 增量式测量

顾名思义，增量式测量是指测量到的数据以增量方式计数。其特点是结构简单，任何一个位置都可以作为测量的起点(基准点)。轮廓控制的数控机床上大都采用这种测量方式。在增量式检测系统中，移动距离是由测量信号计数读出的，一旦计数有误，以后的测量结果则完全无效。因此，在增量式检测系统中，基准点尤为重要。此外，一旦某种事故(如停电、因机床故障而停电检修等)发生，事故排除后是不能再找到事故前执行部件的正确位置的，必须将执行部件移至基准点重新计数才能找到事故前的正确位置。

2) 绝对式测量

绝对式测量装置对于被测量的任意一点位置均有指定的数据表示，每一个被测点都有一个测量值，故称为绝对式测量。该装置的结构较增量式复杂，且分辨精度要求越高，量程越大，结构也越复杂。

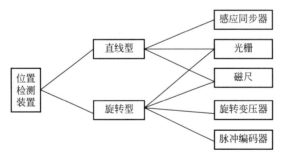

图 3.25 常用的位置检测装置

3. 常用的位置检测装置

数控机床伺服系统中采用的位置检测装置分为直线型和旋转型两大类。直线型位置检测装置用来检测运动部件的直线位移量；旋转型位置检测装置用来检测回转部件的转动位移量。常用的位置检测装置如图 3.25 所示。

除了以上的位置检测装置外，伺服系统中往往还包括检测速度的装置，用以检测电动机的转速。常用的测速元件是测速发电机。

3.3.2 磁尺位置检测装置

磁尺(磁栅)是一种高精度的位置检测装置，可用于长度和角度的测量，它具有精度高、安装调试方便，以及对使用条件要求较低等一系列优点。在油污、粉尘较多的工作条件下使用具有较好的稳定性。

1. 磁尺的组成

磁尺由磁性标尺、磁头和检测电路组成，其结构如图 3.26 所示。它是利用录磁原理工作的。先用录磁磁头将按一定周期变化的方波、正弦波或电脉冲信号充磁在磁性标尺上，作为测量基准。检测时，用拾磁磁头将磁性标尺上的磁信号转化成电信号，再送到检测电路中去，将位移量用数字显示出来，并传输给数控装置。

2. 磁性标尺和磁头

磁性标尺是在非导磁材料(如铜、不锈钢、玻璃或其他合金材料)的基体上，用涂敷、化学沉积或电镀等方法附一层 $10 \sim 20\mu m$ 厚的硬磁性材料(如 Ni – Co – P 或 Fe – Co 合金)，并在它的表面上充上相等节距的磁信号。磁信号的节距一般为 0.05mm、0.1mm、0.2mm 和 1.0mm 等几种。

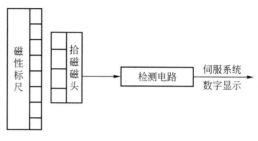

图 3.26 磁尺结构

按照基体的形状，磁尺可分为平面实体型磁尺、带状磁尺、线状磁尺和回转型磁尺，前 3 种用于测量直线位移，后 1 种用于测量角位移。

磁头是进行磁电转换的器件，它将反映位置的磁信号检测出来，并转换成电信号输送给检测电路。根据数控机床的要求，为了在低速运动和静止时也能进行位置检测，磁尺上采用的磁头与普通录音机的磁头不同。普通录音机上采用的是速度响应型磁头，而磁尺上采用的是磁通响应型磁头，该磁头的结构如图 3.27 所示。在磁头上有两组绕组，分别为绕在磁路截面尺寸较小的横臂的励磁绕组和绕在磁路截面尺寸较大的竖杆上的拾磁绕组(输出绕组)。当对励磁绕组施加励磁电流 $i_a = i_0 \sin\omega t$ 时，若 i_a 的瞬时值大于某一数值，则横杆上铁心材料磁通饱和，这时磁阻很大，磁路被阻断，磁性标尺的磁通 Φ_0 不能通过磁头闭合，输出线圈不与 Φ_0 交链；如果 i_a 的瞬时值小于某一数值，则 i_a 所产生的磁通也随之降低，两横杆中的磁阻也降低到很

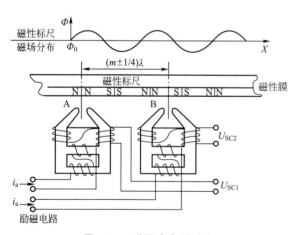

图 3.27 磁通响应型磁头

小，磁通开路，Φ_0 与输出线圈交链。由此可见，励磁绕组的作用相当于磁开关。

3. 磁尺的工作原理

励磁电流在一个周期内两次过零，两次出现峰值。相应的磁开关通断两次。磁路由通到断的时间内，输出线圈中磁通量由 Φ_0 变化到 0；磁路由断到通的时间内，输出线圈中磁通量由 0 变化到 Φ_0。Φ_0 由磁性标尺中的磁信号决定，因此，输出线圈中输出的是一个调幅信号，即

$$U_{SC} = U_m \cos\left(\frac{2\pi x}{\lambda}\right)\sin\omega t \qquad (3-4)$$

式中，U_{SC}为输出线圈中输出的感应电动势；U_m为输出电动势峰值；λ为磁性标尺节距；x为某一N极作为位移零点时，磁头对磁性标尺的位移量；ω为输出线圈感应电动势的频率，它比励磁电流i_a的频率ω_0高一倍。

由式（3-4）可见，磁头输出信号的幅值是位移x的函数，只要测出U_{SC}过0的次数，就可以知道x的大小。

使用单个磁头输出信号小，而且对磁性标尺上磁化信号的节距和波形要求也较高。所以，实际上总是将几十个磁头以一定方式串联，构成多间隙磁头使用。

为了辨别磁头的移动方向，通常采用间距为$(m+1/4)\lambda$的两组磁头（$m=1,2,3\cdots$），并使两组磁头的励磁电流相位相差45°，这样两组磁头输出电动势信号的相位相差90°。

若第一组磁头的输出信号是

$$U_{SC1} = U_m \cos\left(\frac{2\pi x}{\lambda}\right)\sin\omega t \qquad (3-5)$$

则第二组磁头的输出信号必然是

$$U_{SC2} = U_m \sin\left(\frac{2\pi x}{\lambda}\right)\sin\omega t \qquad (3-6)$$

3.3.3 光栅位置检测装置

光栅是由许多等节距的透光缝隙和不透光的刻线均匀相间排列而构成的光感器件。按工作原理分类，有物理光栅和计量光栅，前者的刻度比后者细密。物理光栅主要利用光的衍射现象，通常用于光谱分析和光波测定等方面；计量光栅根据光栅的莫尔条纹原理，广泛应用于位移的精密测量与控制。

在高精度数控机床中，利用计量光栅将机械位移转变为数字脉冲，反馈给数控装置，实现闭环控制。随着激光技术的发展，光栅制作技术得到了很大提高。现在光栅精度可达微米级，通过细分电路可以达到0.1 μm，甚至更高的分辨率。

按应用需要，计量光栅又有透射和反射之分。根据用途不同，可制成用于测量线位移的长光栅和测量角位移的圆光栅。

1. 光栅位置检测装置的结构

如图3.28所示，光栅位置检测装置主要由光源、聚光镜、标尺光栅（长光栅）、指示光栅（短光栅）和光敏元件等组成。

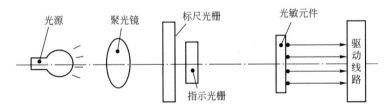

图3.28 光栅位置检测装置

光栅是在一块长条形的光学玻璃或金属镜面上均匀地刻上与运动方向垂直的线条。线条之间的距离(即栅距)可以根据测量精度确定。常用的光栅每毫米刻有50条、100条或200条线。标尺光栅装在机床的移动部件上,指示光栅装在机床的固定部件上。两块光栅相互平行并保持一定间隙(通常为0.05 mm或0.10 mm),刻线密度必须相同。

在实际应用中,大多把光源、指示光栅和光敏元件等组合在一起,称为读数头。因此,光栅位置检测装置可以看作是由读数头和标尺光栅两部分组成的。读数头是位置信息的检出装置,它与标尺光栅配合可产生莫尔条纹,并被光敏元件接收而给出位移的大小及方向的信息。因此,读数头是位移-光-电转换器。

2. 光栅位置检测装置的工作原理

如图3.29(a)所示,当指示光栅上的线纹和标尺光栅上的线纹存在一个角度θ时,两个光栅尺上的线纹相互交叉。在光源的照射下,交叉点附近的小区域内黑线重叠,透明区域变大,挡光面积最小,挡光效应最弱,透光的累积使这个区域出现亮带。相反,距交叉点越远的区域,两光栅不透明黑线的重叠部分越少,黑线占据的空间增大,因而挡光面积增大,挡光效应增强,只有较少的光线透过光栅而使这个区域出现暗带。这种明暗相间的条纹称为"莫尔条纹"。莫尔条纹与光栅线纹几乎成垂直方向排列。

莫尔条纹具有如下特征。

1) 放大作用

当光栅尺线纹间的夹角θ很小时,莫尔条纹的节距W和栅距P之间有如下关系[图3.29(b)],即

$$W = \frac{P}{\sin\theta} \approx \frac{P}{\theta} \qquad (3-7)$$

由式(3-7)可知,莫尔条纹的节距是光栅栅距的$1/\theta$。由于θ很小$(10')$,故$W \gg P$,即莫尔条纹具有放大作用。若取

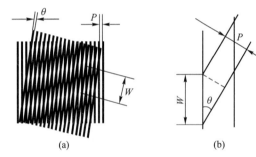

图 3.29 光栅工作原理

栅距$P=0.01\text{mm}$,$\theta=0.01\text{rad}$,得$W=1\text{mm}$。因此,不需要经过复杂的光学系统,就能把光栅的栅距转换成放大100倍的莫尔条纹的宽度,从而大大简化了电子放大线路,这是光栅技术独有的特点。

2) 平均效应

莫尔条纹由若干条线纹组成,如100条线纹/mm的光栅,10mm宽的莫尔条纹就由1000根线纹组成,这样在很大程度上消除了个别栅线的间距误差(或缺陷)。

3) 信息变换作用

莫尔条纹的移动与栅距之间的移动成比例。当光栅向左或向右移动一个栅距P时,莫尔条纹也相应地向上或向下准确地移动一个节距W。显然,读出莫尔条纹的数目比读出刻线数方便得多。因为光栅栅距的位移和莫尔条纹位移存在对应关系,所以通过测量莫尔条纹移过的距离,就可以测出小于光栅栅距的微位移量。

4) 光强分布规律

当用平行光束照射光栅时,就会形成明、暗相间的莫尔条纹。由亮纹到暗纹,再由暗纹到亮纹的光强分布关系近似于余弦函数。

3. 光栅检测装置的应用

根据莫尔条纹的上述特点，在实际使用中，在莫尔条纹移动方向上开设 P_1、P_2、P_3、P_4 共 4 个窗口，且这 4 个窗口两两相距 $W/4$。根据这 4 个窗口测得的有关光强信号，即可实现位置检测的目的。在图 3.30 中，给出了一个光栅测量系统。

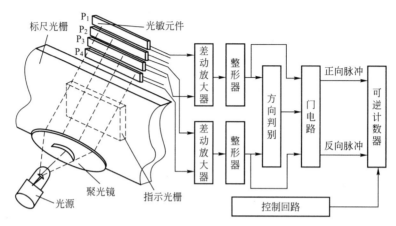

图 3.30　光栅测量系统

1）测量移动位置

将标尺光栅安装在机床移动部件上，如工作台上，将读数头安装在机床固定部件上，如床身上。根据莫尔条纹的特点，当标尺移动一个栅距时，莫尔条纹就移动一个莫尔条纹的宽度，即透过 P_1、P_2、P_3、P_4 中任何一个窗口的光强就变化一次。故通过观察透过的光强变化次数，就可确定标尺光栅移动了几个栅距，由此测得机床移动部件的位移。

2）确定移动方向

从 4 个观察窗口，可以得到 4 个在相位上依次超前或滞后 1/4 周期的近似余弦函数的光强变化过程。当标尺光栅正方向移动时，得到的 4 个光强信号为 P_1 相位滞后 P_2 90°，P_2 相位滞后 P_3 90°，P_3 相位滞后 P_4 90°；当标尺光栅反方向移动时，4 个光强信号的相位分别为 P_1 相位超前 P_2 90°，P_2 相位超前 P_3 90°，P_3 相位超前 P_4 90°。因此，根据从 4 个窗口得到的光强度变化的相互超前或滞后关系就可确定出机床移动部件的移动方向。

3）确定移动速度

根据标尺光栅的位移与莫尔条纹的位移成比例的特点，可得标尺光栅的移动速度和莫尔条纹的移动速度也成比例，也和观察窗口光强的变化频率相对应。因此，可以根据透过观察窗口光强的变化频率来确定标尺光栅的移动速度，即机床移动的速度。

由上述分析可知，通过检测窗口中光强变化的过程、光强超前或滞后的相位关系、光强变化的频率，也就可以检测出机床移动部件的位移、方向和速度。在实际应用中，通常采用光敏元件来检测光强的变化。光敏元件将透过观察窗口近似于余弦函数的光强变化转换成近似余弦函数的电压信号。因此，可根据光敏元件产生的 4 个两两相差 90°的电压信号的变化情况、相位关系及频率来确定移动部件的移动情况。

3.3.4 脉冲编码器

脉冲编码器是一种旋转式脉冲发生器，能把角位移变成电脉冲，是数控机床上使用很广泛的位置检测装置。脉冲编码器可分为绝对式与增量式两类。

1. 绝对式脉冲编码器

绝对式脉冲编码器是一种旋转式检测装置，可直接把被测转角用数字代码表示出来，且每一个角度位置均有其对应的测量代码，它能表示绝对位置，没有累积误差，电源切除后，位置信息不丢失，仍能读出转动角度。绝对式脉冲编码器有光电式、接触式和电磁式3种。下面以接触式4位绝对编码器为例来说明其工作原理。

图 3.31 所示为二进制码盘。它在一个不导电基体上做成许多金属区使其导电，其中有阴影部分为导电区，用"1"表示；其他部分为绝缘区，用"0"表示。每一径向，由若干同心圆组成的图案代表了某一绝对计数值，通常把组成编码的各圈称为码道，码盘最里圈是公用的，它和各码道所有导电部分连在一起，经电刷和电阻接电源负极。在接触式码盘的每个码道上都装有电刷，电刷经电阻接到电源正极。当检测对象带动码盘一起转动时，电刷和码盘的相对位置发生变化，与电刷串联的电阻将会出现有电流通过或没有电流通过两种情况。若回路中有电流通过，为"1"；反之，电刷接触的是绝缘区，回路中无电流通过，为"0"。如果码盘顺时针转动，就可依次得到按规定编码的数字信号输出。

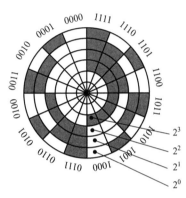

图 3.31 二进制码盘

由图 3.31 可以看出，码道的圈数就是二进制的位数，且高位在内，低位在外，其分辨角 $\theta=360°/2^4=22.5°$。若是 n 位二进制码盘，就有 n 圈码道，分辨角 $\theta=360°/2^n$，码盘位数越大，所能分辨的角度越小，测量精度越高。若要提高分辨率，就必须增多码道，即二进制位数增多。目前接触式码盘一般可以做到 9 位二进制，光电式码盘可以做到 18 位二进制。

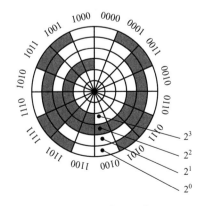

图 3.32 葛莱码盘

按二进制制作的编码器在实用上有时会出现误码问题。由于多种原因，电刷很难严格处在一条直线上，如果个别电刷错位，会在两个相邻代码的交界处产生误码，而出现很大的数值误差。如图 3.31 所示，当电刷由位置 0111(7)向 1000(8)过渡时，可能会出现从 0 (0000)到 15(1111)之间的读数误差，一般称这种误差为非单值性误差。为消除这种误差，可采用葛莱码盘。

图 3.32 所示为葛莱码盘，其各码道的数码不同时改变，任何两个相邻数码间只有一位是变化的，每次只切换一位数，把误差控制在最小范围内。二进制码转换成葛莱码的法则是：将二进制码右移一位并舍去末位的

数码，再与二进制数码做不进位加法，结果即为葛莱码。

例如，二进制码 1101 对应的葛莱码为 1011，其演算过程如下：

1101　（二进制码）

1101　（不进位相加，舍去末位）
——————

1011　（葛莱码）

2. 增量式脉冲编码器

脉冲编码器分为光电式、接触式和电磁感应式 3 种。从精度和可靠性方面来看，光电式优于其他两种。在数控机床上主要使用光电式。

光电式脉冲编码器的结构如图 3.33 所示。在一个圆盘的圆周上刻有等间距线纹，分为透明和不透明的部分，这个部分称为圆光栅，圆光栅与工作轴一起旋转。与圆光栅相对，平行放置了一个固定的扇形薄片，称为指示光栅，上面有相差 1/4 节距的两个狭缝（在同一圆周上，称为辨向狭缝）。此外，在圆光栅上还有一个零位狭缝（每转发出一个脉冲）。脉冲编码器通过连接头与伺服电动机相连。

当圆光栅与工作轴一起转动时，光线透过两个光栅的线纹部分，形成明暗相间的条纹，光敏元件将这些明暗相间的光信号转换为交替变换的电信号。该电信号为两组近似正弦波的电流信号，如图 3.34 所示。A 和 B 信号相位相差 $90°$，经放大和整形变成方波，形成脉冲。通过两个光栅的信号中还有一个"每转脉冲"，称为 Z 相脉冲，该脉冲也是通过上述处理得来的。Z 脉冲用来产生机床的基准点。脉冲被送到计数器后，根据脉冲的数目和频率可测出工作轴的转角及转速。

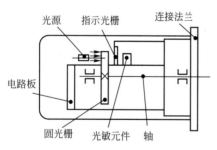

图 3.33　光电式脉冲编码器结构示意

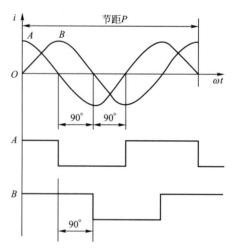

图 3.34　脉冲编码器输出波形

脉冲编码器输出信号有 A、$\overline{A}$、B、$\overline{B}$、Z 等信号，这些信号作为位移测量脉冲，用于位置反馈；以及经过频率/电压转换作为速度反馈信号，用于速度调节。

光电式脉冲编码器在数控机床上被当作位置检测装置使用，将检测信号反馈给数控装置。

光电式脉冲编码器将检测信号反馈给数控装置有两种方式，一是适应于带加减计数要求的可逆计数器，形成加计数脉冲和减计数脉冲；二是适应于有计数控制和计数要求的计数器，形成方向控制信号和计数脉冲。图 3.35 所示为可逆计数器的电路 [图 3.35(a)] 和波形 [图 3.35(b)]。脉冲编码器的输出脉冲信号 A、$\overline{A}$、B、$\overline{B}$ 经过差分电路进入 CNC 系统，再经过整形放大电路变为 A_1、B_1 两路脉冲。将 A_1 脉冲和它的反向信号 $\overline{A}_1$ 脉冲进行微分(图中为上升沿微分)后作为加、减计数脉冲。B_1 路脉冲信号被用作加、减计数脉冲的控制信号，正向旋转时(A 脉冲超前 B 脉冲)，由 Y_2 门输出加计数脉冲，此时 Y_1 门输出为低电平；反向旋转时(B 超前 A)，由 Y_1 门输出减计数脉冲，此时 Y_2 门输出为低电平。

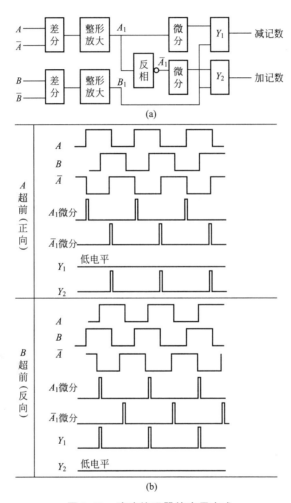

图 3.35　脉冲编码器的应用方式

3.3.5　旋转变压器

　　旋转变压器是一种控制用的微电动机，它将机械转角转换成与该转角成某一函数关系的电信号，它在结构上与二相线绕式异步电动机相似。旋转变压器由定子和转子组成，定子绕组相当于变压器的一次侧，转子绕组相当于变压器的二次侧。励磁电压接到定子绕组上，其频率通常为 400Hz、500Hz、1000Hz 和 5000Hz。旋转变压器结构简单、动作灵敏，对环境无特殊要求，维护方便，输出信号幅度大，抗干扰性强，工作可靠。因此，在数控机床上得到了广泛应用。

1. 旋转变压器的工作原理

旋转变压器在结构上保证定子和转子之间气隙内磁通的分布符合正弦规律，因此当励磁电压加到定子绕组上时，通过电磁耦合，在转子绕组中产生感应电动势，如图 3.36 所示。其输出电压的大小取决于转子的角位置，即随着转子偏转的角度呈正弦变化。当转子绕组的磁轴与定子绕组的磁轴位置转动一角度 θ 时，绕组中产生的感应电动势应为

$$E_1 = nU_1\sin\theta = nU_m\sin\omega t\sin\theta \qquad (3-8)$$

式中，n 为变压比；U_1 为定子的输出电压；U_m 为定子最大瞬时电压。

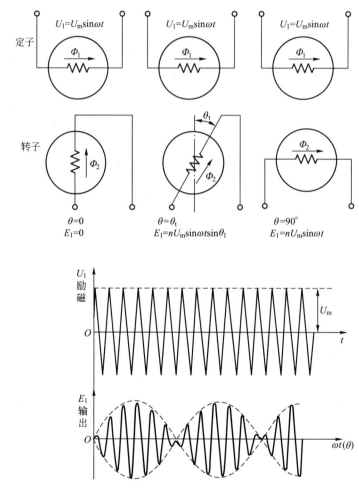

图 3.36　旋转变压器的工作原理

当转子转到两磁轴平行时，即 $\theta = 90°$ 时，转子绕组中感应电动势最大，即

$$E_1 = nU_m\sin\omega t \qquad (3-9)$$

2. 旋转变压器的应用

在实际应用中通常采用正弦、余弦旋转变压器。其定子、转子绕组中各有互相垂直的

两个绕组，如图 3.37 所示。当励磁绕组用两个相位相差 90°的电压供电时，应用叠加原理，在二次侧的一个转子绕组中磁通为(另一绕组短接)

$$\Phi_3 = \Phi_1 \sin\theta_1 + \Phi_2 \cos\theta_2 \qquad (3-10)$$

而输出电压为

$$U_3 = nU_m \sin\omega t \sin\theta_1 + nU_m \cos\omega t \cos\theta_1$$
$$= nU_m \cos(\omega t - \theta_1) \qquad (3-11)$$

由此可知，当励磁信号 $U_1 = U_m \sin\omega t$ 和 $U_2 = U_m \cos\omega t$ 施加于定子绕组时，旋转变压器转子绕组便可输出感应信号 U_3。若转子转过角度 θ_1，那么感应信号 U_3 和励磁信号 U_2 之间一定存在相位差，这个相位差可通过鉴相器检测出来，并表示成相应的电压信号。这样，通过对该电压信号的测量便可得到转子转过的角度 θ_1。但由于 $U_3 = nU_m \cos(\omega t - \theta_1)$ 是关于变量 θ_1 的周期函数，故转子每转一周，U_3 值将周期性地变化一次。因此，在实际应用时，不但要测出 U_3 的大小，而且还要测出 U_3 的周期性变化次数；或者将被测角位移 θ_1 限制在 180°之内，即每次测量过程中，转子转过的角度小于半周。

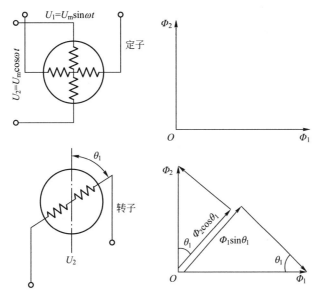

图 3.37　正弦、余弦旋转变压器

3.3.6　感应同步器

　　感应同步器是利用电磁耦合原理，将位移或转角转换为电信号的测量装置，实质上它是多极旋转变压器的展开形式。感应同步器按其运动方式和结构形式的不同，可分为旋转式(或称圆盘式)和直线式两种。前者用来检测转角位移，用于精密转台、各种回转伺服系统；后者用来检测直线位移，用于大型和精密机床的自动定位、位移数字显示和数控装置中。两者工作原理相同。感应同步器一般由频率为 1000～10000Hz，幅值为数十伏的交流电压励磁，输出电压一般不超过数毫伏。

　　1. 直线式感应同步器的工作原理

　　直线式感应同步器由定尺和滑尺两部分组成，如图 3.38 所示。定尺与滑尺平行安

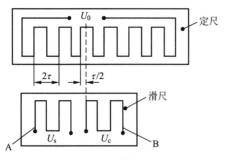

图 3.38 感应同步器的定尺与滑尺

装，且保持一定间隙。定尺表面上有连续平面绕组，滑尺表面上有两组分段绕组，分别称为正弦绕组（sin 绕组）和余弦绕组（cos 绕组）。这两段绕组相对于定尺绕组在空间错开 1/4 的节距，节距用 2τ 表示。在工作时，当在滑尺两个绕组中的任一绕组加上激励电压，由于电磁感应，在定尺绕组中会感应出相同频率的感应电压，通过对感应电压的测量，可以精确地测量出位移量。

图 3.39 所示为滑尺在不同位置时定尺上的感应电压。在 a 点时，定尺与滑尺绕组重合，这时感应电压最大；当滑尺相对于定尺平行移动后，感应电压逐渐减小，当移到错开 1/4 节距的 b 点时，感应电压为零；再继续移至 1/2 节距的 c 点时，得到的电压值与 a 点相同，但极性相反；在 3/4 节距的 d 点时，电压值又变为零；再移动到 e 点，电压幅值与 a 点相同。这样，滑尺在移动一个节距的过程中，感应电压为一个余弦波形。由此可见，在励磁绕组中加上一定的交变励磁电压，感应绕组中会感应出相同频率的感应电压，其幅值大小随着滑尺移动做余弦规律变化。滑尺移动一个节距，感应电压变化一个周期。感应同步器利用感应电压的变化进行位置检测。

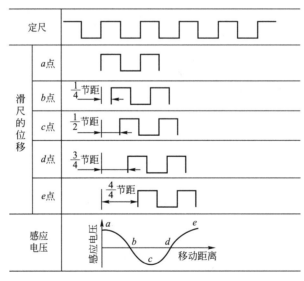

图 3.39 定尺上的感应电压与滑尺的关系

2. 感应同步器的应用

感应同步器作为位置测量装置在数控机床上有两种工作方式，即鉴相式和鉴幅式。

1）鉴相式

在此种工作方式下，给滑尺的正弦绕组和余弦绕组分别通上幅值、频率相同，且相位差为 90°的励磁交流电压，即

$$\begin{cases} U_s = U_m \sin\omega t \\ U_c = U_m \cos\omega t \end{cases} \qquad (3-12)$$

励磁电流将在空间产生一个频率为 ω 的电磁场。磁场切割定尺绕组，并在其中感应出电动势，该电动势的相位随着定尺与滑尺位置的不同而产生超前或滞后的相位角 θ。根据叠加原理可以直接求出感应电动势，即感应电动势可写为

$$U_0 = KU_m \sin\omega t \cos\theta - KU_m \cos\omega t \sin\theta = KU_m \sin(\omega t - \theta) \qquad (3-13)$$

式中，K 为感应系数。

设感应同步器的节距为 2τ，测量滑尺直线位移量 x 和相位角 θ 之间的关系为

$$\theta = \frac{2\pi x}{2\tau} = \frac{\pi x}{\tau} \qquad (3-14)$$

由式(3-14)可知，在一个节距内，θ 与 x 之间的关系是一一对应的。通过测量定尺感应电动势的相位 θ，即可测量出滑尺相对于定尺的位移 x。例如，定尺感应电动势与滑尺励磁电动势之间的相位角 $\theta = 18°$，在节距 $2\tau = 2\text{mm}$ 的情况下，表明滑尺移动了 0.1mm。

2) 鉴幅式

在此种工作方式下，给滑尺的 sin 绕组和 cos 绕组分别通上相位、频率相同，但幅值不同的励磁交流电压，并根据定尺上感应电压的幅值变化来测定滑尺和定尺之间的相对位移量。

设 x_1 为工作台移动的距离，θ_1 为对应的电角度；x 为滑尺移动的距离，θ 为对应的电角度。加在滑尺 sin 绕组、cos 绕组上励磁电压幅值的大小，应与工作台移动的距离 x_1（与位移相应的电角度为 θ_1）成正、余弦关系，即

$$\begin{cases} U_s = U_m \sin\theta_1 \sin\omega t \\ U_c = U_m \cos\theta_1 \sin\omega t \end{cases} \qquad (3-15)$$

而当 sin 绕组单独供电时，有

$$\begin{cases} U_s = U_m \sin\theta_1 \sin\omega t \\ U_c = 0 \end{cases}$$

当滑尺移动时，定尺上的感应电压 U_0 随滑尺移动距离 x（相应的位移角 θ）而变化。设滑尺 sin 绕组与定尺绕组重合时 $x=0$（即 $\theta=0$），若滑尺从 $x=0$ 开始移动，则在定尺上的感应电压为

$$U_0' = KU_m \sin\theta_1 \sin\omega t \cos\theta \qquad (3-16)$$

当 cos 绕组单独供电时，有

$$\begin{cases} U_c = U_m \cos\theta_1 \sin\omega t \\ U_s = 0 \end{cases}$$

若滑尺从 $x=0$ 开始移动，则在定尺上的感应电压为

$$U_0'' = -KU_m \cos\theta_1 \sin\omega t \sin\theta \qquad (3-17)$$

当 sin 绕组与 cos 绕组同时供电时，根据叠加原理，有

$$U_0 = U_0' + U_0'' = KU_m \sin\theta_1 \sin\omega t \cos\theta - KU_m \cos\theta_1 \sin\omega t \sin\theta$$
$$= KU_m \sin\omega t \sin(\theta_1 - \theta) \qquad (3-18)$$

由式(3-18)可知，定尺上感应电压的幅值随指令给定的位移 $x_1(\theta_1)$ 与工作台实际位移量 $x(\theta)$ 的差值的正弦规律变化。

3.3.7　测速发电机

测速发电机是一种能把转速转变成电信号的微型电动机。它在数控装置中常用来作为伺服系统中的校正元件，用来检测和调节伺服电动机的转速。

测速发电机分为交流和直流两大类，交流测速发电机又有同步和异步之分。下面分别介绍交流异步测速发电机和直流测速发电机。

1. 交流异步测速发电机

目前应用较多的交流测速发电机主要是空心杯形异步转子测速发电机，其结构和空心杯形转子伺服电动机相似，原理电路如图 3.40 所示。

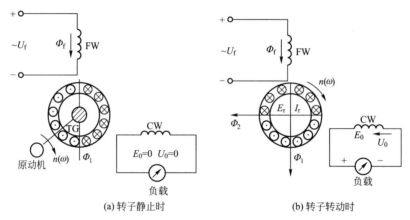

(a) 转子静止时　　　　(b) 转子转动时

图 3.40　空心杯形异步转子交流测速发电机原理

在交流异步测速发电机的定子内、外铁心上，分别嵌放了两套空间角度相差 90°的绕组，励磁绕组 FW 放在外定子上，输出绕组 CW 放在内定子上。当励磁绕组 FW 接恒频、恒电压的交流电源 U_f 后，在测速发电机内、外定子间的气隙中，便产生一个与励磁绕组的轴线方向一致的交变脉动磁通 Φ_f。当测速发电机静止时($n=0$)，它类似一台变压器，励磁绕组相当于变压器的一次绕组，转子绕组相当于变压器的二次绕组。在杯形转子中因磁通 Φ_f 而产生感应电动势和涡流，涡流产生的磁通将阻碍 Φ_f 的变化，其合成磁通 Φ_1 的轴线与励磁绕组 FW 的轴线重合，而与输出绕组 CW 的轴线在空间相互垂直，故脉动磁通不能在输出绕组中感应出电动势，所以输出电压 $U_0=0$(实际上由于测速发电机的杯形转子形状不均匀、气隙不均匀及磁路不是完全对称等原因，会造成输出端存在残余电压)，如图 3.40(a)所示。但当测速发电机旋转($n\neq0$)时，杯形转子切割磁通 Φ_1 而在转子中产生感应电动势 E_r 及电流 I_r，如图 3.40(b)所示。E_r 和 I_r 又与磁通 Φ_1 成正比，即

$$E_r \propto I_r \propto \Phi_1 n \qquad (3-19)$$

由 E_r 产生的电流 I_r 产生一个脉动磁通 Φ_2，且 I_r 与 Φ_2 成正比，而磁通 Φ_2 的方向正好与输出绕组 CW 的轴线重合，且穿过 CW，所以在输出绕组 CW 上感应出变压器电动势 E_0，端电压为 U_0，U_0 也与 Φ_2 成正比，即

$$U_0 \propto \Phi_2 \qquad (3-20)$$

由式(3-19)和式(3-20)可得

$$U_0 \propto \Phi_2 \propto I_r \propto E_r \propto \Phi_1 n \qquad (3-21)$$

式（3-21）表明：当励磁电压 U_f 一定，当测速发电机以转速 n 转动时，输出绕组产生的输出电压 U_0 的大小与 n 成正比。当转向改变时，U_0 的相位改变 $180°$。可见交流测速发电机的输出电压信号完全反映了转速信号的大小和转向，可以用来检测或调节与其相连的伺服电动机的转速。

2. 直流测速发电机

直流测速发电机是一种微型直流发电机，其中永磁式直流测速发电机不需要励磁绕组，定子采用永久磁极、矫顽磁力较高的磁钢制成。直流测速发电机的结构与直流伺服电动机相同，直流测速发电机的工作原理与他励直流发电机相同，如图 3.41 所示。在励磁电压 U_f 恒定的条件下，旋转电枢绕组切割磁通产生的感应电动势为

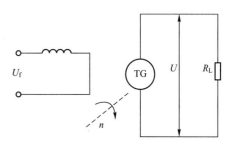

$$E = K_E \Phi_N n = Kn \qquad (3-22)$$

当测速发电机空载时，电枢电流 $I_a = 0$，则电流测速发电机的输出电压为 $U = U_0 = E = K_E \Phi_N n$，因而输出电压与转速成正比。

图 3.41 直流测速发电机的工作原理

当测速发电机所接负载电阻为 R_L 时，电枢电流 $I_a \neq 0$，则输出电压应为

$$U = E - I_a R_a \qquad (3-23)$$

式中，R_a 为测速发电机电枢回路总电阻，它包括电枢绕组电阻、电刷和换向器间的接触电阻。

按照欧姆定律，电枢电流为

$$I_a = \frac{U}{R_L} \qquad (3-24)$$

将式（3-22）式（3-24）代入式（3-23），整理得电压方程，有

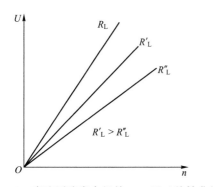

$$U = E - \frac{U}{R_L} R_a$$

$$U = \frac{K}{1 + \dfrac{R_a}{R_L}} n = Cn \qquad (3-25)$$

式（3-25）表明，当 R_a、Φ_N 和 R_L 为恒定值时，U 仍与转速 n 成正比。但负载电阻 R_L 不同，对应测速发电机有不同的输出特性。R_L 减小，输出特性斜率下降，$U = f(n)$ 的输出特性曲线如图 3.42 所示。

图 3.42 直流测速发电机的 $U = f(n)$ 特性曲线

小 结

本章对伺服系统的组成、性能指标和分类，对步进电动机、交直流伺服电动机的结构

和原理进行了介绍，对常用的几种检测装置的结构、工作原理和使用进行了详细介绍。通过本章的学习应明确以下几点：

（1）伺服系统是数控装置和数控机床的联系环节，它的性能决定了数控机床的精度和速度等技术指标，因此，要求伺服系统必须具有精度高、稳定性好、动态响应性好、调速范围宽、低速大转矩等性能。按控制方式分类，伺服系统可分为开环、闭环和半闭环 3 种。其中，闭环和半闭环伺服系统有位移和速度检测装置。

（2）步进电动机是开环伺服系统中的执行元件。按力矩产生的原理分类，可分为反应式、励磁式和混合式。反应式步进电动机利用定子绕组通电产生的磁场来吸引转子步进运行。步进电动机定子绕组通电状态每改变一次，转子便转过一个步距角，其大小与绕组的相数、转子的齿数和通电方式有关。步进电动机的主要参数及特性包括步距角、起动频率、连续运行频率、静态矩角特性、矩频特性与动态转矩、加减速特性等。

（3）常用的直流伺服电动机有小惯量直流伺服电动机和大惯量宽调速直流伺服电动机，其中永磁直流伺服电动机应用最广泛。永磁直流伺服电动机采用改变电枢电压的方式进行调速。交流伺服电动机分为异步型和同步型，其中永磁同步交流伺服电动机主要用于数控机床的进给驱动，交流异步伺服电机多用于数控机床的主轴驱动。

（4）磁尺可用于长度和角度的检测。磁尺由磁性标尺、磁头和检测电路组成，它根据磁电转换原理将直线位移量转换成电信号。光栅是一种光电检测装置，光栅位置检测装置主要由标尺光栅和读数头组成，它根据光学上莫尔条纹的形成原理将直线位移量转换成电信号。脉冲编码器是旋转式角位移检测元件，可分为增量式和绝对式两种。增量式编码器的分辨率与码盘圆周内的狭缝数有关，狭缝数越多，分辨率越高。绝对式编码器的分辨率与码盘的码道数有关，码道数越多，分辨率越高。旋转变压器是位移检测元件，它主要根据电磁感应原理，将角位移转换成模拟电信号。感应同步器根据电磁耦合原理，将位移或转角转换成模拟电信号。直线式感应同步器由定尺和滑尺两部分组成，感应同步器有鉴相式和鉴幅式两种工作方式。

习　题

3-1　数控机床对伺服系统提出了哪些基本要求？试按这些基本要求，对闭环和开环伺服系统进行综合比较，说明各个系统的应用特点及结构特点。

3-2　比较交、直流伺服电动机各自的优缺点，说明为什么交流伺服电动机调速能取代直流伺服电动机调速？

3-3　简述步进电动机的工作原理。

3-4　什么是步距角？

3-5　步进电动机有 80 个齿，采用三相六拍工作方式，丝杠导程为 5mm，工作台最大移动速度为 10mm/s。求：

（1）步进电动机的步距角 θ；

（2）脉冲当量；

（3）步进电动机最高工作频率 f_{max}。

3-6　试述位置检测装置在数控机床中的作用和重要性，以及对它的要求。常用的位置检测装置有哪些类型？

3-7　莫尔条纹有何特点？

3-8　试述直线光栅的工作原理。

3-9　简述感应同步器的结构及其两种工作方式的工作原理。

3-10　增量式脉冲编码器与绝对式脉冲编码器用于测量哪些机械量？它们各有什么优缺点？

第4章
数控机床的机械结构

内容提要

　　数控机床的机械结构是指数控机床的本体部分，数控机床的各种运动和动作最终都由机械部件来执行，实现数控机床的加工。其中，数控机床的主运动和进给运动由主传动系统和进给传动系统来执行，辅助运动则由辅助装置来完成。本章首先介绍了数控机床对机械结构的要求，然后阐述了数控机床的主传动系统和进给传动系统的特点及其主要部件的构成，最后重点介绍了辅助装置中的回转工作台、分度工作台和自动换刀装置的结构和原理。

4.1　数控机床的机械结构概述

数控机床的机械部分是指数控机床的本体部分，包括主传动系统、进给传动系统、支承系统、辅助装置等，主要由机床基础件、传动元件、轴承、移动部件、导轨支承部件、辅助运动部件等组成。

数控机床作为典型的机电一体化产品，其机械结构和普通机床既有相似之处，又有诸多不同之处。普通机床往往存在刚性不足、抗振性差、热变形大、滑动面的摩擦阻力大及传动元件之间的间隙大等缺点，难以胜任数控机床对加工精度、表面质量、生产率及使用寿命等技术指标的要求。因而数控机床在机械结构上与普通机床有明显的不同，主要体现在以下几个方面：

（1）采用了高性能的无级变速主轴及伺服传动系统，机械传动结构大为简化，传动链缩短。

（2）采用了刚度较高和抗振动性较好的支承结构，如动、静压轴承主轴部件，钢板焊接结构的支承件等。

（3）采用了在效率、刚度、精度等各方面较优良的传动元件，如滚珠丝杠螺母副、静压蜗杆副，以及塑料滑动导轨、滚动导轨、静压导轨等。

（4）采用了多主轴、多刀架结构，以及刀具与工件的自动夹紧装置、自动换刀装置和自动排屑、自动润滑冷却装置等，改善了劳动条件，提高了生产效率。

（5）采取了减小机床热变形的措施，保证机床的精度稳定，获得高的加工质量。

1. 提高机床的静、动刚度

由于机床床身、底座、立柱等支承件在切削力、重力、驱动力、惯性力、摩擦力等作用下产生的变形所引起的加工误差取决于它们的结构刚度，而这些误差在机床加工过程中无法人为地调整与补偿。数控机床性能要求更高，承受的载荷也更复杂，更有必要采取措施，提高机床的结构刚度。

1）合理选择支承件的结构形式

支承件受弯曲和扭转载荷后，截面的抗弯、抗扭惯性矩对变形大小影响较大。在截面积相同的情况下，应减少壁厚，加大截面的轮廓尺寸；抗扭构件选用圆形截面，抗弯构件选用矩形截面、工字截面等；支承件的截面尽可能使用封闭型，当侧壁上需要开孔时，应在孔周围加上凸缘，这样可提高抗弯刚度。

合理布置支承件的隔板和肋条，可提高构件的刚度。隔板、肋条可横向、纵向或对角布置，这样有利于提高构件的抗弯、抗扭惯性矩。对卧式机床的床身布置隔板和肋条，要考虑方便排屑。

机床导轨与支承件的连接部分，往往是局部刚度最弱的地方。如果尺寸较窄，可采用单壁或加厚单壁连接，或者在单壁上增加垂直筋条以提高局部刚度，如图 4.1(a)～图 4.1(c)所示；如果尺寸较宽，应采用双壁连接，如图 4.1(d)～图 4.1(f)所示。增加机床各部件的接触面积能够提高机床的承载能力，通常采用刮研的方法增加单位面积上的接触点；在结合面之间施加足够大的预加载荷也能增加接触面积，减少接触变形。

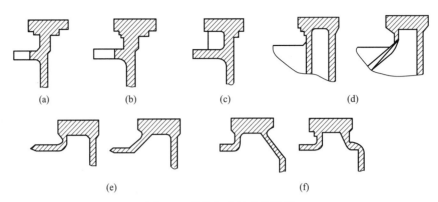

图 4.1　导轨与支承件的连接

2）合理的结构布局

在床身、立柱上的较重移动部件应尽可能置于构件的中间，可减少自重和切削力引起的变形。以卧式镗床或卧式加工中心为例，如果主轴箱单面悬挂在立柱侧面上 [图 4.2(a)]，主轴箱自重可使立柱产生弯曲变形，切削力将使立柱产生弯曲和扭转变形。如果主轴箱置于立柱的对称平面内 [图 4.2(b)]，主轴箱的自重和切削力引起的立柱变形将显著减小。

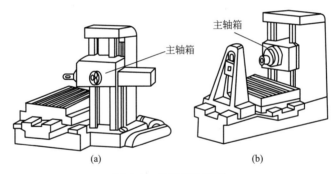

图 4.2　机床结构布局

3）采用补偿变形的措施

如果能够测出受力点相对变形的大小和方向，预知变形的规律，就可采取相应的措施来补偿变形，减少受力变形的影响，其结果相当于提高了机床的刚度。图 4.3 所示的大型龙门铣床，当主轴部件移至横梁中部时，在自重的作用下，横梁向下弯曲变形最大。为此，可预先将横梁导轨做成"拱形"，即向上凸起的形状，这样，当主轴部件移至横梁中部时，其变形能得到补偿。可在横梁内部安装辅助横梁，利用预校正螺钉对横梁主导轨进行预校正，如图 4.3(a)所示；也可以采用加平衡块的办法，减少横梁因主轴和自重而产生的变形，如图 4.3(b)所示。

4）合理选用支承件的材料

床身、立柱等支承件，若采用钢板或型钢焊接而成，可使它们具有质量小、刚度高的显著特点。钢的弹性模量约是铸铁的 2 倍，即在形状与轮廓尺寸相同的前提下，如果焊接件与铸件的刚度相同，则焊接件的壁厚只取铸件的一半。

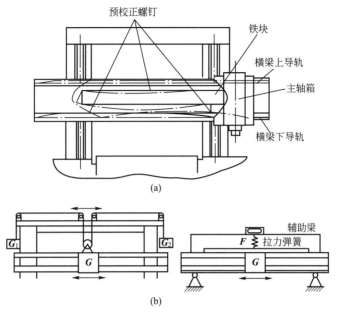

图 4.3 补偿措施

将型砂或混凝土等阻尼材料填充在支承件的夹壁中，可以有效地提高阻尼特性，增加支承件的动刚度。直接利用混凝土、树脂混凝土或人造花岗岩作为支承件的材料，可显著提高支承件的抗振动性，提高数控机床的加工精度。

2. 减少机床的热变形

由于机床结构各部分受热不一致，各部位的温升不一致，各部件将发生不同程度的热膨胀变形，使工件与刀具之间的相对运动关系遭到破坏，导致机床的精度下降。由于数控机床按程序自动加工，在加工过程中不易进行热变形测量，故很难通过人工修正热变形误差，因此，热变形对数控机床的影响就尤为严重。

减少或控制数控机床热变形的常用措施如下。

1）减少机床内部发热

主轴电动机采用直流或交流调速电动机，减少传动轴和传动齿轮；采用低摩擦因数的导轨和轴承；在液压系统中采用变量泵等措施都可减少摩擦和能量损失。

2）改善散热和隔热条件

主轴箱和主轴部件采用强制润滑冷却，甚至采用制冷后的润滑油进行循环冷却；液压油泵站是一个热源，最好放在机床之外，如果必须放在机床内，则应采取隔热和散热的措施；切削过程发热量大，要使用大流量的冷却液进行冷却，并能自动及时地排屑；对于发热大的部位，应增大其散热面积。

3）合理设计机床的结构与布局

应根据热传导对称原则来设计数控机床的机械结构，如采用双立柱结构代替单立柱结构。双立柱结构左右对称，受热后主轴轴线除产生垂直方向的平移外，其他方向变形很小。而主轴在垂直方向的轴线移动，数控机床可以很方便地用一个坐标的修正量进行补偿。

对于数控车床的主轴箱，可以通过试验来确定热变形的方向，尽可能使刀具安装(切入)方向与主轴热变形方向垂直，以减少热变形对加工零件的影响，如图 4.4 所示。

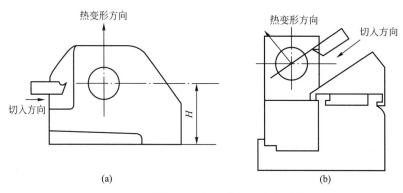

图 4.4　刀具切入方向与热变形方向垂直

除此以外，在数控机床的结构设计与布局时，应注意使热量比较大的部位向热量小的部位传导热量，这也是防止热变形的有效措施。

4）进行热变形补偿

根据热变形的规律，建立热变形的数学模型，或测定其变形的具体数值，并存入数控装置，用以进行实时补偿校正，如传动丝杠的热伸长误差、导轨平行度或平直度的热变形误差等，都可采用软件实时补偿来消除其影响。

3. 降低运动副摩擦，提高传动精度

数控机床的运动精度和定位精度不仅受机床零部件的加工精度、装配精度、刚度及热变形的影响，而且与移动部件的摩擦特性有关。

执行部件的摩擦阻力主要来自导轨。数控机床通常采用滚动导轨或静压导轨，可减少移动部件的静摩擦力，避免低速爬行。如采用滑动-滚动混合导轨，一是可减少摩擦阻力，二是改善了系统的阻尼特性，提高移动部件的抗振动性和平稳性。

在进给系统中，数控机床几乎毫无例外地采用滚珠丝杠代替普通滑动丝杠，这样可显著地减少运动副的摩擦。若采用无间隙滚珠丝杠传动和无间隙齿轮传动，可提高数控机床的传动精度。

4. 提高机床的寿命和精度

数控机床价格昂贵，为了加快数控机床的投资回收，必须使数控机床保持很高的开动率，因此必须提高数控机床的寿命和精度。在设计与制造数控机床时，必须考虑数控机床零部件的耐磨性，尤其是机床的导轨、进给传动丝杠及主轴部件等影响精度的主要零部件的耐磨性。此外，保证数控机床各运动部件间的良好润滑也是提高寿命的重要措施。

5. 采用自动化装置，提高机床效率

为了提高数控机床的生产率，必须最大限度地压缩辅助时间，许多数控机床采用了多主轴、多刀架及带刀库的自动换刀装置等。对于多工序的自动换刀数控机床，除了减少换刀时间外，还大幅度地压缩装卸工件的时间。几乎所有的数控机床都具备快速运动的功能，此功能使空程时间缩短。

数控机床是一种自动化程度很高的加工设备，在机床的操作性方面应充分注意各部分运动的互锁能力，以防止事故的发生。应尽可能改善操作者的操作和维护条件，要设置紧急停车装置，避免发生意外。此外，数控机床必须有利于排屑，通常采用自动排屑装置。

6. 提高安全防护等级

数控机床切削速度高，一般需要大流量与高压力的冷却液用于冷却和冲屑，机床的运动部件也采用了自动润滑装置。为了防止切屑与冷却液飞溅，需将机床设计成全密封结构，只在工作区留有可以自动开闭的安全门窗，用于观察和装卸工件。数控机床是一种机电一体化的自动设备，其造型要体现机电液一体化的特点，内部布局要合理、紧凑、便于维修，在安全的前提下，外观造型尽量美观宜人。

4.2 数控机床的主传动系统

4.2.1 数控机床主传动系统的特点

和普通机床一样，数控机床的主传动系统是从电动机到主轴的传动系统，为数控机床提供主轴的运动和转矩，使主轴带动工件或刀具实现表面成形所需的运动和动力。但与普通机床不同，为满足数控机床加工高效率、高精度、高可靠性和强适应性要求，数控机床的主传动系统还应具备以下特点：

(1) 转速高，功率大。日益增长的对高效率的要求，加之刀具材料和技术的进步，大多数数控机床均要求有足够高的功率来满足高速强力切削。一般数控机床的主轴驱动功率为 3.7～250kW。

(2) 变速范围宽，能无级变速。数控机床的加工范围较广，为了保证数控机床针对不同的工艺要求能够获得最佳切削速度，主传动系统变速范围要宽，并能实现无级变速，从而获得最佳的生产率、加工精度和表面质量。

(3) 传动链短，主轴变速迅速可靠。数控机床的变速是指令控制自动进行的，因此变速机构必须适应自动操作的要求，主轴变速应迅速可靠。目前，直流和交流主轴电动机的调速系统日趋完善，它们不仅能够方便地实现宽范围无级变速，而且减少了中间传递环节，使变速控制实时可靠。

(4) 功能的多样化。为满足自动化和高效要求，数控机床根据不同用途还设有不同的功能，如主轴准停功能(加工中心自动换刀时、数控车床车螺纹时)、自定心夹盘(数控车床)、刀具自动装卸和吹屑功能(加工中心)、恒线速切削功能(数控车床和数控磨床在进行端面加工时，使接触点处的线速度为恒值)等。

4.2.2 主传动的变速方式

数控机床的主传动变速方式主要有无级变速、分段无级变速、电主轴变速等。

1. 无级变速

主传动采用无级变速，不仅能在一定的变速范围内选择到合理的切削速度，而且还能在运动中自动变速。无级变速有机械、液压、电气等多种形式。数控机床一般都采用直流或交流主轴伺服电动机的电气无级变速。交流主轴电动机及交流变频驱动装置，由于没有电刷，不产生火花，所以其使用寿命长，其调速性能已达到直流驱动系统的水平，甚至在噪声方面还有所降低，因此目前应用较为广泛。

某个主轴传递的功率或转矩与转速之间的关系如图 4.5 所示。机床处在连续运转状态下，主轴的转速在 440～3500r/min 范围内，主轴电动机的传递功率为 11kW，这称为主轴的恒功率区域 Ⅱ（实线）。在这个区域内，主轴的最大输出转矩为 245N·m，并随着主轴转速的增加而变小。主轴转速在 35～440r/min 范围内，主轴的输出转矩不变，称为主轴的恒转矩区域 Ⅰ（实线）。在这个区域内，主轴所能传递的功率随着主轴转速的降低而减小。图中虚线所示为电动机超载（允许超载 30min）时的恒功率区域和恒转矩区域。电动机的超载功率为 15kW，超载的最大输出转矩为 334N·m。

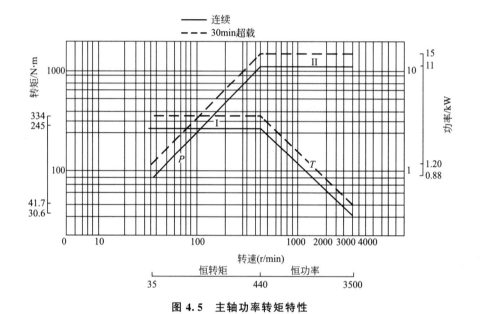

图 4.5　主轴功率转矩特性

2. 分段无级变速

数控机床在实际生产中，并不需要在整个变速范围内为恒功率输出。一般要求在中、高速段为恒功率输出，在低速段为恒转矩输出。为了确保数控机床主轴低速时有较大的转矩和主轴的变速范围尽可能大，有的数控机床在交流或直流电动机无级变速的基础上配以齿轮变速，使之成为分段无级变速，如图 4.6 所示。

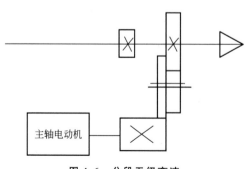

图 4.6　分段无级变速

在带有齿轮变速的分段无级变速系统中，主轴的正、反方向的起动、停止及制动是通过直接控制电动机来实现的，主轴的变速则由电动机的无级变速来实现。齿轮有级变速机构的变换通常采用液压拨叉和电磁离合器两种变速方式。

1）液压拨叉变速机构

液压拨叉变速机构的原理和形式可用图4.7来说明。

滑移齿轮的拨叉与变速液压缸的活塞杆连接，通过改变不同的通油方式可以使三联齿轮获得3个不同的变速位置。当液压缸1通压力油，液压缸5卸压时［图4.7(a)］，活塞杆带动拨叉3向左移动到极限位置，同时拨叉带动三联齿轮移到左端啮合位置，行程开关发出信号。当液压缸5通压力油而液压缸1卸压时［图4.7(b)］，活塞杆2和套筒4一起向右移动，套筒4碰到液压缸5的端部之后，活塞杆2继续右移到极限位置，此时三联齿轮被拨叉3带动移到右端啮合位置，行程开关发出信号。当压力油同时进入左、右两液压缸时［图4.7(c)］，由于活塞杆2两端的直径不同，使活塞杆向左移动。当活塞杆台阶靠上套筒4的右端时，此时活塞杆左端受力与右端相等，活塞杆不再移动，拨叉和三联齿轮被限制在中间位置，行程开关发出信号。

在自动变速时，为了使齿轮能够顺利啮合而不发生顶齿现象，可在低速下运行，或者在主传动系统中增设一台微电动机，它在拨叉移动齿轮块的同时（主轴伺服电动机停止运动），起动并带动各传动齿轮做低速回转。现在一般的数控机床都由数控装置控制主轴伺服电动机带动传动链在低速下运行，使齿轮能够顺利地啮合。

液压拨叉变速是一种有效的变速方法，但它需要配置液压系统。

2）电磁离合器变速

电磁离合器是应用电磁效应接通或切断运动的元件，由于它便于实现自动操作，并有现成的系列产品可供选用，因而它已成为自动装置中常用的操纵元件。电磁离合器简化了变速机构，通过安装在传动轴上的离合器的吸合和分离的不同组合来改变齿轮的传动路线，实现主轴的变速。

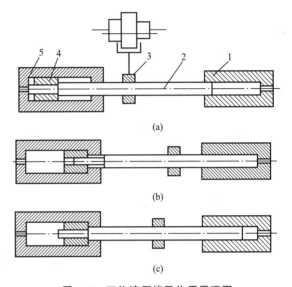

图4.7 三位液压拨叉作用原理图
1，5—液压缸；2—活塞杆；3—拨叉；4—套筒

图4.8所示为THK6380型自动换刀数控铣镗床的主传动系统，该机床采用双速电动机和6个电磁离合器来完成18级变速。

图4.9所示为啮合式电磁离合器(也称牙嵌式电磁离合器)的结构。它的特点是在接合面(端面)上做成一定的齿形，以提高所能传递的力矩。当线圈1通电后，带有端面齿的衔铁2吸引与磁轭8的端面齿相啮合。衔铁2又通过花键与定位环5相连接，再通过螺钉7传递给齿轮(图4.9中未画出)。隔离环6是为了防止磁力线从传动轴构成回路而削弱电磁吸力。为了保证传动精度，衔铁2和定位环5采用渐开线花键联接，保证了衔铁与传动轴的同轴度，使端面齿轮更可靠地啮合。采用螺钉3和压力弹簧4的结构能使离合器的安装方式不受限制，不管衔铁是水平还是垂直、向上还是向下安装，当线圈1断电时都能保证合理的齿端间隙。

啮合式电磁离合器具有传递转矩大，径向、轴向结构尺寸小，可使主轴箱的结构紧凑

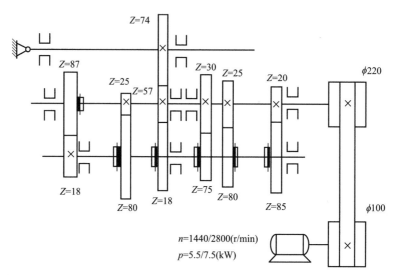

图 4.8 THK6380 型数控铣镗床的主传动系统

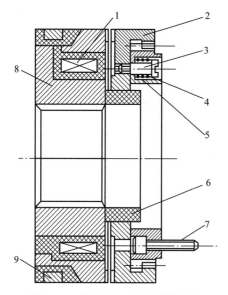

图 4.9 啮合式电磁离合器的结构

1—线圈；2—衔铁；3，7—螺钉；4—弹簧；
5—定位环；6—隔离环；8—磁轭；9—旋转环

等特点。但这种离合器装有向线圈送电的旋转环 9，在电刷和集电环之间有摩擦，影响了变速的可靠性，另外还应避免在很高的转速下工作。

啮合式电磁离合器适宜在要求温升小、结构紧凑、速度较低的数控机床上使用。高速运转的主传动系统常采用摩擦片式电磁离合器变速。由于电磁离合器变速具有剩磁和发热等缺点，它的应用范围也受到一定的限制。

在小型数控机床或主传动系统要求振动小、噪声低的数控机床中，也可采用带传动的分段无级变速系统。传动带有平带、V 形带和齿形带，以及多楔带等。

3. 电主轴变速

高速切削是 20 世纪 70 年代后期发展起来的新工艺。这种工艺采用的切削速度比常规的要高几倍至十多倍，如高速铣削铝件的最佳切削速度可达 $2500\sim4500\mathrm{m/min}$；加工钢件为 $400\sim1600\mathrm{m/min}$；加工铸件为 $800\sim2000\mathrm{m/min}$，进给速度也相应提高很多倍。这种加工工艺不仅切削效率高，而且具有加工表面质量好、切削温度低和刀具寿命长等优点。

高速切削机床是实现高速切削的前提，而高速主轴部件又是高速切削机床最重要的部件。因此，高速主轴部件要求有精密机床那样高的精度和刚度。为此，主轴零件应精确制造和动平衡性能良好。另外，还应重视主轴驱动、冷却、支承、润滑、刀具夹紧和安全等方面的设计。

高速主轴的驱动多采用内装电动机式主轴，简称电主轴。电主轴将主轴与电动机转子合为一体，其优点是主轴部件结构紧凑、质量小、惯量小，可提高起动、停止的响应特性，利于控制振动和噪声。转速高，目前最高可达 200000r/min。其缺点是电动机运转产生的振动和热量将直接影响到主轴，因此，主轴组件的整机平衡、温度控制和冷却是内装式电动机主轴的关键问题。

图 4.10 所示为瑞士 IBAG 公司开发的内装高频电动机的主轴部件，其采用的是励磁式磁力轴承。磁力轴承是利用电磁力使主轴悬浮在磁场中，使其具有无摩擦、无磨损、无须润滑、发热少、刚度高、工作时无噪声等优点。

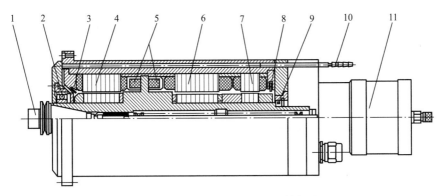

图 4.10　用磁力轴承的高速主轴部件

1—刀具系统；2，9—滚动轴承；3，8—传感器；4，7—径向轴承；
5—轴向推力轴承；6—高频电动机；10—冷却水管路；11—气液压力放大器

4.2.3　数控机床的主轴部件

数控机床的主轴部件，既要满足精加工时精度较高的要求，又要具备粗加工时高效切削的能力，因此在旋转精度、刚度、抗振动性和热变形等方面，对主轴部件都有很高的要求。数控机床的主轴部件除主轴、主轴支承轴承和传动件等一般组成部分外，为了实现刀具在主轴上的自动装卸与夹持，还有刀具自动夹紧装置、主轴自动准停装置和主轴锥孔的吹屑装置等结构。

1. 主轴部件常用滚动轴承

机床主轴带着刀具或夹具在支承中做回转运动，应能传递切削转矩，承受切削力，并保证必要的旋转精度。机床主轴多采用滚动轴承作为支承，对于精度要求高的主轴则采用动压或静压滑动轴承作为支承。下面着重介绍主轴部件所用的滚动轴承。

图 4.11 所示为主轴常用的几种滚动轴承。

图 4.11(a)所示为锥孔双列圆柱滚子轴承，内圈为 1：12 的锥孔，当内圈沿锥形轴颈轴向移动时，内圈胀大以调整滚道的间隙。滚子数目多，两列滚子交错排列，因而承载能力大，刚性好，允许转速高。它的内、外圈均较薄，因此，要求主轴轴颈与箱体孔均有较高的制造精度，以免轴颈与箱体孔的形状误差使轴承滚道发生畸变而影响主轴的旋转精度。该轴承只能承受径向载荷。

图 4.11(b)所示为双列推力角接触球轴承，接触角为 60°，球径小，数目多，能承受

双向轴向载荷。磨薄中间隔套，可以调整间隙或预紧，轴向刚度较高，允许转速高。该轴承一般与双列圆柱滚子轴承配套用作主轴的前支承，并将其外圈外径做成负偏差，保证只承受轴向载荷。

图 4.11(c)所示为双列圆锥滚子轴承，它有一个公用外圈和两个内圈，由外圈的凸肩在箱体上轴向定位，箱体孔可以镗成通孔。磨薄中间隔套可以调整间隙或预紧。两列滚子的数目相差一个，能使振动频率不一致，明显改善了轴承的动态性。这种轴承能同时承受径向和轴向载荷，通常用作主轴的前支承。

图 4.11(d)所示为带凸肩的双列圆柱滚子轴承，结构上与图 4.11(c)相似，可用作主轴前支承；滚子做成空心的，保持架为整体结构，润滑油充满滚子之间的间隙，由空心滚子端面流向挡边摩擦处，可有效地进行润滑和冷却。空心滚子承受冲击载荷时可产生微小变形，能增大接触面积并有吸振和缓冲作用。

图 4.11(e)所示为带预紧弹簧的圆锥滚子轴承，弹簧数目为 16～20 根，均匀增减弹簧可以改变预加载荷的大小。

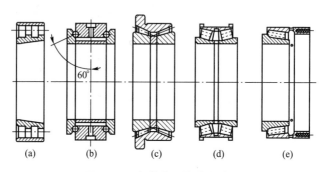

图 4.11　主轴常用的滚动轴承

主轴部件所用滚动轴承的精度有高级 6 级、精密级 5 级、特精级 4 级和超精级 2 级。前支承的精度一般比后支承的精度高一个等级，也可以用相同的精度等级。普通精度的机床通常前支承取 4、5 级，后支承取 5、6 级。特高精度的机床前后支承均用 2 级。

液体静压轴承和动压轴承主要应用在主轴高转速、高回转精度的场合，如应用于精密、超精密数控机床主轴、数控磨床主轴。对于要求更高转速的主轴，可以采用空气静压轴承和磁力轴承，可达每分数十万转的转速，并有非常高的回转精度。

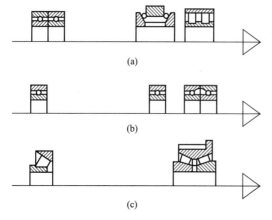

图 4.12　数控机床主轴轴承配置形式

2. 主轴轴承常用配置形式

在实际应用中数控机床主轴轴承常见的配置有下列 3 种形式，如图 4.12 所示。

(1)前支承采用双列圆柱滚子轴承和双列推力角接触轴承，后支承采用成对角接触球轴承，如图 4.12(a)所示。此配置形式使主轴的综合刚度大大提高，可满足强力切削的要求，普遍应用于各类数控机床。

(2)前支承采用高精度向心推力球轴

承组合,后支承采用高精度深沟球轴承如图 4.12(b)所示。这种配置使主轴具有转速范围大、最高转速高的特点,但承载能力较小,适用于高速、轻载和精密的主轴部件。

(3) 双列和单列圆锥滚子轴承作为主轴前、后支承,如图 4.12(c)所示。此配置径向和轴向刚度高,可承受重载荷,安装与调整性能好,但限制了主轴的转速和精度的提高,故这种配置形式只适用于中等精度、低速与重载荷的数控机床主轴。

对于长主轴,为提高主轴组件的刚度,数控机床可采用三支承主轴组件,采用三支承可以有效地减少主轴弯曲变形,一般中间支承或后支承起辅助作用为辅助支承。辅助支承通常采用深沟球轴承,安装后在径向要保留好适当的游隙,避免由于主轴安装轴承处轴径和箱体安装轴承处孔的制造误差(主要是同轴度误差)造成干涉。

另外,前后支承配置时,前支承的精度一般比后支承高一个等级。为保证主轴回转精度、刚度和抗振性,轴承的预紧和润滑是必不可少的。

3. 主轴滚动轴承的预紧

所谓轴承预紧,就是使轴承滚道预先承受一定的载荷,不仅能消除间隙而且还使滚动体与滚道之间发生一定的变形,从而使接触面积增大,轴承受力时变形减少,抵抗变形的能力增大。因此,对主轴滚动轴承进行预紧和合理选择预紧量,可以提高主轴部件的旋转精度、刚度和抗振性,机床主轴部件在装配时要对轴承进行预紧,使用一段时间以后,间隙或过盈有了变化,还得重新调整,所以要求预紧结构便于进行调整。滚动轴承间隙的调整或预紧,通常是通过使轴承内、外圈相对轴向移动来实现的。常用的方法有以下几种。

1) 轴承内圈移动

如图 4.13 所示,这种方法适用于锥孔双列圆柱滚子轴承。用螺母通过套筒推动内圈在锥形轴颈上做轴向移动,使内圈变形胀大,在滚道上产生过盈,从而达到预紧的目的。图 4.13(a)的结构简单,但预紧量不易控制,常用于轻载机床主轴部件。图 4.13(b)用右端螺母限制内圈的移动量,易于控制预紧量。图 4.13(c)在主轴凸缘上均布数个螺钉,以调整内圈的移动量,调整方便,但是用几个螺钉调整易使垫圈歪斜。图 4.13(d)将紧靠轴承右端的垫圈做成两个半环,可以径向取出,修磨其厚度可控制预紧量的大小,调整精度较高,调整螺母一般采用细牙螺纹,便于微量调整,而且在调好后要能锁紧防松。

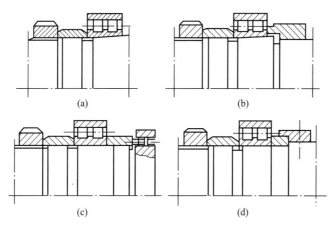

(a)   (b)

(c)   (d)

图 4.13　轴承内圈移动

2) 修磨座圈或隔套

图 4.14(a)所示为轴承外圈宽边相对(背对背)安装，这时修磨轴承内圈的内侧；图 4.14(b)所示为外圈窄边相对(面对面)安装，这时修磨轴承外圈的窄边。在安装时按图示的相对关系装配，并用螺母或法兰盖将两个轴承轴向压拢，使两个修磨过的端面贴紧，这样在两个轴承的滚道之间产生预紧。另一种方法是将两个厚度不同的隔套放在两轴承内、外圈之间，同样将两个轴承轴向相对压紧，使滚道之间产生预紧，如图 4.15 所示。

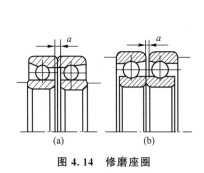

图 4.14 修磨座圈

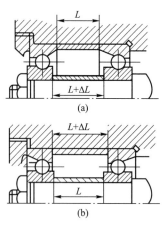

图 4.15 隔套的应用

4. 刀具自动装卸及切屑清除装置

在某些带有刀具库的数控机床中，为保证能自动换刀，主轴必须带有刀具自动装卸装置和主轴孔内的切屑清除装置。如图 4.16 所示，主轴 3 前端有 7∶24 的锥孔，用于装夹锥柄刀柄 1，这样既利于刀具轴向定位，也便于松开刀具。端面键 13 既作刀具周向定位用，又可通过它传递转矩。夹紧刀柄 1 时，液压缸 7 上腔接通回油，弹簧 11 推动活塞 6 上移，处于图示位置，拉杆 4 在碟形弹簧 5 的作用下向上移动；由于此时装在拉杆前端径向孔中的 4 个钢球 12 进入主轴孔中直径较小的 d_2 处 [图 4.16(b)]，被迫径向收拢而卡进拉钉 2 的环形凹槽内，因而刀柄被拉杆拉紧。换刀前需将刀夹松开时，压力油进入液压缸上腔，活塞 6 推动拉杆 4 向下移动，碟形弹簧 5 被压缩；当钢球 12 随拉杆一起下移至进入主轴孔中直径较大的 d_1 处时，它就不再能约束拉钉的头部，当拉杆前端内孔的台肩端面顶到拉钉 2 时，刀柄松开。此时，压缩空气由管接头 9 经活塞和拉杆的中心通孔吹入主轴装刀孔内把切屑或脏物清除干净，以保证刀具的装夹精度。机械手将新刀装上主轴后，液压缸 7 接通回油，碟形弹簧 5 又拉紧刀柄 1。刀柄 1 拉紧后，行程开关 8 发出信号。

夹紧机构采用碟形弹簧夹紧，液压松开，可以使机床在切削加工过程中突遇停电时刀具不会自行松开。

吹屑装置保证安装刀具时切屑不会划伤主轴锥孔和刀柄表面或引起刀柄偏斜而影响刀具的定位精度。为了保证主轴锥孔的清洁，常用压缩空气经拉杆 4 内孔吹出，将锥孔清理干净。喷气小孔上设计有合理的喷射角度，并均匀分布，以提高吹屑效果。

5. 主轴准停装置

自动换刀数控机床主轴部件上设有准停装置，其作用是使主轴每次都准确地停止在固定的周向位置上，以保证换刀时主轴上的端面键能对准刀柄上的键槽，同时使每次装刀时刀柄与主轴的相对位置不变，提高刀具的重复安装精度。主轴准停装置常见有机械控制和电气控制两种。

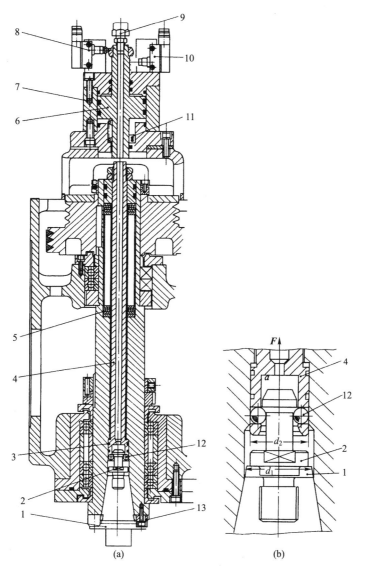

图 4.16 数控铣镗床主轴部件

1—刀柄；2—拉钉；3—主轴；4—拉杆；5—碟形弹簧；6—活塞；7—液压缸；
8，10—行程开关；9—压缩空气管接头；11—弹簧；12—钢球；13—端面键

图 4.17 所示为主轴电气准停装置，其工作原理如下：在带动主轴旋转的多楔带轮 1 的端面上装有一个垫片 4，垫片上装有一个体积很小的永久磁铁 3，在主轴箱箱体对应于主轴准停的位置上装有磁传感器 2，当机床需要停车换刀时，数控装置发出主轴停转的指令，主轴电动机立即降速，主轴以最低转速转动，当永久磁铁 3 对准磁传感器 2 时，后者发出准停信号，此信号经放大后，由定向电路控制主轴电动机准确地停止在规定的周向位

置上。这种装置可保证主轴准停的重复精度在±1°范围内。

图 4.18 所示为主轴机械准停装置，其工作原理如下：准停前主轴必须处于停止状态，当接收到主轴准停指令后，主轴电动机以低速转动，时间继电器开始动作，并延时 4～6s，保证主轴转稳后接通无触点开关 1 的电源，当主轴转到图示位置即凸轮定位盘 3 上的感应块 2 与无触点开关 1 相接触的位置后，发出信号，使主轴电动机停转；另一延时继电器延时 0.2～0.4s 后，压力油进入定位液压缸右腔，使定向活塞向左移动，当定向活塞上的定向滚轮 5 顶入凸轮定位盘的凹槽内时，行程开关 LS2 发出信号，主轴准停完成；若延时继电器延时 1s 后行程开关 LS2 仍不发信号，说明准停没完成，需使定向活塞 6 后退，重新准停；当活塞杆向右移到位时，行程开关 LS1 发出滚轮 5 退出凸轮定位盘凹槽的信号，此时主轴可起动工作。机械准停装置比较准确可靠，但结构较复杂。

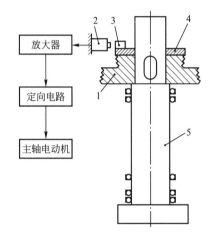

图 4.17　主轴电气准停装置

1—多楔带轮；2—磁传感器；3—永久磁铁；
4—垫片；5—主轴

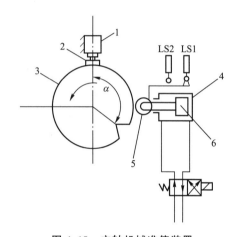

图 4.18　主轴机械准停装置

1—无触点开关；2—感应块；3—凸轮定位盘；
4—定位液压缸；5—定向滚轮；6—定向活塞

4.3　数控机床的进给传动系统

4.3.1　数控机床进给运动的特点

进给传动结构是进给伺服系统的主要组成部分，它是将伺服电动机的旋转运动转化为执行部件的直线移动或回转运动，以保证刀具与工件相对位置关系为目的。数控机床的进给运动是数字控制的直接对象，无论是点位控制还是轮廓控制，工件的最后坐标精度和轮廓精度都受进给运动的传动精度、灵敏度和稳定性的影响。为此，数控机床的进给系统一般具有以下特点：

1. 摩擦阻力小

为了提高数控机床进给系统的快速响应性能和运动精度，必须减小运动部件之间的摩擦阻力和动、静摩擦力之差。为满足上述要求，在数控机床进给系统中，普遍采用滚珠丝杠螺母副、静压丝杠螺母副、滚动导轨、静压导轨和塑料导轨。同时，各运动部件还考虑有适当的阻尼，以保证系统的稳定性。

2. 传动精度和刚度高

从机械结构方面考虑，进给传动系统的传动精度和刚度主要取决于传动间隙和丝杠螺母副、蜗轮蜗杆副及其支承部件。因此进给传动系统广泛采取了施加预紧力或其他消除间隙的措施。缩短传动链和在传动链中设置减速齿轮，也可提高传动精度。加大丝杠直径，以及对丝杠螺母副、支承部件、丝杠本身施加预紧力是提高传动刚度的有效措施。

3. 运动部件惯量小

运动部件的惯量对伺服机构的起动和制动特性都有影响，尤其是处于高速运转的零部件。在满足部件强度和刚度的前提下，尽可能减小运动部件的质量、减小旋转零件的直径和质量，以降低其惯量。

4.3.2 滚珠丝杠螺母副

1. 滚珠丝杠螺母副的工作原理及特点

在数控机床进给系统中一般采用滚珠丝杠螺母副来改善摩擦特性。滚珠丝杠螺母副（简称滚珠丝杠副）是一种在丝杠与螺母间装有滚珠的丝杠副，其结构原理如图 4.19 所示。为防止滚珠在工作过程中从螺母两端掉出，在螺母的螺纹滚道 4 上装有挡珠器 2（又称回珠器或反向器）。回路管道 5 将滚珠 3 引回，构成滚珠连续工作的循环通道。

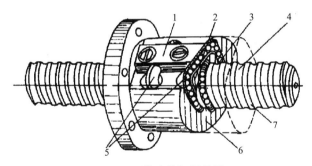

图 4.19 滚珠丝杠螺母副

1—压块；2—挡珠器；3—滚珠；4—螺纹滚道；5—回路管道；6—螺母；7—丝杠

滚珠丝杠副具有如下特点：

（1）传动效率高，摩擦损失小。滚珠丝杠副的传动效率 $\eta = 0.92 \sim 0.96$，比梯形丝杠提高 3～4 倍。

（2）给予适当预紧，可消除丝杠和螺母的传动间隙，反向时就可以消除空行程死区，定位精度高，刚度好。

（3）运动平稳，无爬行现象，传动精度高。

（4）运动具有可逆性，可以从旋转运动转换为直线运动，也可以从直线运动转换为旋转运动，即丝杠和螺母都可以作为主动件。

（5）磨损小，使用寿命长。

（6）制造工艺复杂。滚珠丝杠和螺母等元件的加工精度要求高，表面粗糙度也要求高，故制造成本高。

（7）不容易自锁，特别是对于垂直丝杠，由于重力的作用，需加制动力自锁。

2. 滚珠丝杠副的结构

滚珠丝杠的螺纹滚道法向截面有单圆弧和双圆弧两种不同的形状，如图 4.20 所示。

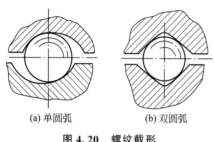

(a) 单圆弧　　　(b) 双圆弧

图 4.20　螺纹截形

其中，单圆弧的加工工艺简单；双圆弧的加工工艺较复杂，但性能较好。

滚珠的循环方式有外循环和内循环两种。滚珠在返回过程中与丝杠脱离接触的为外循环。滚珠在循环过程中与丝杠始终接触的为内循环。循环中的滚珠称为工作滚珠，工作滚珠所走过的滚道圈数称为工作圈数。

外循环滚珠丝杠副按滚珠循环时的返回方式分为插管式和螺旋槽式。图 4.21（a）所示为插管式，它用弯管作为返回管道，这种形式结构工艺性好，但由于管道突出于螺母外，径向尺寸较大。图 4.21（b）所示为螺旋槽式，它是在螺母外圆上铣出螺旋槽，槽的两端钻出通孔并与螺纹滚道相切，形成返回通道，这种形式的结构比插管式结构径向尺寸小，但制造上较为复杂。

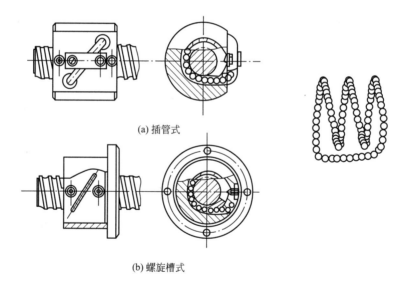

(a) 插管式

(b) 螺旋槽式

图 4.21　外循环滚珠丝杠结构

图 4.22 所示为内循环滚珠丝杠结构。这种结构在螺母的侧孔中装有圆柱凸键式反向器，反向器上铣有 S 形回珠槽，将相邻两螺纹滚道连接起来。滚珠从螺纹滚道进入反向器，借助反向器迫使滚珠越过丝杠牙顶进入相邻滚道，实现循环。一般一个螺母上装有 2～4 个反向器，反向器沿螺母圆周等分分布。其优点是径向尺寸紧凑、刚性好，因其返回滚道较短，摩擦损失小。其缺点是反向器加工困难。

3. 滚珠丝杠副间隙的调整

滚珠丝杠的传动间隙是轴向间隙。为了保证反向传动精度和轴向刚度，必须消除轴向间隙。消除间隙的方法常采用双螺母结构，利用两个螺母的相对轴向位移消除间隙，但两个滚珠螺母中的预紧力不宜过大，预紧力过大会使空载力矩增加，从而降低传动效率，缩短使用寿命。此外还要消除丝杠安装部分和驱动部分的间隙。

常用的双螺母丝杠消除间隙方法有垫片调隙式、螺纹调隙式、齿差调隙式和单螺母变位螺距预加负荷等。

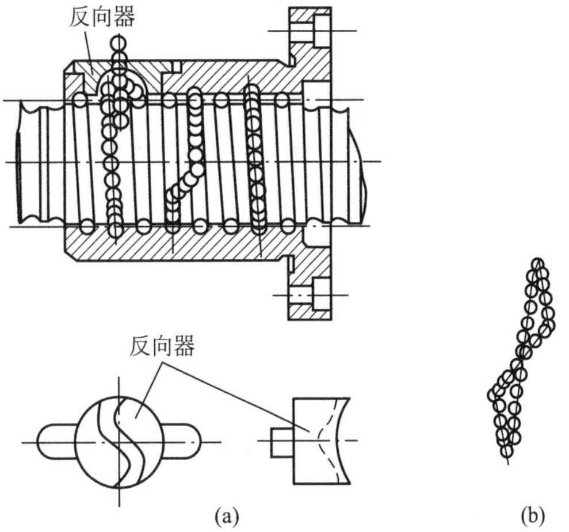

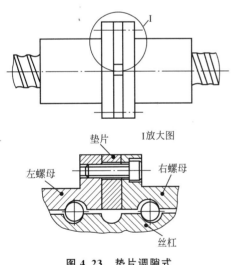

图4.22　内循环滚珠丝杠结构

1）垫片调隙式

如图4.23所示，调整垫片厚度使左右两螺母产生方向相反的位移，使两个螺母中的滚珠分别贴紧在螺旋滚道的两个相反的侧面上，即可消除间隙和产生预紧力。这种方法结构简单，刚性好，但调整不便，在滚道有磨损时不能随时消除间隙和进行预紧。

图4.23　垫片调隙式

2）螺纹调隙式

如图4.24所示，右螺母4外端有凸缘，而左螺母1左端是螺纹结构，用两个圆螺母2、3把垫片压在螺母座上，左、右螺母和螺母座上加工的键槽采用平键联接，使螺母在螺母座内可以轴向滑移而不能相对转动。调整时，只要拧紧圆螺母3使左螺母1向左滑动就可以改变两螺母的间距，即可消除间隙并产生预紧力。螺母2是锁紧螺母，调整完毕后，将螺母2和螺母3锁紧，可以防止在工作中螺母松动。这种调整方法具有结构简单、工作可靠、调整方便的优点，但调整预紧量不能控制。

3）齿差调隙式

如图4.25所示，在左、右两个螺母的凸缘上各加工有圆柱外齿轮，分别与左、右内齿圈相啮合，内齿圈紧固在螺母座上，所以左、右螺母不能转动。两螺母凸缘齿轮的齿数不相等，相差一个齿。调整时，先脱开内齿圈，使两个螺母转过相同的齿数，然后再合上内齿圈。两螺母的轴向相对位置发生变化而实现间隙的调整和施加预紧力。设两凸缘齿轮的齿数分别为 z_1、z_2，滚珠丝杠的导程为 t，两个螺母相对于螺母座同方向转动一个齿后，其轴向位移量 $s=(1/z_1-1/z_2)t$。例如，$z_1=81$，$z_2=80$，滚珠丝杠的导程为 $t=6\text{mm}$ 时，$s=-6/6480\approx0.001(\text{mm})$。这种调整方法能精确调整预紧量，调整方便、可靠，但结构尺寸较大，多用于高精度的传动。

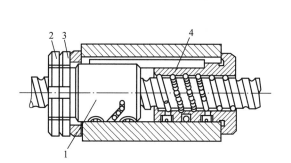

图 4.24　螺纹调隙式

1—左螺母；2，3—圆螺母；4—右螺母

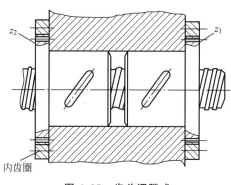

图 4.25　齿差调隙式

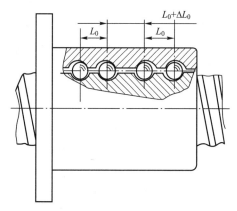

图 4.26　单螺母变位螺距式

4）单螺母变位螺距预加负荷

如图 4.26 所示，它是在滚珠螺母体内的两列循环滚珠链之间使内螺纹滚道在轴向产生一个 ΔL_0 的导程式变量，从而使两列滚珠在轴向错位实现预紧。这种调整方法结构简单，但导程变量须预先设定且不能改变。

4. 滚珠丝杠的安装支承方式

为了提高传动刚度，选择合理的支承结构并正确安装是非常重要的。滚珠丝杠主要承受轴向载荷，径向载荷主要是丝杠的自重，因此滚珠丝杠的轴向精度和刚度要求较高。滚珠丝杠的支承结构如图 4.27 所示。

（1）一端装推力轴承，如图 4.27（a）所示。这种安装方式只适用于行程小的短丝杠，它的承载能力小，轴向刚度低。一般用于数控机床的调节环节或升降台式铣床的垂直坐标进给传动结构。

（2）一端装推力轴承，另一端装向心球轴承，如图 4.27（b）所示。此种方式用于较长的丝杠。当热变形造成丝杠伸长时，其一端固定，另一端能做微量的轴向浮动。为减少丝杠热变形的影响，安装时应使电动机热源和丝杠工作时的常用段远离止推端。

（3）两端装推力轴承，如图 4.27（c）所示。将推力轴承装在滚珠丝杠的两端，并施加预紧力，可以提高轴向刚度，但这种安装方式对丝杠的热变形较为敏感。

（4）两端装推力轴承及向心球轴承，如图 4.27（d）所示。它的两端均采用双重支承并施加预紧，使丝杠具有较大的刚度，这种方式还可以使丝杠的温度变形转化为推力轴承的预紧力，但设计时要求提高推力轴承的承载能力和支架刚度。

5. 滚珠丝杠的润滑与防护

为提高滚珠丝杠的耐磨性和传动效率，滚珠丝杠副应使用润滑油或润滑脂进行润滑。润滑油可用 L-AN32 或 L-AN46 号全损耗系统油等，润滑脂可用锂基或高压润滑脂。

此外，滚珠丝杠还需有效的防护密封，以防滚道上落入了灰尘、切屑等硬质颗粒，这

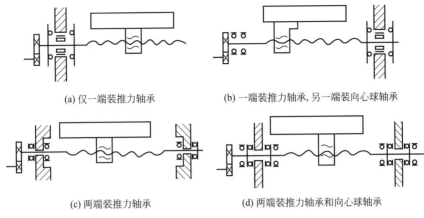

(a) 仅一端装推力轴承   (b) 一端装推力轴承，另一端装向心球轴承

(c) 两端装推力轴承   (d) 两端装推力轴承和向心球轴承

图 4.27　滚珠丝杠在机床上的支承方式

些颗粒会妨碍滚珠的正常运转、加快丝杠机械部分的磨损。下面介绍常用的防护装置。

1）密封圈

通常将毛毡圈内孔做成螺纹形状，使之紧密包住丝杠，并装入螺母或套筒两端。它的防护效果较好，但有接触压力使摩擦力矩变大。也可采用聚氯乙烯等塑料制成的非接触式迷宫密封圈，其内孔与丝杠螺纹滚道的形状相反，并有一定间隙，故不会增加摩擦力矩，但防尘效果较差。

2）防护罩

对暴露在外的丝杠，一般用螺旋钢带、伸缩套筒、锥形套筒或折叠式塑料或人造革等制成防护罩，以防止尘埃和切屑附到丝杠表面。

4.3.3　数控机床的导轨

机床导轨是机床的基本结构之一。导轨主要用来支承和引导运动部件沿一定的轨道运动。在导轨副中，运动的一方称为运动导轨，不动的一方称为支承导轨。运动导轨相对于支承导轨的运动，通常是直线运动或回转运动。

1. 对导轨的要求

（1）导向精度高。导向精度是指机床的运动部件沿导轨移动时的直线性和它与有关基面之间的相互位置的准确性。无论在空载或切削工件时导轨都应有足够的导向精度，这是对导轨的基本要求。影响导轨精度的主要原因除制造精度外，还有导轨的结构形式、装配质量、导轨及其支承件的刚度和热变形，对于静压导轨还有油膜的刚度等。

（2）耐磨性能好。导轨的耐磨性是指导轨在长期使用过程中能否保持一定的导向精度。因导轨在工作过程中难免有所磨损，所以应力求减少磨损量，并在磨损后能自动补偿或便于调整，数控机床常采用摩擦因数小的滚动导轨和静压导轨，以降低导轨磨损。

（3）足够的刚度。导轨受力变形会影响部件之间的导向精度和相对位置，因此要求导轨有足够的刚度。为减轻或平衡外力的影响，数控机床常采用加大导轨面的尺寸或添加辅助导轨的方法来提高刚度。

（4）低速运动平稳。应使导轨的摩擦阻力小，运动轻便，低速运动时无爬行现象。

（5）结构简单、工艺性好。导轨要制造和维修方便，在使用时便于调整和维护。

2. 塑料滑动导轨

滑动导轨具有结构简单、制造方便、刚度好、抗振性好等优点，是机床上使用最广泛的导轨形式。但普通的铸铁-淬火钢或铸铁-铸铁导轨存在静摩擦因数大，且动摩擦因数随速度变化而变化，摩擦损失大，低速时易出现爬行现象等问题，降低了运动部件的定位精度。

为了进一步降低普通滑动导轨的摩擦因数，防止低速爬行，提高定位精度，在数控机床上普遍采用塑料作为滑动导轨的材料，使原来铸铁-铸铁的滑动变为铸铁-塑料或钢-塑料的滑动。

1）注塑导轨

注塑或抗磨涂层的材料是以环氧树脂和二硫化钼为基体，加入增塑剂，混合成膏状为一组分，固化剂为另一组分的双组分塑料，国内牌号为 HNT，称为环氧树脂耐磨涂料。这种涂料附着力强，可用涂敷工艺或压注成形工艺涂到预先加工成锯齿形的导轨上，涂层厚度为 1.5～2.5 mm。导轨注塑工艺简单，在调整好固定导轨和运动导轨间相关位置精度后注入双组分塑料，固化后将定、动导轨分离即成塑料导轨副。塑料涂层导轨摩擦因数小，在无润滑油情况下仍有较好的润滑和防爬行的效果，目前在大型、重型机床上应用较多。

2）贴塑导轨

在导轨的滑动面上贴一层抗磨塑料软带，而与之相配的导轨面则经淬火和磨削加工。软带以聚四氟乙烯为基材，添加合金粉和氧化物制成。塑料软带可切成任意大小和形状，用黏结剂黏结在导轨基面上。由于这类导轨采用软带黏结方法，习惯上称为贴塑导轨。塑料软带一般黏结在机床导轨副的短导轨面上，如图 4.28 所示。对于圆形导轨，塑料软带应粘贴在下导轨面上。各种组合形式的滑动导轨均可粘贴塑料软带。

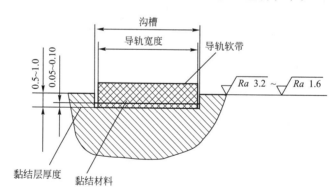

图 4.28　贴塑导轨的粘贴

3）塑料导轨的特点

（1）摩擦特性好。金属-聚四氟乙烯软带导轨的动、静摩擦因数基本不变，而且摩擦因数很低。这种良好的摩擦特性能防止低速爬行，使机床运行平稳，以获得高的定位精度。

（2）耐磨性好。除摩擦因数低外，塑料材料中含有青铜、二硫化钼和石墨，因此其本身具有自润滑作用，对润滑油的供油量要求不高，采用间歇式供油即可。另外，塑料质地较软，即使嵌入细小的金属碎屑、灰尘等，也不至于损伤金属导轨面和软带本身，可延长导轨的使用寿命。

（3）减振性好。塑料的阻尼性能好，其减振消声的性能对提高摩擦副的相对运动速度有很大的意义。

（4）工艺性好。可降低对塑料结合的金属基体的硬度和表面质量，而且塑料易于加工（铣、刨、磨、刮等），使导轨副接触面获得良好的表面质量。

除此之外，塑料导轨还因其良好的经济性、结构简单、成本低，目前在数控机床上得到广泛地使用。

3. 滚动导轨

滚动导轨是在导轨工作面之间安装滚动体（滚珠、滚柱和滚针），与滚珠丝杠的工作原理类似，使两导轨面之间形成的摩擦为滚动摩擦。动、静摩擦因数相差极小，几乎不受运动速度变化的影响。为了提高数控机床移动部件的运动精度和定位精度，数控机床广泛采用滚动导轨。

1）滚动导轨的分类及应用

（1）按滚动体的类型可分为滚珠导轨、滚柱导轨和滚针导轨 3 类。

滚珠导轨特点：点接触，摩擦阻力小；承载能力较差，刚度低；结构紧凑，制造容易，成本较低等。通过合理设计滚道圆弧可大幅降低接触应力，提高承载能力。一般适用于运动部件重量小于 2000 N，切削力矩和颠覆力矩都必须较小的机床，如工具磨床工作台导轨、磨床的砂轮修整架导轨。

滚柱导轨具有线接触、承载能力较同规格滚珠导轨高一个数量级、刚度高等特点。它对导轨面的平面度敏感，制造精度要求比滚珠导轨高，适用于载荷较大的机床。

滚针导轨具有滚针尺寸小，结构紧凑；承载能力大，刚度高等特点。它对导轨面的平面度更敏感，对制造精度的要求更高，摩擦因数较大，适用于导轨尺寸受限制的机床。

（2）按滚动体循环情况可分为滚动体循环式导轨和滚动体非循环式导轨两类。

滚动体循环式导轨中的滚动体在运行过程中沿循环通道自动循环，行程不受限制。常做成独立的标准化部件，由专业厂生产（如直线滚动导轨副和滚动导轨块）。滚动导轨组件本身制造精度较高，对机床的安装基面要求不高，安装调试方便，刚度高，承载力大，润滑简单，适用于行程较大的机床，目前在国内外数控机床上得到了广泛应用。

滚动体非循环式导轨中的滚动体在运动过程中不循环，行程有限；一般根据需要可自行设计制造，一般用于行程较小的机床。

2）滚动导轨块的结构

滚动导轨块是一种滚动体做循环运动的滚动导轨，其结构如图 4.29 所示。1 为防护板，端盖 2 与导向片 4 引导滚动体（滚柱 3）返回，5 为保持架，6 为本体。使用时，滚动导轨块安装在运动部件的导轨面上，每一导轨至少用两块，导轨块的数目取决于导轨的长度和负载的大小，与之相配的导轨多用镶钢淬火导轨。当运动部件移动时，滚柱 3 在支承部件的导轨面与本体 6 之间滚动，同时又绕本体 6 循环滚动，滚柱 3 与运动部件的导轨面不接触，因而该导轨面不需淬硬磨光。滚动导轨块的特点是刚度高、承载能力大、便于拆装。

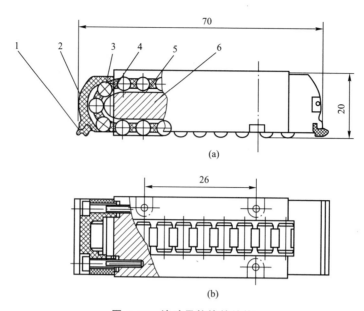

图 4.29　滚动导轨块的结构

1—防护板；2—端盖；3—滚柱；4—导向片；5—保持架；6—本体

3）直线滚动导轨副的结构

直线滚动导轨副是近年来新出现的一种滚动导轨组件，其结构如图 4.30 所示，主要由导轨体、滑块、滚珠、保持器、端盖等组成。由于它将支承导轨和运动导轨组合在一起作为独立的标准导轨副部件由专门生产厂家制造，故又称单元式直线滚动导轨副。使用时，导轨体固定在不运动部件上，滑块固定在运动部件上。当滑块沿导轨体运动时，滚珠在导轨体和滑块之间的圆弧直槽内滚动，并通过端盖内的滚道从工作负载区到非工作负载区，然后再滚动回工作负载区，不断循环，从而把导轨体和滑块之间的移动变成了滚珠的滚动。为防止灰尘和污物进入导轨滚道，滑块两端及下部均装有塑料密封板，滑块上还有润滑油加油嘴。

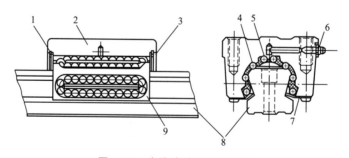

图 4.30　直线滚动导轨副结构

1—压紧圈；2—滑块；3—密封板；4—承载滚珠列；5—反向滚珠列；
6—加油嘴；7—侧板；8—导轨体；9—保持器

4）滚动导轨的预紧方式

经过预紧的滚动导轨刚度比未经预紧的高 3 倍左右。预紧导轨主要适用于颠覆力矩较大、移动精度要求较高和垂直方向的导轨。预紧时应注意预紧力大小适当，若预紧力合理，则导轨刚度高、精度好、磨损小；若预紧力过大，会使牵引力显著增加。

常用的预紧方法有采用过盈配合和采用调整元件两种。

（1）采用过盈配合［图 4.31(a)］。在装配导轨时，量出实际尺寸 A，然后再刮研压板与溜板的接合面或通过改变其间垫片的厚度，由此形成包容尺寸 $A-\delta$（δ 为过盈量，其数值通过实际测量决定）。

（2）采用调整元件实现预紧［图 4.31(b)］。拧动调整螺钉 3，即可调整导轨体 1 及 2 的距离而预加负载，也可以改用斜镶条调整，则过盈量沿导轨全长的分布较均匀。

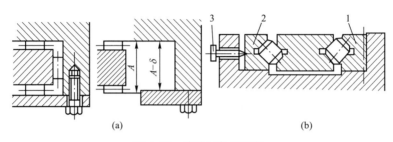

图 4.31　滚动导轨的预紧

1，2—导轨体；3—调整螺钉

滚动导轨块的选用主要考虑其额定动、静载荷与额定寿命，具体计算及选用可参见相关手册及产品样本。

4. 静压导轨

静压导轨的工作原理是在两个相对运动的导轨面间注入压力油，使运动部件浮起。在工作过程中，两导轨面间的油腔中的油压能随着外加负载的变化自动调节，以平衡外加负载，保证导轨面间始终处于纯液体摩擦状态。

静压导轨的摩擦因数极小，约为 0.0005，其功率消耗极少。由于导轨工作在液体摩擦状态，故导轨不会磨损，因而导轨的精度保持性好，寿命长。油膜厚度几乎不受速度的影响，油膜承载能力大、吸振性良好，导轨运行平稳，既无爬行，也不会产生振动。但因静压导轨结构复杂，并需要一套过滤效果很好的液压装置，所以其制造成本较高。静压导轨较多地应用在大型、重型数控机床上。

4.3.4　进给系统传动间隙的消除

1. 传动齿轮间隙的消除

数控机床进给系统因经常处于自动变向状态，所以齿轮间隙会造成进给反向时丢失指令脉冲，并产生反向死区，从而影响加工精度，因此必须采取措施消除齿轮传动中的间隙。

1）刚性调整法

刚性调整法是指调整后齿侧间隙不能自动补偿的调整法，因此，齿轮的齿距公差及齿厚要严格控制，否则影响传动的灵活性。这种调整方法结构比较简单，具有较好的传动刚度。

（1）偏心套调整法。图 4.32 所示为最简单的利用偏心套消除间隙的结构。电动机通过偏心套 2 装到壳体上。通过转动偏心套就可调节两啮合齿轮的中心距，从而消除齿侧间隙。

（2）轴向垫片调整法。图 4.33 所示为利用轴向垫片消除间隙的结构。其中图 4.33(a) 所示为锥齿轮垫片调整，两个啮合的齿轮 1 和 2 的轮齿沿齿宽方向制成稍有锥度，使其齿厚在轴向稍做线性变化。通过改变调整垫片 3 的厚度，使两齿轮在轴向上相对移动，从而消除间隙。图 4.33(b) 所示为斜齿轮垫片错齿调整，宽齿轮 4 同时与两个薄片齿轮 6 和 7 啮合，薄片齿轮由平键和轴联接，互相不能相对回转。调整垫片 5 的厚度，使薄片齿轮 6 和 7 产生错位，其左右齿面分别与宽齿轮 4 的齿贴紧，消除齿侧间隙。

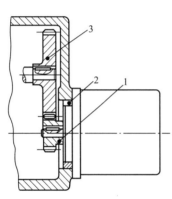

图 4.32 偏心套调整法

1—齿轮；2—偏心套；3—齿轮

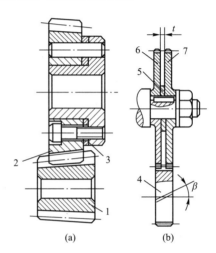

(a)　　　　(b)

图 4.33 轴向垫片调整法

1，2—齿轮；3—垫片；

4—宽齿轮；5—垫片；6，7—薄片斜齿轮

2）柔性调整法

柔性调整法是指调整之后齿侧间隙仍可自动补偿的调整法。这种方法一般都采用调整压力弹簧的压力来消除齿侧间隙。这种方法在齿轮的齿厚和齿距有变化的情况下，也能保持无间隙啮合。但这种结构较复杂，轴向尺寸大，传动刚度低，同时传动平稳性也较差。

（1）轴向弹簧调整法。如图 4.34 所示，两个啮合着的锥形齿轮 1 和 2，其中在装锥齿轮 1 的传动轴 5 上装有压簧 3，锥齿轮 1 在弹簧力的作用下可稍做轴向移动，从而消除间隙。弹簧力的大小由螺母 4 调节。

（2）周向弹簧调整法。如图 4.35 所示，两个齿数相同的薄片齿轮 3 和 4 与另一个宽齿轮相啮合，齿轮 3 空套在齿轮 4 上，可以相对回转。每个齿轮端面分别均匀装有 4 个螺纹凸耳 1 和 2，齿轮 3 的端面有 4 个通孔，凸耳 1 可以从中穿过，弹簧 8 分别钩在调节螺钉 5 和凸耳 2 上。旋转螺母 6 和 7 可以调整弹簧 8 的拉力，弹簧的拉力可以使薄片齿轮错位，即两片薄齿轮的左、右齿面分别与宽齿轮轮齿齿槽的左、右贴紧，从而消除齿侧间隙。

近来出现的同步齿形带传动，能可靠地消除传动间隙，已被广泛采用。当传动力矩不大时，也有利用钢质齿轮与尼龙齿轮齿侧过盈啮合来消除传动间隙的。

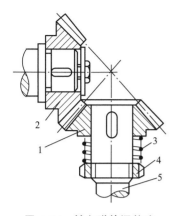

图 4.34　轴向弹簧调整法

1，2—锥齿轮；3—压簧；

4—螺母；5—传动轴

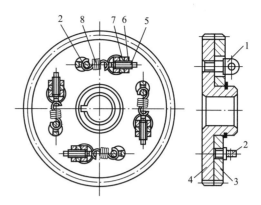

图 4.35　周向弹簧调整法

1，2—螺纹凸耳；3，4—齿轮；

5—调节螺钉；6，7—旋转螺母；8—弹簧

2. 齿轮齿条传动间隙的消除

大型数控机床不宜采用丝杠传动，因长丝杠制造困难，且容易弯曲下垂，影响传动精度，同时轴向刚度与扭转刚度很难提高。如加大丝杠直径，会使转动惯量增大，伺服系统的动态特性不宜保证。在这种场合下，常用齿轮齿条副传动。

采用齿轮齿条副传动时，必须采取措施消除齿侧间隙。当传动负载小时，也可采用双片薄齿轮调整法，分别与齿条齿槽的左、右两侧贴紧，从而消除齿侧间隙；当传动负载大时，可采用双厚齿轮传动的结构。图 4.36 所示为这种消除间隙方法的原理图。进给运动由轴 5 输入，该轴上装有两个螺旋线方向相反的斜齿轮，当在轴 5 上施加轴向力 *F* 时，能使斜齿轮产生微量的轴向移动。此时，轴 1 和轴 4 便以相反的方向转过微小的角度，使齿轮 2 和 3 分别与齿条齿槽的左、右侧面贴紧，从而消除间隙。

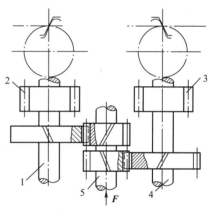

图 4.36　齿轮齿条传动间隙的消除

1，4，5—轴；2，3—齿轮

4.4　数控机床的回转工作台和分度工作台

数控机床是一种高效率的加工设备，当零件被装夹在工作台上以后，为了尽可能完成较多工艺内容，除了要求机床有沿 *X*、*Y*、*Z* 三个坐标轴的直线运动之外，还要求工作台在圆周方向有进给运动或分度运动。这些运动通常采用数控回转工作台或分度工作台来实现。

4.4.1　数控回转工作台

数控回转工作台主要用在数控镗床和数控铣床上，其外形和分度工作台十分相似，但其内部结构却具有数控进给驱动机构的许多特点。它的功能是使工作台进行圆周进给，以完成切削工作，并使工作台进行分度。开环系统中的数控转台由传动系统、间隙消除装置及蜗轮夹紧装置等组成。

下面介绍 JCS‐013 型自动换刀数控卧式镗铣床的数控回转工作台［参见图 4.37(a)、(b)］。

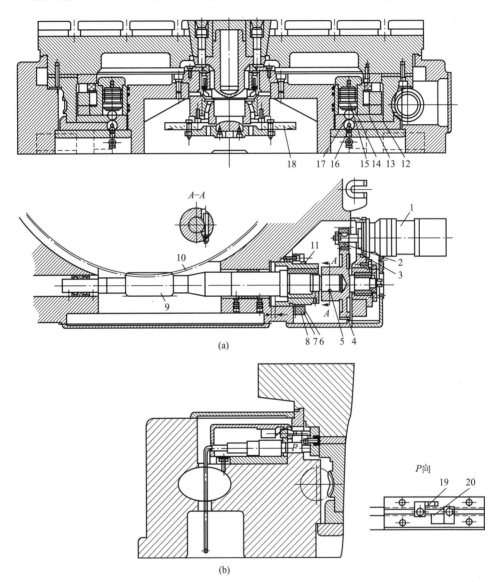

(a)

(b)

图 4.37　数控回转工作台

1—电液脉冲马达；2，4—齿轮；3—偏心环；5—楔形拉紧圆柱销；6—压块；7—螺母；8—锁紧螺钉；
9—蜗杆；10—蜗轮；11—调整套；12，13—夹紧瓦；14—夹紧液压缸；15—活塞；
16—弹簧；17—钢球；18—光栅；19—撞块；20—感应块

当数控工作台接到数控装置的指令后，首先把蜗轮松开，然后起动电液脉冲马达，按指令脉冲来确定工作台的回转方向、回转速度及回转角度大小等参数。工作台的运动由电液脉冲马达 1 驱动，经齿轮 2 和 4 带动蜗杆 9，通过蜗轮 10 使工作台回转。为了尽量消除传动间隙和反向间隙，齿轮 2 和 4 相啮合的侧隙是靠调整偏心环 3 来消除的。齿轮 4 与蜗杆 9 靠楔形拉紧圆柱销 5(A—A 剖面）来连接，这种连接方式能消除轴与套的配合间隙。为了消除蜗轮副的传动间隙，采用了双螺距渐厚蜗杆，通过移动蜗杆的轴向位置来调整间隙。这种蜗杆的左、右两个侧面具有不同的螺距，因此蜗杆齿厚从一端向另一端逐渐增厚。但由于同一侧的螺距是相同的，所以仍然保持着正常的啮合。调整时先松开螺母 7 上的锁紧螺钉 8，使压块 6 与调整套 11 松开，同时将楔形拉紧圆柱销 5 松开。然后转动调整套 11，带动蜗杆 9 做轴向移动。根据设计要求，蜗杆有 10 mm 的轴向移动调整量，这时蜗轮副的侧隙可调整 0.2 mm。调整后锁紧调整套 11 和楔形拉紧圆柱销 5。蜗杆的左、右两端都由双列滚针轴承支承。左端为自由端，可以伸长以消除温度变化的影响；右端装有双列止推轴承，能轴向定位。

工作台静止时，必须处于锁紧状态。工作台面用沿其圆周方向分布的 8 个夹紧液压缸进行夹紧。当工作台不回转时，夹紧液压缸 14 的上腔进压力油，使活塞 15 向下运动，通过钢球 17、夹紧瓦 13 及 12 将蜗轮 10 夹紧。当工作台需要回转时，数控装置发出指令，使夹紧液压缸 14 上腔的油流回油箱，在弹簧 16 的作用下，钢球 17 抬起，夹紧瓦 12 及 13 松开蜗轮，然后由电液脉冲马达 1 通过传动装置，使蜗轮和回转工作台按照控制系统的指令做回转运动。

开环系统的数控回转工作台的定位精度主要取决于蜗轮副的传动精度，因而必须采用高精度的蜗轮副。除此之外，还可在实际测量工作台静态定位误差之后，确定需要补偿的角度位置和补偿脉冲的符号（正向或反向），记忆在补偿回路中，由数控装置进行误差补偿。

数控回转工作台设有零点，当它做返回零点运动时，首先由安装在蜗轮上的撞块 19 [图 4.37(b)] 碰撞限位开关，使工作台减速；再通过感应块 20 和无触点开关，使工作台准确地停在零点位置上。

该数控工作台可做任意角度回转和分度，由光栅 18 进行读数控制，光栅 18 在圆周上有 21600 条刻线，通过 6 倍频电路，使刻度分辨能力达到 10″，因此，工作台的分度精度可达 ±10″。

4.4.2 分度工作台

分度工作台只能完成分度运动，而不能实现圆周进给运动。由于结构上的原因，通常分度工作台的分度运动只限于完成规定的角度（如 45°、60° 或 90° 等），即在需要分度时，按照数控装置的指令，将工作台及其工件回转规定的角度，以改变工件相对于主轴的位置，完成工件各个表面的加工。分度工作台按其定位机构的不同分为定位销式和鼠牙盘式两类。鼠牙盘式分度工作台是机床中应用最为广泛的一种分度装置。它既可以和数控机床做成整体，也可以作为机床的标准附件用螺钉紧固在机床的工作台上。

鼠牙盘式分度工作台主要由工作台面、底座、夹紧液压缸、分度液压缸及鼠牙盘等零件组成（图 4.38）。

当机床需要分度时，数控装置就发出分度指令（也可用手压按钮进行手动分度），由电磁铁控制液压阀（图 4.38 中未示出），使压力油经管道 23 至分度工作台 7 中央的夹紧液压缸下腔 10，推动活塞 6 上移（夹紧液压缸上腔 9 的回油经管道 22 排出），经推力轴承 5 使工作台 7 抬起，上鼠牙盘 4 和下鼠牙盘 3 脱离啮合。工作台上移的同时带动内齿圈 12 上移，并与齿轮 11 啮合，同时完成了分度前的准备工作。

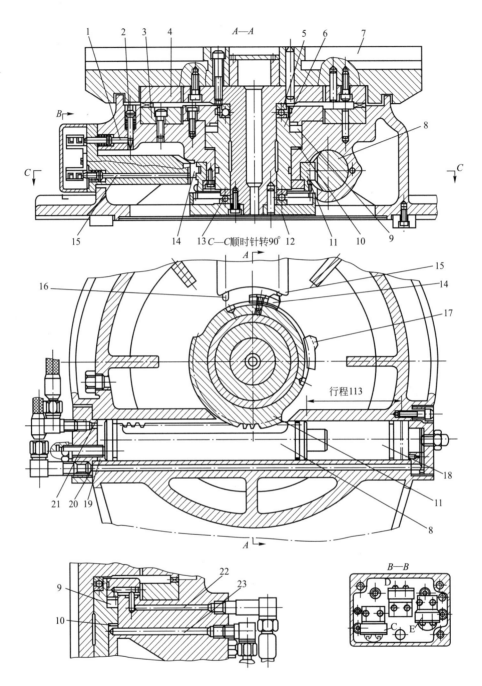

图 4.38　鼠牙盘式工作台

1，2，15，16—推杆；3—下鼠牙盘；4—上鼠牙盘；5，13—推力轴承；
6—活塞；7—工作台；8—齿条活塞；9—夹紧液压缸上腔；10—夹紧液压缸下腔；11—齿轮；
12—内齿圈；14，17—挡块；18—分度液压缸右腔；19—分度液压缸左腔；
20，21—分度液压缸进回油管道；22，23—升降液压缸进回油管道

当工作台 7 向上抬起时，推杆 2 在弹簧作用下向上移动，使推杆 1 在弹簧的作用下右移，松开微动开关 D 的触头，控制电磁阀(图 4.38 中未示出)使压力油经管道 21 进入分度液压缸左腔 19 内，推动齿条活塞 8 右移(分度液压缸右腔 18 的油经管道 20 及节流阀流回油箱)，与它相啮合的齿轮 11 做逆时针转动。根据设计要求，当齿条活塞 8 移动 113 mm 时，齿轮 11 回转 90°，此时内齿圈 12 已与齿轮 11 相啮合，故分度工作台 7 也回转 90°。分度运动速度的快慢可通过进回油管道 20 中的节流阀控制齿条活塞 8 的运动速度进行调整。

当齿轮 11 开始回转时，挡块 14 放开推杆 15，使微动开关 C 复位。当齿轮 11 转过 90° 时，它上面的挡块 17 压推杆 16，使微动开关 E 被压下，控制电磁铁使夹紧液压缸上腔 9 通入压力油，活塞 6 下移(夹紧液压缸下腔 10 的油经管道 23 及节流阀流回油箱)，工作台 7 下降。鼠牙盘 4 和 3 又重新啮合，并定位夹紧，这时分度运动已进行完毕。管道 23 中有节流阀用来限制工作台 7 的下降速度，避免产生冲击。

当分度工作台下降时，推杆 2 被压下，推杆 1 左移，微动开关 D 的触头被压下，通过电磁铁控制液压阀，使压力油从管道 20 进入分度液压缸右腔 18，推动齿条活塞 8 左移(分度液压缸左腔 19 的油经管道 21 流回油箱)，使齿轮 11 顺时针回转。它上面的挡块 17 离开推杆 16，微动开关 E 的触头被放松。因工作台面下降夹紧后，齿轮 11 下部的轮齿已与内齿圈 12 脱开，故分度工作台面不转动。当活塞齿条 8 向左移动 113 mm 时，齿轮 11 就顺时针转 90°，齿轮 11 上的挡块 14 压下推杆 15，微动开关 C 触头又被压紧，齿轮 11 停在原始位置，为下次分度做好准备。

鼠牙盘式分度工作台的优点是分度和定心精度高，分度精度可达 ±(0.5″～3.0″)。由于采用多齿重复定位，从而可使重复定位精度稳定，而且定位刚性好，只要分度数能除尽鼠牙盘的齿数，必然都能分度。它适用于多工位分度，除用于数控机床外，还用在各种加工和测量装置中。其缺点是鼠牙盘的制造比较困难，此外，它不能进行任意角度的分度。

4.5　自动换刀装置

数控机床为了能在工件一次装夹中完成多种甚至所有加工工序，以缩短辅助时间和减少多次安装工件所引起的误差，必须带有自动换刀装置。

自动换刀装置应当满足换刀时间短、刀具重复定位精度高、足够的刀具储存量、刀库占地面积小及安全可靠等基本要求。

4.5.1　自动换刀装置的类型

数控机床自动换刀装置的主要类型、特点、适用范围如下。

1. 转塔刀架

1) 回转刀架

回转刀架多为顺序换刀方式，其换刀时间短，结构简单、紧凑，但容纳刀的数量较少，适用于各种数控车床、车削中心机床。

2) 转塔头

转塔头也采用的是顺序换刀方式，其换刀时间短，刀具主轴都集中在转塔头上，结构紧凑，但刚性较差，刀具主轴数受限制，适用于数控钻床、镗床、铣床。

2. 刀库式结构

刀库式结构适用于各种类型的自动换刀数控机床，尤其是使用回转类刀具的数控镗铣立式、卧式加工中心机床，要根据工艺范围和机床特点，确定刀库容量和自动换刀装置的类型。

1）刀库与主轴之间直接换刀

这种类型的刀库的特点是换刀运动集中，运动部件少，但刀库运动多，布局不灵活，适应性差。

2）用机械手配合刀库进行换刀

这种类型的刀库只有选刀运动，机械手进行换刀运动，比刀库换刀的运动惯性小，速度快，效率高。

3）用机械手、运输装置配合刀库换刀

此类刀库的换刀运动分散，由多个部件实现，运动部件多，但布局灵活，适应性好。

3. 有刀库的转塔头换刀装置

此类换刀机构弥补了转塔换刀数量不足的缺点，换刀时间短，适用于扩大工艺范围的各类转塔式数控机床。

4.5.2 数控车床的自动换刀装置

刀架是数控车床的重要功能部件，其结构形式很多，选型主要取决于机床的形式、工艺范围，以及刀具的种类和数量等。下面介绍两种典型刀架结构。

1. 数控车床方刀架

图 4.39 所示为数控车床方刀架结构。该刀架可以安装 4 把不同的刀具，转位信号由加工程序指定。其工作过程如下。

1）刀架抬起

当数控装置发出换刀指令后，电动机 1 起动正转，通过平键套筒联轴器 2 使蜗杆轴 3 转动，从而带动蜗轮丝杠 4 转动。刀架体 7 的内孔加工有螺纹与丝杠连接，蜗轮与丝杠为整体结构。当蜗轮开始转动时，由于刀架底座 5 和刀架体 7 上的端面齿处在啮合状态，且蜗轮丝杠轴向固定，因此这时刀架体 7 抬起。

2）刀架转位

当刀架体抬至一定距离后，端面齿脱开，转位套 9 用销钉与蜗轮丝杠 4 连接，随蜗轮丝杠一同转动，当端面齿完全脱开时，转位套 9 正好转过 160°［如图 4.39(c)A—A 剖示图所示］，球头销 8 在弹簧力的作用下进入转位套 9 的槽中，带动刀架体转位。

3）刀架定位

刀架体 7 转动时带着电刷座 10 转动，当转到程序指定的刀号时，粗定位销 15 在弹簧的作用下进入粗定位盘 6 的槽中进行粗定位，同时电刷 13 接触导体使电动机 1 反转。由于粗定位槽的限制，刀架体 7 不能转动，使其在该位置垂直落下，刀架体 7 和刀架底座 5 上的端面齿啮合实现精确定位。

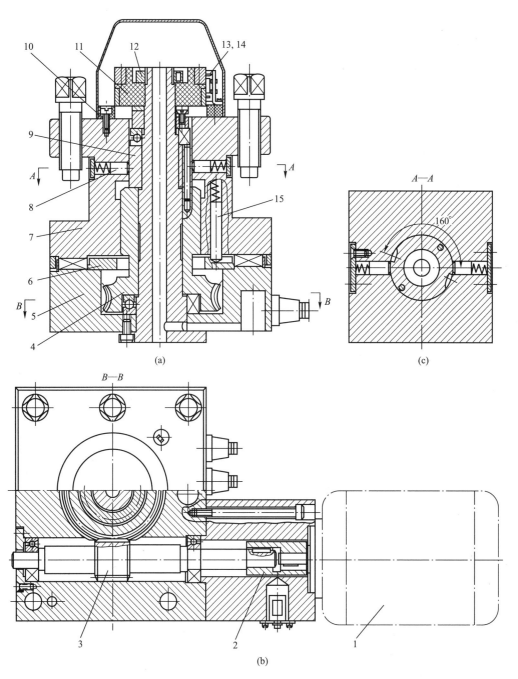

图 4.39   数控车床方刀架结构

1—电动机；2—联轴器；3—蜗杆轴；4—蜗轮丝杠；5—刀架底座；
6—粗定位盘；7—刀架体；8—球头销；9—转位套；
10—电刷座；11—发讯体；12—螺母；13，14—电刷；15—粗定位销

4）夹紧刀架

电动机继续反转，此时蜗轮停止转动，蜗杆轴 3 自身转动，当两端面齿增加到一定夹

紧力时，电动机 1 停止转动。译码装置由发讯体 11、电刷 13 和 14 组成，电刷 13 负责发讯，电刷 14 负责位置判断。当刀架定位出现过位或不到位时，可松开螺母 12，调好发讯体 11 与电刷 14 的相对位置。

这种刀架在经济型数控车床上及卧式车床的数控化改造中得到广泛的应用。

2. 盘形自动回转刀架

图 4.40 所示为 CK7815 型数控车床采用的 BA200L 盘形自动回转刀架结构。该刀架可配置 12 位（A 型或 B 型）、8 位（C 型）刀盘。A、B 型回转刀盘可使用 25 mm×150 mm 标准刀具和刀杆截面为 25mm×25mm 的可调刀具；C 型可用尺寸为 20mm×20mm×125mm 的标准刀具；镗刀杆直径最大为 32mm。

刀架转位为机械传动，鼠牙盘定位。转位开始时，电磁制动器断电，电动机 11 通电转动，通过齿轮 10、9、8 带动蜗杆 7 旋转，使蜗轮 5 转动。蜗轮内孔的螺纹与轴 6 上的螺纹配合。这时轴 6 不能回转，当蜗轮转动时，使得轴 6 沿轴向向左移动。因刀架 1 与轴 6、活动鼠牙盘 2 固定在一起，故也一起向左移动，使鼠牙盘 2 与 3 脱开。轴 6 上有两个对称槽，内装滑块 4，在鼠牙盘脱开后，蜗轮转到一定角度时，与蜗轮固定在一起的圆盘 14 上的凸块便碰到滑块 4，蜗轮便通过圆盘 14 上的凸块带动滑块连同轴 6、刀盘一起进行转位。到达要求位置后，电刷选择器发出信号，使电动机 11 反转，这时圆盘 14 上的凸块与滑块 4 脱离，不再带动轴 6 转动。蜗轮与轴 6 上的螺纹使轴 6 右移，鼠牙盘 2、3 结合定位。当齿盘压紧时，轴 6 右端的小轴 13 压下微动开关 12，发出转位结束信号，电动机断电，电磁制动器通电，维持电动机轴上的反转力矩，以保持鼠牙盘之间有一定的压紧力。

刀具在刀盘上，由压板 15 及调节楔铁 16［图 4.40(b)］来夹紧，更换刀具和对刀十分方便。

刀架转位由刷形选择器进行，松开、夹紧位置检测由微动开关 12 控制，整个刀架的控制由一个电气系统完成，其结构简单。

4.5.3 加工中心自动换刀装置

加工中心是一种备有刀库并能自动更换刀具对工件进行多工序加工的数控机床。工件经一次装夹后，数控装置能控制机床按不同工序自动选择和更换刀具；自动改变机床主轴转速、进给量和刀具相对工件的运动轨迹及其他辅助机能；依次完成工件多个面上的多工序加工。由于加工中心能集中完成多种工序，因而可减少工件装夹、测量和减少机床的调整时间，减少工件周转、搬运和存放时间，使机床的切削效率提高，具有良好的经济效益。

自动换刀装置是加工中心的重要组成部分，主要包括刀库、刀具交换装置（机械手）等部件。刀库是存放加工过程所要使用的全部刀具的装置。当需要换刀时，根据数控装置指令，由机械手将刀具从刀库取出并装入主轴中心。加工中心刀库的容量从几把刀具到上百把刀具。机械手的结构根据刀库与主轴的相对位置及结构的不同也有多种形式。

1. 刀库的形式

加工中心刀库的形式很多，结构也各不相同，最常用的有盘式刀库、链式刀库和格子盒式刀库。

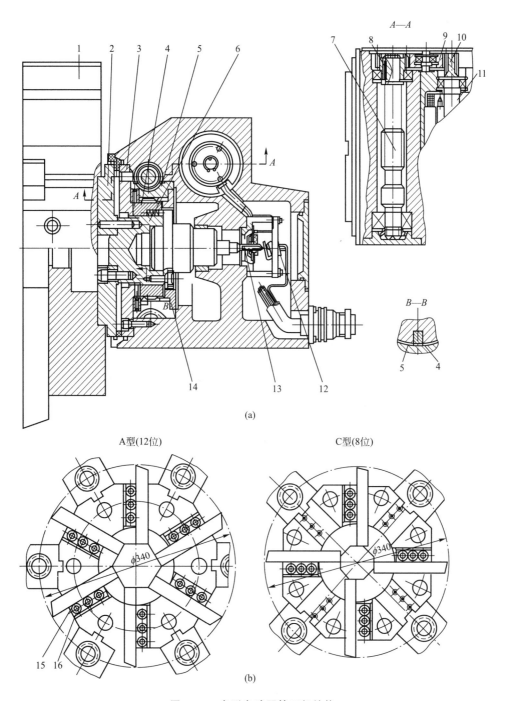

图 4.40　盘形自动回转刀架结构

1—刀架；2，3—鼠牙盘；4—滑块；5—蜗轮；6—轴；7—蜗杆；

8，9，10—传动齿轮；11—电动机；12—微动开关；

13—小轴；14—圆盘；15—压板；16—楔铁

1) 盘式刀库

盘式刀库结构紧凑、简单，在铣削和钻削中心上应用较多，它一般存放刀具不超过 32 把。图 4.41 所示为刀具轴线与刀盘轴线平行布置的刀库，其中图 4.41(a)所示为径向取刀形式，图 4.41(b)所示为轴向取刀形式。

图 4.42(a)所示为刀具径向安装在刀库上的结构，图 4.42(b)所示为刀具轴线与刀盘轴线成一定角度布置的结构。

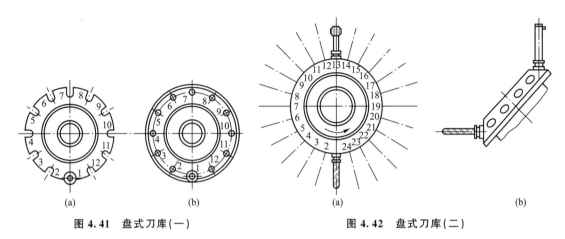

<table>
<tr><td>(a)</td><td>(b)</td><td>(a)</td><td>(b)</td></tr>
</table>

图 4.41　盘式刀库（一）　　　　　　图 4.42　盘式刀库（二）

2) 链式刀库

在环形链条上装有许多刀座，刀座的孔中装夹各种刀具，链条由链轮驱动，这种形式的刀库称为链式刀库。链式刀库适用于刀库容量较大的场合，且多为轴向取刀。链式刀库有单环链式和多环链式等几种，如图 4.43(a)、(b)所示。当链条较长时，可以增加支承链轮的数目，使链条折叠回绕，提高空间利用率，如图 4.43(c)所示。

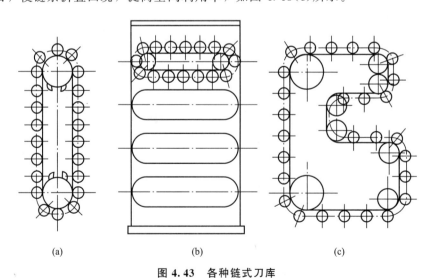

(a)　　　　　　　(b)　　　　　　　(c)

图 4.43　各种链式刀库

3) 格子盒式刀库

图 4.44 所示为固定型格子盒式刀库。在库中刀具分几排呈直线排列，由纵、横向移动的取刀机械手完成选刀运动，将选取的刀具送到固定的换刀位置刀座上，由换刀机械手

交换刀具。由于刀具排列密集,因此空间利用率高,刀库容量大。

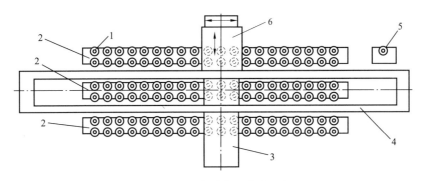

图 4.44　固定型格子盒式刀库
1—刀座;2—刀具固定板架;3—取刀机械手横向导轨;
4—取刀机械手纵向导轨;5—换刀位置刀座;6—换刀机械手

除上面介绍的 3 种刀库形式之外,还有直线式刀库、多盘式刀库等。

2. 刀具的选择

按数控装置的刀具选择指令,从刀库中挑选各工序所需要刀具的操作称为自动选刀。常用的选刀方式有顺序选刀和任意选刀两种。

1)顺序选刀

顺序选刀方式是将刀具按加工工序的顺序,依次放入刀库的每一个刀座内。每次换刀时,刀库按顺序转动一个刀座的位置,并取出所需要的刀具。采用这种方式的刀库,不需要刀具识别装置,而且驱动控制也比较简单,可以直接由刀库的分度机构来实现。因此刀具的顺序选择方式具有结构简单、工作可靠等优点。但由于刀库中刀具在不同的工序中不能重复使用,因而必须相应地增加刀具的数量和刀库的容量,这样就降低了刀具和刀库的利用率。

2)任意选刀

任意选刀方式是预先把刀库中每把刀具(或刀座)都编上代码,自动换刀时,刀库旋转,每把刀具(或刀座)都经过"识别装置"接受识别。当某把刀具的代码与数控指令的代码相符合时,该刀具就被选中,并将刀具送到换刀位置,等待换刀。任意选刀方式的优点是刀库中刀具的排列顺序与工件加工顺序无关,相同的刀具可重复使用。因此,刀具数量比顺序选择法的刀具可少一些,刀库也相应小一些。常用的任意选刀方式有刀具编码方式、刀座编码方式、计算机记忆方式等。

(1)刀具编码方式。这种选择方式要采用一种特殊的刀柄结构,并对每把刀具进行编码。根据换刀指令代码,换刀时通过编码识别装置,在刀库中寻找出所需要的刀具。由于每一把刀具都有自己的代码,因而刀具可以放入刀库的任何一个刀座内,这样不仅刀库中的刀具可以在不同的工序中多次重复使用,而且换下来的刀具也不必放回原来的刀座,这对装刀和选刀都十分有利。

刀具编码的具体结构如图 4.45 所示。在刀柄尾部的拉紧螺杆 3 上套装一组等间隔的编码环 1,并由锁紧螺母 2 将它们固定。编码环的外径有大、小两种不同的规格,每个编码环的大小分别表示二进制数的"1"和"0"。通过对两种圆环的不同排列,可以得到系列的代码。例如，7个编码环就能够区别出 $127(2^7-1)$ 种刀具。通常全部为 0 的代码不许使用，以免与刀座中没有刀具的状况相混淆。

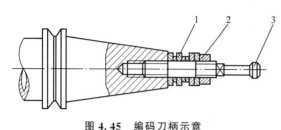

图 4.45 编码刀柄示意
1—编码环；2—锁紧螺母；3—拉紧螺杆

（2）刀座编码方式。采用这种方式，须先对刀库中各刀座预先编码，当刀具放入相应刀座之后，就具有了相应的编码，即刀具在刀库中的位置是固定的。在编程时，要指出哪一把刀具放在哪个刀座上。须注意的是，这种编码方式必须将用过的刀具放回原来的刀座内，否则会造成事故。由于这种编码方式取消了刀柄中的编码环，使刀柄结构大大简化。其优点是刀具在加工过程中可重复多次使用，其缺点是必须把用过的刀具放回原来的刀座。

（3）计算机记忆方式。这种方式目前应用最多，它的特点是刀具号和刀座号（地址）对应地记忆在计算机的存储器或可编程控制器的存储器内，不论刀具存放在哪个位置，数控装置都始终记忆着它的踪迹。这样刀具可以任意取出，任意送回。刀柄采用国际通用的形式，没有编码条，结构简单，通用性能好，且刀座上也不编码。选刀采用这种形式，在刀库上必须设有一个机械原点（又称零位），对于圆周运动选刀的刀库，每次选刀正转或反转都不超过 180° 的范围。

3．刀具（刀座）识别装置

刀具（刀座）识别装置是自动换刀系统的重要组成部分，常用的有下列几种。

1）接触式刀具识别装置

接触式刀具识别装置应用较广，特别适用于空间位置较小的刀具编码识别，其识别原理如图 4.46 所示。图中有 5 个编码环 4，在刀库附近固定一个刀具识别装置 1，从中伸出一组触针 2，触针数量与刀柄上的编码环个数相等。每个触针与一个继电器相连，当编码环是小直径时与触针不接触，继电器不通电，其数码为 "0"。当各继电器读出的数码与所需刀具的编码一致时，由控制装置发出信号，使刀库停转，等待换刀。

接触式编码识别装置的结构简单，但可靠性较差，寿命较短，而且不能快速选刀。

2）非接触式刀具识别装置

非接触式刀具识别装置没有机械直接接触，因

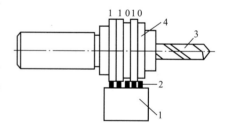

图 4.46 接触式刀具识别
1—刀具识别装置；2—触针；
3—刀具；4—编码环

而无磨损、无噪声、寿命长、反应速度快，适应于高速、换刀频繁的工作场合。常用的识别装置方法有磁性识别法和光电识别法。

磁性识别法是利用磁性材料和非磁性材料的磁感应强弱不同，通过感应线圈读取代码的。编码环分别由导磁材料（如软钢）和非导磁材料（如黄铜、塑料）制成，前者代表 "1"，后者代表 "0"，将它们按规定的编码排列。图 4.47 所示为一种用于刀具编码的磁性识别

装置。图中刀柄2上装有非导磁性材料编码环和导磁性材料编码环3，与编码环相对应的是由一组检测线圈4组成的非接触识别装置1。当编码环通过线圈时，只有对应于软钢圆环的那些绕组才能感应出高电位，其余绕组则输出低电位，然后通过识别电路选出所需要的刀具。磁性识别装置没有机械接触和磨损，因此可以快速选刀，而且具有结构简单、工作可靠、寿命长等优点。

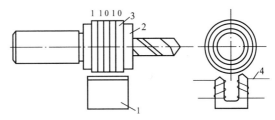

图 4.47　非接触式刀具识别

1—刀具识别装置；2—刀柄；3—编码环；4—线圈

光电识别法利用光导纤维良好的光传导特性，采用多束光导纤维构成阅读法。用靠近的两束光导纤维来阅读二进制编码的一位时，其中一束将光源投到能反光或不能反光(被涂黑)的金属表面上，另一束光导纤维将反射光送至光电转换元件转换成电信号，以判断正对这两束光导纤维的金属表面有无反射光，有反射光时(表面光亮)为"1"，无反射光时(表面涂黑)为"0"。在刀具的某个磨光部位按二进制规律涂黑或不涂黑，就可给刀具编上号码。

4. 刀具交换装置

数控机床的自动换刀装置中，实现刀库与机床主轴之间传递和装卸刀具的装置称为刀具交换装置。刀具的交换方式通常分为无机械手换刀和有机械手换刀两大类。

1) 无机械手换刀

无机械手换刀的方式是利用刀库与机床主轴的相对运动来实现刀具交换，如图 4.48 所示。

下面简单介绍在这种方式下的换刀步骤：

(1) 当本工步工作结束后执行换刀指令，主轴准停，主轴箱沿 Y 轴上升。这时刀库上刀位的空挡位置正好处在交换位置，装夹刀具的卡爪打开，如图 4.48(a)所示。

(2) 主轴箱上升到极限位置，被更换的刀具刀杆进入刀库空刀位，即被刀具定位卡爪钳住，与此同时，主轴内刀杆自动夹紧装置放松刀具，如图 4.48(b)所示。

(3) 刀库伸出，从主轴锥孔中将刀拔出，如图 4.48(c)所示。

(4) 刀库转位，按照程序指令要求，将选好的刀具转到最下面的位置，同时，压缩空气将主轴锥孔吹净，如图 4.48(d)所示。

(5) 刀库退回，同时将新刀插入主轴锥孔。主轴内刀具夹紧装置将刀杆拉紧，如图 4.48(e)所示。

(6) 主轴下降到加工位置后起动，开始下一工步的加工，如图 4.48(f)所示。

这种换刀机构不需要机械手，结构简单、紧凑。由于交换刀具时机床不工作，所以不会影响加工精度，但会影响机床的生产率。其次受刀库尺寸限制，装刀数量不能太多。这种换刀方式常用于小型加工中心。

2) 有机械手换刀

采用机械手进行刀具交换的方式应用得最为广泛。这是因为机械手换刀有很大的灵活性，而且可以减少换刀时间。机械手的结构形式是多种多样的，因此换刀运动也有所不

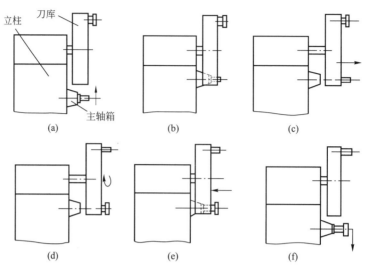

图 4.48 换刀过程

同。下面以 BT50 - 24TOOL 为例说明盘式刀库机械手自动换刀的工作原理。

BT50 - 24TOOL 盘式刀库位于机床立柱左侧，由于刀库中存放刀具的轴线与主轴的轴线垂直，故在刀库中的换刀位置设置倒刀装置，可将刀杆向下（向上）翻转 90°。倒刀装置采用气动控制，通过气缸的磁环开关检测控制。此盘式刀库的结构如图 4.49 所示。

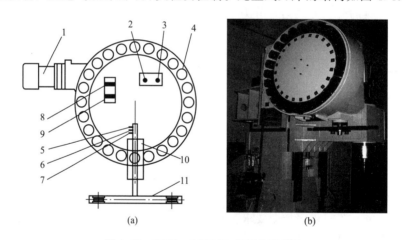

图 4.49 BT50 - 24TOOL 盘式刀库结构

1—刀库旋转电动机；2—刀库刀位计数开关；3—刀库刀位复位开关；

4—刀座；5—机械手换刀电动机停止开关（接近开关）；6—机械手扣刀到位开关；

7—机械手原位开关；8—倒刀到位检测信号开关（磁环开关）；

9—回刀气缸伸出到位开关；10—机械手换刀电动机；11—机械手

该刀库的机械手自动刀具交换动作步骤如下：

（1）程序执行到选刀指令 T 代码时，系统通过方向判别后，控制刀库旋转电动机 1 正转或反转，刀库刀位计数开关 2 开始计数（计算出到达换刀点的步数），当刀库上所选的刀具转到换刀位置后，旋转刀库电动机立即停转，完成选刀定位控制，如图 4.50 所示。

（2）程序中执行到交换刀具指令(交换刀具指令一般为M06)，首先主轴自动返回换刀点(一般是机床的第二参考点)，且实现主轴准停，然后倒刀电磁阀线圈得电，气缸推动选刀的刀杆向下翻转90°(倒下)，倒刀到位检测信号开关(磁环开关)8发出信号，完成倒刀控制，同时这个信号还是交换刀具的开始信号，如图4.51所示。

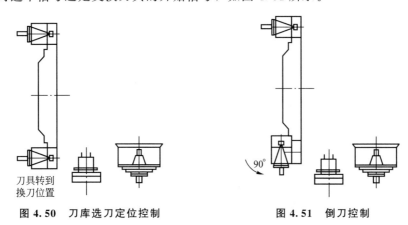

图 4.50　刀库选刀定位控制　　　　　图 4.51　倒刀控制

（3）当倒刀到位检测信号开关8发出信号且机械手原位开关7处于接通状态时，换刀电动机10旋转，带动机械手从原位逆时针旋转一个固定角度(60°、65°等)，进行机械手抓刀控制，如图4.52所示。

（4）当机械手扣刀到位开关6接通后，主轴开始松开刀具控制(通常采用气动或液压控制)，当主轴松刀开关接通后，换刀电动机运转，使机械手下降，进行拔刀控制，机械手完成拔刀后，换刀电动机继续旋转，机械手旋转180°(进行交换刀具控制)并进行插刀控制，当换刀电动机停止开关(接近开关)5接通后发出信号使电动机立即停止，如图4.53和图4.54所示。

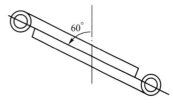

图 4.52　机械手扣刀控制

（5）当机械手完成插刀控制后，机械手扣刀到位开关6再次接通，此时主轴刀具进行锁紧控制，如图4.55所示。

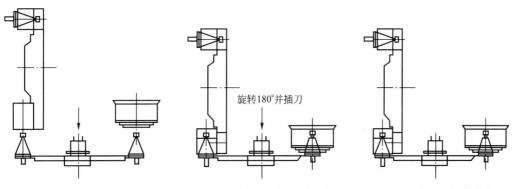

图 4.53　机械手拔刀控制　　　图 4.54　机械手旋转180°并插刀　　　图 4.55　主轴刀具锁紧控制

（6）当主轴锁紧完成开关信号发出后，机械手电动机起动旋转，机械手顺时针旋转一个固定角度，机械手回到原位后，机械手电动机立即停止，如图4.56所示。

（7）当机械手的原位开关 7 再次接通后，回刀电磁阀线圈得电，气缸推动刀杆向上翻转 90°，为下一次选刀做准备。回刀气缸伸出到位开关（磁环开关）9 接通，完成整个换刀控制，如图 4.57 所示。

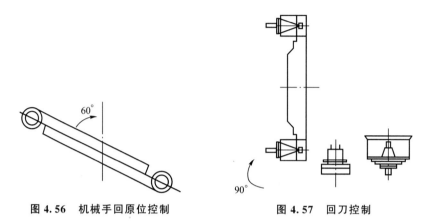

图 4.56　机械手回原位控制　　　　图 4.57　回刀控制

5. 机械手

在自动换刀数控机床中，换刀机械手的形式是多种多样的，下面介绍几种有代表性的换刀机械手。

1）两手呈 180°的回转式单臂双手机械手

（1）两手不伸缩的回转式单臂双手机械手。如图 4.58 所示，这种机械手适用于刀库中刀座轴线与主轴轴线平行的自动换刀装置，机械手回转时不得与换刀位置刀座相邻的刀具干涉。手臂的回转由蜗杆凸轮机构传动，快速可靠，换刀时间在 2s 以内。

（2）两手伸缩的回转式单臂双手机械手。如图 4.59 所示，这种机械手也适用于刀库中刀座轴线与主轴轴线平行的自动换刀装置。由于两手可伸缩，缩回后回转，可避免与刀库中其他刀具干涉。由于增加了两手的伸缩动作，因此换刀时间相对较长。

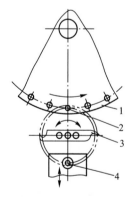
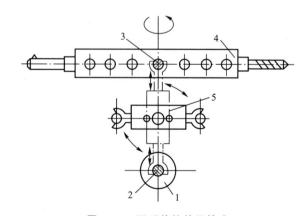

图 4.58　两手不伸缩的回转式　　　　图 4.59　两手伸缩的回转式
　　　　单臂双手机械手　　　　　　　　　　单臂双手机械手

1—刀库；2—换刀位置的刀座；　　　1—机床主轴；2—主轴中刀具；3—刀库中刀具；
　3—机械手；4—机床主轴　　　　　　4—转塔式刀库；5—机械手

2）两手互相垂直的回转式单臂双手机械手

图 4.60 所示的机械手用于刀库刀座轴线与机床主轴轴线垂直，且刀库为径向取刀具形式的自动换刀装置。机械手伸缩、回转和抓刀、松开等动作均由液压驱动。

伸缩动作：液压缸（图 4.60 中未示出）带动手臂托架 5 沿主轴轴向移动。

回转动作：液压缸活塞驱动齿条 2 使与机械手相连的齿轮 3 旋转。

抓刀动作：液压驱动抓刀活塞 4 移动，通过活塞杆末端的齿条传动两个小齿轮 10，再分别通过小齿条 14、13 移动两个手部中的抓刀动块 7，抓刀动块上的销子 8 插入刀具颈部后法兰上的对应孔中，抓刀动块 7 与抓刀定块 9 撑紧在刀具颈部两法兰之间，松开后在弹簧 11 的作用下，抓刀动块 7 松开，销子 8 退出。

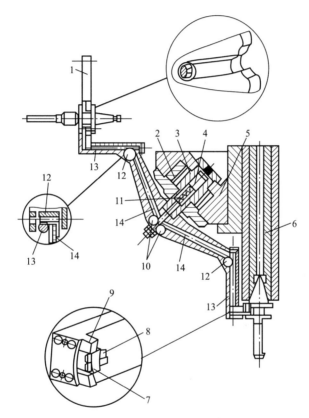

图 4.60　两手互相垂直的回转式单臂双手机械手

1—刀库；2—齿条；3—齿轮；4—抓刀活塞；5—手臂托架；6—机床主轴；7—抓刀动块；

8—销子；9—抓刀定块；10，12—小齿轮；11—弹簧；13，14—小齿条

3）双手交叉式机械手

图 4.61 所示为手臂座移动的双手交叉式机械手。其换刀动作过程如下：

（1）机械手移动到机床主轴处卸、装刀具。卸刀手 7 伸出，抓住主轴 1 中的刀具 3，手臂座 4 沿主轴轴向前移，拔出刀具 3；卸刀手 7 缩回；装刀手 6 带刀具 2 前伸到对准主轴；手臂座 4 沿主轴轴向后退，装刀手 6 把刀具 2 插入主轴；装刀手缩回。

（2）机械手移动到刀库处卸、装刀具。机械手移动到刀库处送回卸下的刀具，并选取继续加工所需的刀具（这些动作可在机床加工时进行）。

手臂座 4 横移至刀库上方位置 Ⅰ 并轴向前移；卸刀手 7 前伸使刀具 3 对准刀库空刀座；手臂座后退，卸刀手 7 把刀具 3 插入空刀座；卸刀手 7 缩回。刀库的选刀运动与上述动作相同，选刀后，横移到待换刀的中间位置 Ⅱ。

这类机械手适用于刀库距主轴较远的、容量较大的、落地分置式的自动换刀装置。由于向刀库归还刀具和选取刀具均可在机床加工时进行，故换刀时间较短。

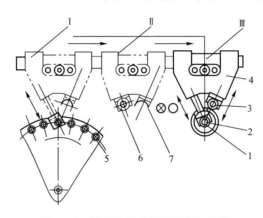

图 4.61　双手交叉式机械手换刀示意
Ⅰ—向刀库归还用过的刀具并选取下一工序要使用的刀具；
Ⅱ—等待与主轴交换刀具；Ⅲ—完成主轴的刀具交换
1—主轴；2—装上的刀具；3—卸下的刀具；4—手臂座；5—刀库；6—装刀手；7—卸刀手

小　　结

数控机床的机械部分是数控机床的主体部分，由主传动系统、进给传动系统、支承系统、辅助装置等组成。由于控制方式的不同，数控机床与普通机床在机械传动和结构上有很大的不同，形成了自身的风格。

（1）主传动系统。为保证数控机床能满足不同的工艺要求并且能够获得最佳的切削速度，主传动系统的变速范围要宽，并能实现无级调速。主传动变速方式主要有无级变速、分段无级变速、电主轴等。主轴部件除主轴、主轴支承轴承和传动件等组成部分外，为了实现刀具在主轴上的自动装卸与夹持，还有刀具自动夹紧装置、主轴自动准停装置等结构。

（2）进给传动系统。进给运动的传动部件的刚度、精度、惯量、传动间隙和摩擦阻力直接影响了数控机床的定位精度和轮廓加工的精度。采用滚珠丝杠螺母副、滚动导轨、静压导轨或塑料导轨等高效执行部件，可有效地提高运动精度，避免爬行现象。为了提高传动精度，消除反向间隙，使用滚珠丝杠螺母副时需要进行预紧来消除轴向间隙，对于齿轮等其他传动元件也要采取措施消除传动间隙。

（3）辅助装置。自动换刀装置应满足换刀时间短、刀具重复定位精度高、刀具存储量大、刀库占地面积小及安全可靠等要求。数控车床上的自动换刀装置一般使用方刀架和盘形回转刀架，加工中心的自动换刀系统由刀库和刀具交换装置（机械手）组成。数控回转工作台和分度工作台也是数控机床的重要辅助装置。

习　题

4-1　数控机床的机械结构有哪些特点？

4-2　数控机床的主轴变速方式有哪几种？试述其特点及应用场合。

4-3　主轴轴承的配置形式有几种？各有何特点？

4-4　主轴轴承为什么要预紧？有哪些方式可以实现预紧？

4-5　主轴为何需要"准停"？如何实现"准停"？

4-6　数控机床对进给系统的机械传动部分的要求是什么？如何实现这些要求？

4-7　数控机床为什么常采用滚珠丝杠副作为传动元件？它的特点是什么？

4-8　滚珠丝杠副中的滚珠循环方式可分为哪两类？试比较其结构特点及应用场合。

4-9　滚珠丝杠支承的方式有哪些？各有何特点？

4-10　试述滚珠丝杠副轴向间隙调整和预紧的基本原理，常用的有哪几种结构形式？

4-11　滚动导轨、塑料导轨、静压导轨各有何特点？

4-12　齿轮消除间隙的方法有哪些？各有何特点？

4-13　车床上的回转刀架换刀时需要完成哪些动作？如何实现？

4-14　试述分度工作台的用途及其工作原理，以及数控回转工作台的用途及其工作原理。

4-15　加工中心选刀方式有哪两类？试比较它们的特点及应用场合。

4-16　单臂双手机械手有哪几种？它们是如何实现换刀的？

第5章
数控加工工艺

内容提要

数控机床是由程序控制实现自动加工的，而工艺处理是编程工作中非常重要的环节，只有在正确、合理的工艺设计的基础上才能编制出高水平的零件加工程序。本章针对数控加工工艺处理的主要内容进行阐述，先分析零件的数控加工工艺性，再介绍数控加工工艺路线的设计方法，然后讨论数控加工的刀具、夹具和切削参数的选用原则，最后介绍数控加工工艺文件的编写格式。通过本章的学习，对数控加工工艺方案制定的各个方面有一个全面的了解。

5.1 数控加工工艺概述

1. 程序编制中工艺处理的重要性

程序编制中的工艺处理是编程工作中较为复杂又非常重要的环节。无论是手工编程还是自动编程，在程序编制之前都要对所加工的零件进行正确合理的工艺处理。其目的主要是根据数控加工的特点，在数控加工过程中保证零件的加工精度和刚度，满足加工路线要短、加工工时要少、刀具耐用度及重复使用率要高、辅助时间要短、生产效率要高等要求。

要掌握好数控加工过程中的工艺处理，应该具有扎实的普通加工工艺基础知识。一个好的编程人员应该是一个合格的工艺员，应对机床主体和数控系统的性能、特点和应用，以及数控加工的工艺方案制定工作等各个方面，都有比较全面的了解。做好工艺处理工作，对加工程序的编制及其零件的加工是非常重要的。编程时对工艺处理考虑不周，常是造成加工失误的主要原因之一。

2. 数控加工工艺的特点

数控加工与通用机床加工在方法与内容上有许多相似之处，不同点主要表现在控制方式上。在通用机床上加工零件时，就某道工序而言，其工步的安排、机床部件运动的次序、位移量、走刀路线、切削参数的选择等，都是由操作工人自行考虑和确定的，是用手工操作方式来进行控制的。而在数控机床上加工时，情况就完全不同了。在数控机床加工前，必须由编程人员把全部加工工艺过程、工艺参数和位移数据等编制成程序，记录在控制介质上，用它控制机床加工。由于数控加工的整个过程是自动进行的，因而有其自身的特点。

（1）数控加工的工序内容比普通机床加工的工序内容复杂。由于数控机床比普通机床价格高，若只加工简单工序在经济上不合算，所以在数控机床上通常安排较复杂的工序，甚至是在普通机床上难以完成的工序。

（2）数控机床加工工艺的编制比普通机床工艺规程的编制复杂。这是因为在普通机床的加工工艺中不必考虑的问题，如工序内工步的安排、对刀点、换刀点及走刀路线的确定等，在编制数控机床加工工艺时却不能忽略。

3. 数控加工工艺的主要内容

根据实际应用需要，数控加工工艺主要包括以下内容：
（1）选择并决定零件适合在数控机床上加工的内容。
（2）对零件图样进行数控加工工艺分析，明确加工内容及技术要求。
（3）具体设计加工工序，选择刀具、夹具及切削用量。
（4）处理特殊的工艺问题，如对刀点、换刀点的确定，加工路线的确定，刀具补偿，分配加工误差等。
（5）处理数控机床上部分工艺指令，编制工艺文件。

5.2 数控加工的零件工艺分析

5.2.1 选择数控加工的零件

数控机床的应用范围正在不断扩大，但不是所有的零件都适宜在数控机床上加工。根据数控加工的优缺点及国内外大量应用实践，一般可按适应程度将零件分为下列 3 类。

1. 最适应类

（1）形状复杂，加工精度要求高，用通用机床无法加工或虽然能加工但很难保证产品质量的零件。

（2）用数学模型描述的复杂曲线或曲面轮廓零件。

（3）具有难测量、难控制进给、难控制尺寸的不开敞内腔的壳体或盒形零件。

（4）必须在一次装夹中完成铣、镗、钻、铰或攻螺纹等多工序的零件。

对于上述零件，可以先不要过多地去考虑生产效率及经济效益，而首先应考虑是否能把它们加工出来，要着重考虑可行性问题。只要有可能，都应把对其进行数控加工作为优选方案。

2. 较适应类

（1）在通用机床上加工时极易受人为因素干扰（如操作者的体力强弱、技术水平高低等），零件价值又高，一旦质量失控，便造成重大经济损失的零件。

（2）在通用机床上加工时必须制造复杂的专用工装的零件。

（3）需要多次更改设计后才能定型的零件。

（4）在通用机床上加工需要做长时间调整的零件。

（5）用通用机床加工时，生产率很低或体力劳动强度很大的零件。

这些零件在首先分析其可加工性以后，还要在提高生产效率及经济效益方面做全面衡量，一般可把它们作为数控加工的主要选择对象。

3. 不适应类

（1）生产批量大的简单零件（当然不排除其中个别工序用数控机床加工）。

（2）装夹困难或完全靠找正定位来保证加工精度的零件。

（3）加工余量很不稳定，且数控机床上无在线检测系统可自动调整零件坐标位置的。

（4）必须用特定的工艺装备协调加工的零件。

因为上述零件采用数控加工后，在生产效率及经济效益方面一般无明显改善，故此类零件一般不应作为数控加工的选择对象。

5.2.2 选择数控加工的内容

当选择并决定某个零件进行数控加工后，并不等于其所有的内容都采用数控加工，而可能只是其中的一部分进行数控加工，必须对零件图样进行仔细的工艺分析，选择那些最适合、最需要进行数控加工的内容和工序。在选择并做出决定时，应结合本单位的实际情况，立足于解决难题、攻克关键和提高生产效率，充分发挥数控加工的优势。在选择时，一般可按下列顺序考虑：

(1) 通用机床无法加工的内容应作为优先选择内容。

(2) 通用机床难加工，质量也难以保证的内容应作为重点选择内容。

(3) 通用机床加工效率低，工人手工操作劳动强度大的内容，可在数控机床尚存在富余能力的基础上进行选择。

一般来说，上述这些加工内容采用数控加工后，在产品质量、生产效率与综合经济效益等方面都会得到明显提高。相比之下，下列一些加工内容则不宜选择采用数控加工：

(1) 需要通过较长时间占机调整的加工内容，如以毛坯的粗基准定位来加工第一个精基准的工序等。

(2) 必须按专用工装协调的孔及其他加工内容。主要原因是采集编程用的数据有困难，协调效果也不一定理想。

(3) 按某些特定的制造依据(如样板、样件、模胎等)加工的型面轮廓。主要原因是取数据难，易与检验依据发生矛盾，增加编程难度。

(4) 不能在一次安装中加工完成的其他零星部位，采用数控加工很麻烦，效果不明显，可安排通用机床补加工。

此外，在选择加工内容时，也要考虑生产批量、生产周期、工序间周转情况等。总之，要尽量做到合理，达到多、快、好、省的目的；要防止把数控机床降格为通用机床使用。

5.2.3 零件图上尺寸数据的标注原则

1. 零件图上尺寸标注应适合数控加工的特点

对于数控加工来说，以同一基准标注尺寸 [图 5.1(a)] 或直接给出坐标尺寸，最能适应数控加工的特点。它既便于编程，也便于尺寸之间的相互协调，在保持设计、工艺、检测基准与编程原点设置的一致性方面带来很大方便。而局部分散的尺寸标注方法 [图 5.1(b)]，较多地考虑了装配、减少加工的积累误差等方面的要求，却给数控加工带来很多不便。因此对这类图样，必须改动局部分散标注法为同基准标注或坐标式尺寸，以符合数控

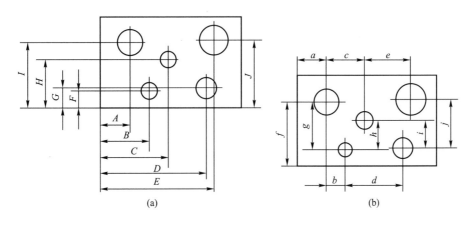

(a)   (b)

图 5.1 尺寸标注

加工的要求。事实上，由于数控加工精度及重复定位精度都很高，不会产生过多的累积误差而破坏使用性能，所以这种标注法的改动是完全可行的。

2. 构成零件轮廓的几何元素的条件应充分

构成零件轮廓的几何元素的条件(如直线的位置、圆弧的半径、圆弧与直线是相切还是相交等)，是数控编程的重要依据。手工编程时，要根据它计算出每一个节点坐标，自动编程时，依据它才能对构成轮廓的所有几何元素进行定义。如果零件设计人员在设计时考虑不周，使构成零件轮廓的几何条件不充分，编程将无法进行。因此，分析零件图样时，务必要仔细认真，发现问题及时找设计人员更改。

3. 审查和分析零件定位基准的可靠性

数控加工应采用统一的基准定位，否则会因工件的重新安装而导致加工后的两个面上轮廓位置及尺寸不协调现象。例如，加工轴类零件时，采用两中心孔定位加工各外圆表面，就符合基准统一原则；箱体零件采用一面两孔定位，齿轮的齿坯和齿形加工多采用齿轮的内孔及一端端面作为定位基准，这均属于基准统一原则。又如，正反两面都采用数控加工的零件，最好用零件上现有的合适的孔作为定位基准孔，即使零件上没有合适的孔，也要想办法专门设置工艺孔作为定位基准；有时还可以考虑在零件轮廓的毛坯上增加工艺凸耳的方法，在凸耳上加工定位孔，完成加工后再除去。

对图样的工艺性分析与审查，一般是在零件图样和毛坯设计以后进行的，所以遇到的问题和困难较多。特别是在把原来采用通用机床加工的零件改为数控加工的情况下，零件设计都已经定型，若再根据数控加工的特点，对图样或毛坯进行较大更改，就更麻烦了。因此一定要把工作重点放在零件图样初步设计与定型设计之间的工艺性审查与分析上。编程人员不仅要积极参与认真仔细的审查工作，而且要与设计人员密切合作，在不损害零件使用性能的前提下，让图样设计更多地满足数控加工工艺的各种要求。

5.2.4 零件结构工艺性

零件各加工部位的结构工艺性应符合数控加工的特点：

(1) 零件的内腔和外形最好采用统一的几何类型和尺寸，这样可以减少刀具规格和换刀次数，使编程方便，效益提高。

(2) 内槽圆角的大小决定着刀具直径的大小，因而内槽圆角半径不应过小。如图 5.2 所示，零件工艺性的好坏与被加工轮廓的高低、转换圆弧半径的大小等有关。图 5.2(b) 与图 5.2(a) 相比，转接圆弧半径大，可以采用较大直径的铣刀来加工。加工平面时，进给次数也相应减少，表面加工质量也会好一些，所以工艺性较好。通常 $R < 0.2H$ (H 为被加工零件轮廓面的最大高度)时，可认为零件的该部位工艺性不好。

(3) 铣削零件底面时，槽底圆角半径 r 不应过大。如图 5.3 所示，圆角半径 r 越大，铣刀端刃铣平面的能力越差，效率也越低，当 r 大到一定程度时，甚至必须用球头刀加工，应尽量避免。因为铣刀与铣削平面接触的最大直径 $d = D - 2r$ (D 为铣刀直径)。当 D 一定时，r 越大，铣刀端刃铣削平面的面积越小，加工表面的能力越差，工艺性也越差。

此外，还应分析零件要求的加工精度，尺寸公差等是否可以得到保证，是否有引起矛盾的多余尺寸或影响工序安排的封闭尺寸。

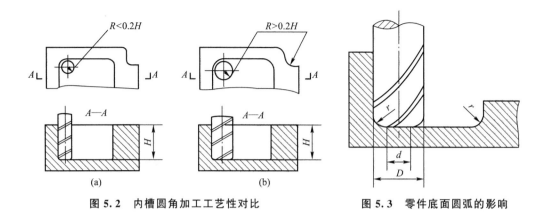

图 5.2　内槽圆角加工工艺性对比　　　图 5.3　零件底面圆弧的影响

5.3　数控加工的工艺路线设计

5.3.1　数控加工工序的划分及顺序安排

1. 数控加工工序的划分

在数控机床上加工零件，工序应比较集中，在一次装夹中应尽可能完成大部分工序。首先应根据零件图样考虑被加工零件是否可以在一台数控机床上完成整个零件的加工工作。若不能，则应选择零件各部分的加工方法，即对零件进行工序划分，一般数控加工工序的划分有以下几种方式。

1）根据装夹定位划分工序

由于每个零件结构形状不同，各表面的技术要求也有所不同，所以加工时的定位方式各有差异。一般加工外形时，以内形定位，加工内形时以外形定位。因而可根据装夹定位方式的不同来划分工序。如图 5.4 所示的片状凸轮，按定位方式可分为两道工序，第一道工序可在普通机床上进行。以外圆表面和 B 平面定位加工端面 A 和 $\phi 22H7$ 的内孔，然后再加工端面 B 和 $\phi 4H7$ 的工艺孔；第二道工序以已加工过的两个孔和一个端面定位，在数控铣床上铣削凸轮外表面曲线。

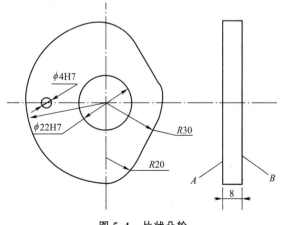

图 5.4　片状凸轮

2）按粗精加工划分工序

根据零件的加工精度、刚度和变形等因素来划分工序时，可按粗精加工分开的原则来划分工序，即先粗加工再精加工。此时可用不同的机床或不同的刀具进行加工。通常在一次装夹中，不允许将零件某一部分表面加工完毕后，再加工零件的其他表面。例如，车削轴类零件，应先切除整个零件的大部分余量，再将其表面精车一边，以保证加工精度和表面粗糙度的要求。

3）按所使用刀具划分工序

为了减少换刀次数，压缩空程时间，减少不必要的定位误差，可按刀具集中工序的方法加工零件，即在一次装夹中，尽可能用同一把刀具加工出可能加工的所有部位，再换另一把刀具加工其他部位。在数控机床和加工中心中常采用这种方法。

2. 工序的顺序安排

数控加工工序的顺序安排，对加工精度、加工效率、刀具数目有很大影响。顺序安排一般应按下列原则进行：

（1）上道工序的加工不能影响下道工序的定位与夹紧，中间穿插有通用机床加工工序的也要综合考虑。

（2）先进行内腔加工工序，后进行外型加工工序。

（3）以相同定位、夹紧方式或同一把刀具加工的工序，最好接连进行，以减少重复定位次数与换刀次数。

（4）在同一次安装中进行的多道工序，应先安排对工件刚性破坏较小的工序。

总之，顺序的安排应根据零件的结构和毛坯状况，以及定位安装与夹紧的需要综合考虑。

5.3.2　走刀路线的确定

在数控加工中，走刀路线是刀具刀位点在整个加工工序中相对于工件运动的轨迹，它不但包括了工步的内容，而且反映出工步顺序。走刀路线是编写程序的依据之一，因此，在确定走刀路线时最好画一张工序简图，将已经拟定出的走刀路线画上去（包括进、退刀路线），这样可为编程带来不少方便。编程时，加工路线的确定原则主要有以下几点：

（1）走刀路线应保证被加工零件的精度和表面质量，且效率要高。

（2）使数值计算简单，以减少编程运算量。

（3）应使加工路线最短，这样既可简化程序段，又可减少空走刀时间。

另外，确定走刀路线时，还要考虑工件的加工余量和机床刀具的系统刚度等情况，确定是一次还是多次走刀完成加工。

当铣削零件外轮廓时，一般是采用立铣刀侧刃切削。刀具切入工件时，应避免沿零件外轮廓的法向切入，而应沿外轮廓曲线延长线的切向切入，以避免在切入处产生刀具的刻痕，保证零件曲线平滑过渡，以提高轮廓的加工精度和表面质量，如图5.5（a）所示。同理，在切离工件时，也应避免在工件的轮廓处直接退刀，要沿零件轮廓延长线的切向逐渐切离工件。铣削封闭的内轮廓表面时，也要遵守切线方向切入切出原则，因内轮廓曲线不允许外延，可以安排刀具以圆弧切入和圆弧切出的走刀路线，如图5.5（b）所示。

图5.6（a）、（b）所示分别为采用行切法和环切法加工凹槽的走刀路线，其中行切法又可分为横切法（路线为水平线）与纵切法（路线为竖直线）。环切法中刀具轨迹计算比较复杂，若轮廓为直线圆弧组成，稍稍简单一些；若轮廓为曲线组合，则比较复杂。图5.6（c）

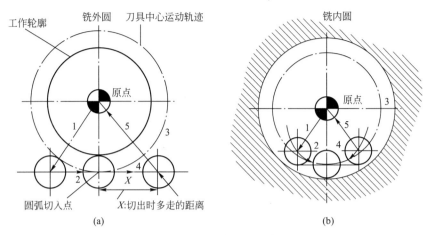

图 5.5　刀具的切入切出

为先用行切法加工去除大部分材料，再用环切法光整加工内轮廓表面。3 种方法中图 5.6 (a)方案最差，但计算简单；图 5.6(b)方案效果最好，但计算复杂；图 5.6(c)方案结合二者特点，计算相对简单，效果也好。

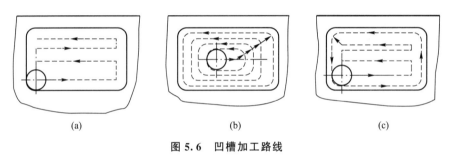

图 5.6　凹槽加工路线

　　对于孔位置精度要求较高的零件而言，在精镗孔系时，安排的镗孔路线一定要注意各孔的定位方向要一致，即采用单向趋近定位点的方法，以避免传动系统的误差或测量系统

的误差对定位精度的影响。如图 5.7 (a)所示的加工路线，在加工孔 Ⅳ 时，X 方向的反向间隙将影响Ⅲ-Ⅳ孔的孔距精度；如换成 5.7(b)的路线，可使各孔的定位方向一致，从而提高了孔距精度。

　　为提高生产效率，在确定加工路线时，应尽量缩短加工路线，减少刀具空行程时间。

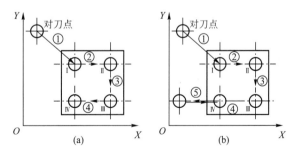

图 5.7　两种孔系的加工路线方案

　　图 5.8 所示为正确选择钻孔加工路线的例子。按照一般习惯应先加工均布于同一圆周上的 8 个孔，再加工另一圆周上的孔，如图 5.8(a)所示，但对点位控制的数控机床，这并不是最短的路线，应按图 5.8(b)所示的加工路线进行加工，使各孔间距离的总和最小，以节省加工时间。

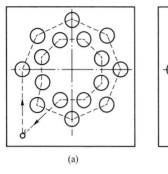 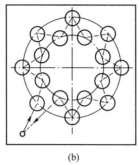

(a)   (b)

图 5.8   最短加工路线的选择

此外，轮廓加工中应避免进给停顿。因为加工过程中的停顿要引起工件、刀具、机床系统的相对变形。进给停顿，切削力减小，刀具会在进给停顿处的零件轮廓上留下划痕。

为了降低铣削表面粗糙度和提高加工精度，可以采用多次走刀的方法，使最后精加工余量较少，一般以 0.20～0.50mm 为宜。精铣时应尽量用顺铣，以减小被加工零件的表面粗糙度。

5.3.3 数控加工的工艺路线设计实例

如图 5.9 所示，零件主要由平面、孔系及外轮廓组成。根据零件的结构特点，加工上表面、$\phi60$mm 外圆及其台阶面和孔系时，选用平口台虎钳夹紧；铣削外轮廓时，采用一面两孔定位方式，即以底面、$\phi40$mmH7 和一个 $\phi13$mm 孔定位。按照基面先行、先面后孔、先粗后精的原则可以划分为如下 13 个工步：

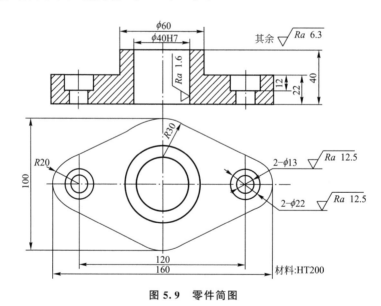

图 5.9   零件简图

（1）粗铣定位基准面(底面)。

（2）粗铣上表面。

（3）精铣上表面。

（4）粗铣 $\phi60$mm 外圆及其台阶面。

（5）精铣 $\phi60$mm 外圆及其台阶面。

（6）钻 $\phi40$mmH7 底孔。

（7）粗镗 $\phi40$mmH7 内孔表面。

（8）精镗 $\phi 40\mathrm{mmH7}$ 内孔表面。

（9）钻 $2 \times \phi 13\mathrm{mm}$ 孔。

（10）锪 $2 \times \phi 22\mathrm{mm}$ 孔。

（11）粗铣外轮廓。

（12）精铣外轮廓。

（13）精铣定位基面至尺寸 $40\mathrm{mm}$。

5.4 数控加工的刀具和夹具

5.4.1 数控加工对刀具和夹具的要求

现代刀具显著的特点是结构的创新速度加快，数控机床的普及对刀具的选择提出了更高的要求。数控加工刀具不仅需要刚性好、精度高，而且要求尺寸稳定、耐用度高、断屑和排屑性能好，同时要求安装调整方便，只有这样才能满足数控机床高效率的需求。数控机床上所选用的刀具常采用适应高速切削的刀具材料（如涂层硬质合金、超细粒度硬质合金），并使用可转位刀片。

合理选择数控加工用的刀具及夹具是工艺处理过程中的重要内容。在数控加工中，产品的加工质量和劳动生产率在很大程度上将受到刀具和夹具的制约。虽然大多数刀具和夹具与普通加工所用的刀具和夹具基本相同，但对一些工艺难度较大或其轮廓、形状等方面较特殊的零件加工，所选用的刀具和夹具必须具有较高要求，或需做进一步的特殊处理，以满足数控加工的需要。

1. 刀具性能及材料

数控加工用刀具的基本性能与普通加工用刀具的性能大致相同，但数控加工对刀具要求更高，不仅要求精度高、刚度好、耐用度高，而且要求尺寸稳定、安装调整方便等。

为适应机械加工技术的要求，特别是数控机床加工技术的高速发展，刀具材料也在大力发展之中。这就要求采用新型优质材料制造数控加工刀具，并优选刀具参数。除了量大、面广的高速钢及硬质合金刀具材料外，还可选用涂层硬质合金和陶瓷、金刚石及立方氮化硼等新型材料作为数控加工用的刀具材料。

2. 刀具的选用

（1）应尽可能选择通用的标准刀具，不用或少用特殊的非标准刀具。

（2）尽量使用不重磨刀片，少用焊接式刀片。

（3）大力推广标准模块化刀夹（刀柄和刀杆等）的使用。

（4）不断推进可调式刀具（如浮动可调镗刀头）的开发和应用。

3. 零件定位安装的基本原则

在数控机床上加工零件时，定位安装的基本原则与普通机床相同，也要合理选择定位基准和夹紧方案。为了提高数控机床的效率，在确定定位基准与夹紧方案时应注意下列

3点：

（1）力求设计、工艺与编程计算的基准统一。

（2）尽量减少装夹次数，尽可能在一次定位装夹后，加工出全部待加工表面。

（3）避免采用占机人工调整式加工方案，以充分发挥数控机床的效能。

4．选择夹具的基本原则

数控加工对夹具的基本要求是定位准确、夹紧可靠和满足零件的精度要求。除此之外，还要考虑以下4点：

（1）当零件加工批量不大时，应尽量采用组合夹具、可调式夹具及其他通用夹具，以缩短生产准备时间，节省生产费用。

（2）在成批生产时才考虑采用专用夹具，但力求结构简单。

（3）零件的装卸要快速、方便、可靠，以缩短机床的停顿时间。

（4）夹具上各零部件应不妨碍机床对零件各表面的加工，即夹具要开敞，其定位、夹紧机构不能影响加工中的走刀（如产生碰撞等）。

此外，为了提高数控加工的效率，在成批生产中还可以采用多位、多件夹具，如在数控铣床或立式加工中心的工作台上安装的新型平板式夹具元件等。

5.4.2　数控车削的刀具和夹具

1．数控车削的刀具

数控车削用刀具的选用过程是一项较综合和全面的工作，具体选用方法较灵活，但选用的总原则是，根据车刀切削部分的形状及零件轮廓的形成原理（包括编程因素）等综合考虑，在精加工时应尽量采用"一刀多用"。

常用数控车削刀具一般可按以下几种情况进行分类。

1）根据加工用途分类

车床主要用于回转表面的加工，如圆柱面、圆锥面、圆弧面、螺纹、切槽等切削加工。因此，数控车床用的刀具可分为外圆车刀、内孔车刀、螺纹车刀、切槽刀等种类。

2）根据刀尖形状分类

数控车刀按刀尖的形状一般分成3类，即尖形车刀、圆弧形车刀和成形车刀。

尖形车刀［图5.10(a)］是以直线形切削刃为特征的车刀。这类车刀的刀尖由直线形的主、副切削刃构成，如90°内外圆车刀、端面车刀、切槽（断）车刀及刀尖倒棱很小的各种外圆和内孔车刀。

圆弧形车刀［图5.10(b)］是较特殊的数控加工用车刀，其特点是主切削刃形状为一圆度误差很小的圆弧，圆弧刃的每一点都可以参加切削。当某些尖形车刀或成形车刀的刀尖具有一定的圆弧形状时，也可作为这类车刀使用。圆弧形车刀可以用于车削内外表面，特别适用于车削各种光滑连接的成形面。

成形车刀［图5.10(c)］俗称样板车刀，其加工零件的轮廓形状完全由车刀刀刃的形状和尺寸决定，两者呈共轭关系。数控车削加工中，常见的成形车刀有小半径圆弧车刀、非矩形车槽刀和螺纹车刀等。在数控加工中，应尽量少用或不用成形车刀。

3）根据刀片与刀体的连接固定方式分类

根据刀片与刀体的连接固定方式的不同，车刀主要可分为焊接式与机夹式可转位

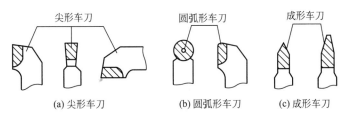

图 5.10　数控车刀的结构形式

(a) 尖形车刀　　(b) 圆弧形车刀　　(c) 成形车刀

两类。

（1）焊接式车刀。将硬质合金刀片用焊接的方法固定在刀体上称为焊接式车刀。

焊接式车刀的优点是结构简单、制造方便、刚性较好；缺点是存在焊接应力，使刀具材料的使用性能受到影响，有时甚至出现裂纹。

根据工件加工表面及用途的不同，焊接式车刀可分为切断刀、外圆车刀、端面车刀、内孔车刀、螺纹车刀及成形车刀等，如图 5.11 所示。

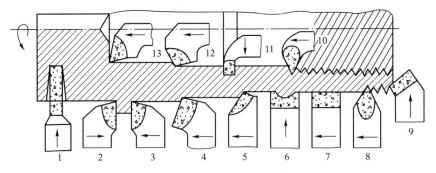

图 5.11　焊接式车刀的种类

1—切断刀；2—90°左偏刀；3—90°右偏刀；4—弯头车刀；5—直头车刀；6—成形车刀；
7—宽刃精车刀；8—外螺纹车刀；9—端面车刀；10—内螺纹车刀；
11—内槽车刀；12—通孔车刀；13—盲孔车刀

（2）机夹式可转位车刀。机夹式可转位车刀由刀杆、刀片、刀垫及夹紧元件组成。刀片每边都有切削刃，当某切削刃磨损钝化后，只需松开夹紧元件将刀片转一个位置便可继续使用。

① 机夹式可转位车刀的结构形式。机夹式可转位车刀的结构形式有杠杆式、楔块式和楔块夹紧式 3 种，如图 5.12 所示。

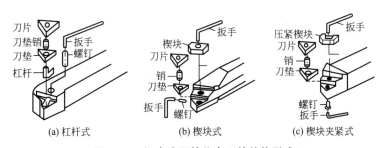

(a) 杠杆式　　(b) 楔块式　　(c) 楔块夹紧式

图 5.12　机夹式可转位车刀的结构形式

② 机夹式可转位车刀的选用。刀片是机夹式可转位车刀的一个最重要的组成元件。按照国家标准 GB/T 2076—2007《切削刀具用可转位刀片型号表示规则》，大致可分为带圆孔、带沉孔及无孔三大类，形状有三角形、正方形、五边形、六边形、圆形及菱形等共17 种。图 5.13 所示为常见的可转位车刀几种刀片形状及角度。

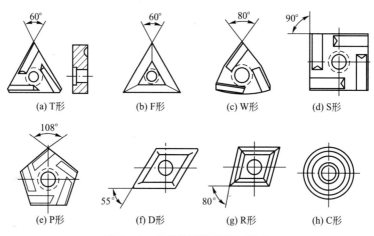

(a) T形　　(b) F形　　(c) W形　　(d) S形

(e) P形　　(f) D形　　(g) R形　　(h) C形

图 5.13　常见的可转位车刀刀片

a. 刀片材质的选择：常见刀片材料有高速钢、硬质合金、涂层硬质合金、陶瓷、立方氮化硼和金刚石等，其中应用最多的是硬质合金和涂层硬质合金刀片。选择刀片材质的主要依据是被加工工件的材料、被加工表面的精度、表面质量要求、切削载荷的大小，以及切削过程有无冲击和振动等。

b. 刀片尺寸的选择：刀片尺寸的大小取决于必要的有效切削刃长度。

c. 刀片形状的选择：刀片形状主要依据被加工工件的表面形状、切削方法、刀具寿命和刀片的转位次数等因素选择。

2. 数控车削的夹具

为了充分发挥数控机床的高速度、高精度、高效率等特点，在数控加工中，还应有与数控加工相适应的夹具进行配合，数控机床夹具除了使用通用的自定心卡盘、单动卡盘和在大批量生产中使用的液压、电动及气动夹具外，还有多种相应的实用夹具。它们主要分为三大类，即用于轴类工件的夹具、用于盘类工件的夹具和专用夹具。这里主要介绍轴类零件的装夹方法。

对于轴类零件，通常以零件自身的外圆柱面作为定位基准来定位。

1）自定心卡盘

自定心卡盘是车床上最常用的自定心夹具（图 5.14），它夹持工件时一般不需要找正，装夹速度较快，将其略加改进，还可以方便地装夹方料、其他形状的材料，同时还可以装夹小直径的圆棒料。

2）单动卡盘（四爪卡盘）

单动卡盘如图 5.15 所示，是车床上常用的夹具，它适合于装夹形状不规则或直径较大的工件，夹紧力较大，装夹精度较高，不受卡爪磨损的影响，但由于单动卡盘的 4 个卡爪是各自独立运动的，因此必须通过找正，使工件的旋转中心与车床主轴的旋转中心重

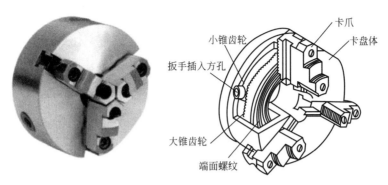

图 5.14 自定心卡盘

合，才能车削。装夹也不如自定心卡盘方便。装夹圆棒料时，如在单动卡盘内放上一块 V
形架，装夹将方便多了。

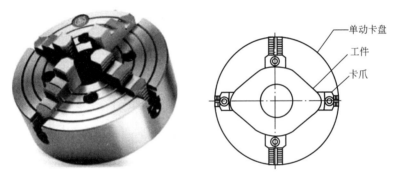

图 5.15 单动卡盘

3）在两顶尖间装夹

对于较长的或必须经过多次装夹加工的轴类零件，或工序较多，车削后还要铣削和磨
削的轴类零件，要采用两顶尖装夹，以保证每次装夹时的装夹精度。用两顶尖装夹轴类零
件，必须先在零件端面钻中心孔。

4）用一夹一顶装夹

由于两顶尖装夹刚性较差，因此在车削一般轴类零件，尤其是较重的工件时，常采用
一夹一顶装夹。为了防止工件的轴向位移，须在卡盘内装一限位支承，或利用工件的台阶
作限位。由于一夹一顶装夹工件的安装刚性好，轴向定位正确，且比较安全，能承受较大
的轴向切削力，因此应用广泛。

5.4.3 数控铣削的刀具和夹具

1. 数控铣削的刀具

数控铣床可以进行铣、镗、钻、扩、铰等工序加工，所涉及的刀具种类较多，这里主
要介绍数控铣削用刀具。

1）铣刀的分类

常用铣刀一般可按以下 3 种情况进行分类：

（1）按铣刀的形状分类，可分为盘铣刀、立铣刀、成形铣刀、球头铣刀和鼓形铣刀。

① 盘铣刀又称为端面铣刀，一般采用在盘状刀体上机夹、焊接硬质合金刀片或其他刀头组成，常用于端铣较大的平面，如图 5.16(a)所示。

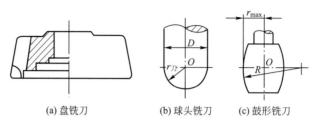

(a) 盘铣刀　　　　(b) 球头铣刀　　　(c) 鼓形铣刀

图 5.16　常见铣刀

② 立铣刀是数控铣削加工中最常用的一种铣刀，广泛用于加工平面类零件，如图 5.17所示。立铣刀除了可用端刃铣削外，也用其侧刃铣削，有时端刃、侧刃同时铣削。

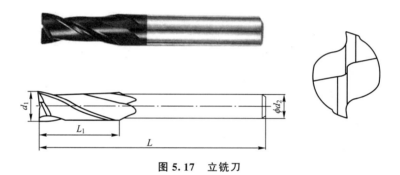

图 5.17　立铣刀

③ 成形铣刀一般都是为特定的工件或加工内容专门设计制造的铣刀，如图 5.18 所示。成形铣刀适用于加工平面类零件的特定形状（如角度面、凹槽面等），也适用于特形孔或凸台的加工。

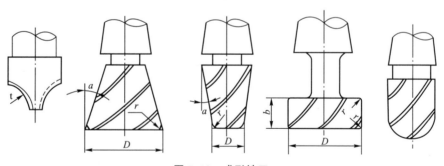

图 5.18　成形铣刀

④ 球头铣刀适用于加工空间曲面零件，有时也用于平面类零件上有较大转接凹圆弧的过渡加工。球头铣刀与铣削特定曲率半径的成形曲面铣刀相比较，虽然加工对象都是曲面类零件，但两者仍有较大差别。它们的主要差别在于球头铣刀的球半径通常小于加工面的曲率半径，而成形曲面铣刀的曲率半径则与加工曲面的曲率半径相等，如图 5.16(b)所示。

⑤ 鼓形铣刀主要用于对变斜角类零件的变斜面的近似加工，如图 5.16(c)所示。

（2）按铣刀的结构分类，可分为整体式铣刀、镶嵌式铣刀和可调式铣刀。

① 整体式铣刀指铣刀的切削刃与刀体做成整体的铣刀，如球头铣刀、立铣刀和成形铣刀等刀具的大多数都属于整体式铣刀。

② 镶嵌式铣刀的切削刃采用不重磨机夹刀片镶嵌在刀体上，刀片一般都采用硬质合金或陶瓷材料。为了延长刀具的使用寿命，常采用可转位镶嵌式铣刀，当其中一只刀片磨钝或缺损后，可以转位镶入新的刀片，不至于报废刀体。与整体式铣刀相比，镶嵌式铣刀可缩短生产准备周期，提高生产效率，并节省刀具费用。

③ 可调式铣刀是指铣刀的刀杆长度和直径可根据加工需要而改变，也可将所需刀具的尾柄装入不同锥号数或内径的标准刀杆上，即采用模块化刀杆进行拼装组合的形式。在各系列刀杆模块之间，配合紧密、可靠，在刚性等方面不亚于整体式铣刀，而且装拆十分方便。

2）其他刀具

随着科学技术的迅速发展，新型铣刀不断涌现。镀层化铣刀是在铣刀表面上镀上一层氮化钛或氧化铝等超硬薄膜后，使铣刀的硬度和使用寿命显著提高。例如，当高速钢铣刀镀上氮化钛或氧化铝两种超硬薄膜后，刀具的寿命可提高 5～9 倍，并且可以切削 60HRC 以上硬度的材料，这种刀具不仅在切削性能上已与陶瓷刀具差不多，在某些方面还优于陶瓷刀具。

3）铣刀的选择原则

先根据加工内容和工件轮廓形状确定刀具类型，再根据加工部分大小选择刀具大小。

（1）加工较大平面选择盘铣刀。

（2）加工凸台、凹槽、平面轮廓选择立铣刀。

（3）加工曲面较平坦的部位常采用环形铣刀。

（4）曲面加工选择球头铣刀。

（5）加工封闭键槽选择键槽铣刀等。

除上述几种类型的铣刀外，数控铣削加工也可使用普通铣削加工中的各种通用铣刀。在实际加工过程中，应按具体情况灵活选用。

2. 数控铣削的夹具

数控铣床夹具与普通铣床夹具基本相同，数控铣床常用的夹具是平口钳，先把平口钳固定在工作台上，找正钳口，再把工件装夹在平口钳上。这种方式装夹方便，应用广泛，适于装夹形状规则的小型工件。但因数控铣床加工的特殊性，所以对夹具的要求也不完全一样。

（1）为了保持零件安装位置与机床坐标系及编程坐标系方向的一致性，夹具应能保证在机床上实现定向安装，同时还要求能协调零件定位面与机床之间保持一定的坐标尺寸关系。

（2）在加工过程中，为了保证夹具与铣床主轴套筒或刀套、刀具不发生干涉，夹具在设计和制造时应尽可能开敞，使待加工面充分暴露在外，同时夹紧机构元件与加工面之间应保持一定的安全距离。

（3）在夹具的设计中，应尽量避免加工时更换夹紧点，以免影响零件的定位精度。

5.4.4 数控加工中心的刀具和夹具

1. 数控加工中心的刀具

数控加工中心的刀具由成品刀具和标准刀柄两部分组成。其中，成品刀具部分与通用刀具相同，如钻头、铣刀、铰刀、丝锥等。标准刀柄部分可满足机床自动换刀的需要：能够在机床主轴上自动松开和拉紧定位，并准确地安装各种刀具和检具，能适应机械手的装刀和卸刀，便于在刀库中进行存取管理和搬运、识别等。加工中心对刀具的基本要求如下。

1）优秀的切削性能

优秀的切削性能即要求刀具必须具有承受高速切削和强力切削的性能。在选择刀具材料时，应尽可能选用硬质合金，甚至选用硬度比硬质合金高数倍的立方氮化硼和金刚石等高硬度材料或者选用涂层刀具，以提高刀具的耐磨性、红硬性及韧性。

2）较高的形位精度和尺寸精度

加工中心的ATC功能要求其能快速、准确地完成自动换刀。因为加工的零件精度一般都较高，形状也较复杂，所以要求刀具必须具备较高的形位精度。同时，加工中心的刀具的长度、直径等尺寸也必须满足较高的精度要求。

3）刀具、刀片的品种规格多

为了在加工中心上通过一次或几次装夹、定位后，最大限度地加工出零件各部分的形状和尺寸，提高机床的利用率，就必须满足刀具、刀片的品种规格多，以适应零件加工的各种需求。

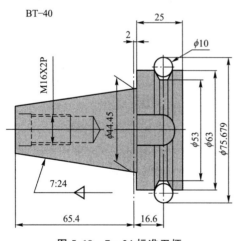

图 5.19 7：24 标准刀柄

刀柄与主轴孔的配合一般采用7：24的锥度，这种锥柄不自锁，换刀方便，与直柄相比有较高的定心精度和刚度。为了保证刀柄与主轴的配合与连接，刀柄与拉钉的结构和尺寸均已标准化和系列化。在我国应用最为广泛的是BT-40和BT-50系列刀柄，如图5.19所示。其中，BT表示采用日本标准MAS403的刀柄。

2. 部分特殊的孔加工方法及其刀具

圆柱孔加工的方式有很多，所使用的刀具也很多。孔加工刀具的选择方法与钳工、铣工等普通加工中的选择方法基本相同，但因加工中心具有一些特殊性能，使部分孔加工方法及其刀具选择仍有一些区别，现将较特殊部分的有关内容简述如下。

1）深孔钻削与刀具

深孔钻削一般使用深孔钻，而特别深的孔则使用特别的深孔钻，如单刃外排屑枪钻（图5.20）。在加工中心等数控机床上加工深孔时，可利用数控系统具有的固定循环功

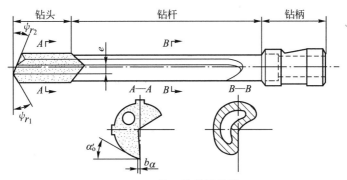

图 5.20　单刃外排屑枪钻

能，以渐进、快退方式完成其加工，这种方式可较好地解决及时排屑和钻头冷却等问题。

2）扩孔与扩孔钻

加工中心上进行扩孔的方式很多，但它比在普通机床上进行扩孔加工的加工精度要高，同时还可以纠正钻孔时可能产生的加工误差。对于较大的孔，可采用可转位扩孔钻进行加工，以提高加工效率。

3）镗孔

镗孔是加工中心的主要内容，它采用镗刀对箱体等孔系零件进行半精加工或精加工，它能够精确地保证孔系的尺寸精度和形位精度，特别是对上道工序所残留的轴线歪斜或孔距误差等缺陷，通过镗孔加工能够及时补救。所以镗孔是一种对孔系零件较高精度的加工方式，一般尺寸精度可达 IT7 级。

4）铰孔

铰孔是用铰刀对已经加工的孔进行精加工，其所用刀具如图 5.21 所示。它往往作为精密孔的最终精加工，也可以用于磨孔或研孔前的预加工。铰孔只能提高孔的尺寸精度、形状精度，减小其表面粗糙度，而不能提高孔的位置精度。一般铰孔的尺寸精度可达 IT7 - 8 级，表面粗糙度可达 $0.8\mu m$。

图 5.21　铰刀

3. 数控加工中心的夹具

为了保证机床加工的精度，提高生产效率。一般要求加工中心的夹具比普通机床夹具的结构更加紧凑、简单，夹紧动作迅速、准确，操作方便、省力、安全，并且保证足够的刚性。在加工中心上不仅可以使用通用夹具，如自定心卡盘、平口钳等，而且可根据机床的特点，使用可调夹具、成组夹具和组合夹具(图 5.22)。

数控回转工作台是各类数控铣床和加工中心的理想配套附件，有立式回转工作台、卧式回转工作台和立卧两用回转工作台等不同类型产品。立卧回转工作台在使用过程中可分

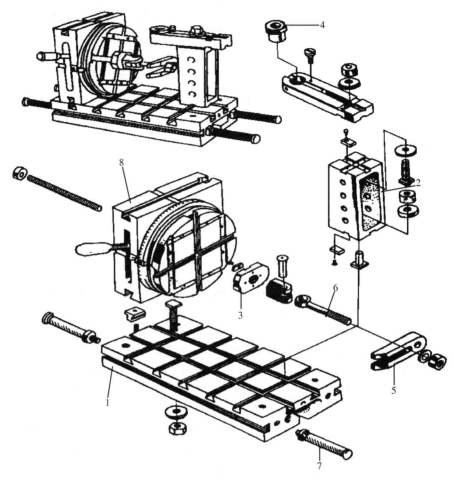

图 5.22　回转式钻孔组合夹具

1—基础件；2—支承件；3—定位件；4—导向件；

5—夹紧件；6—紧固件；7—其他件；8—合件

别以垂直和水平两种方式安装于主机工作台上。工作台工作时，利用主机的控制系统或专门配套的控制系统，完成与主机相协调的各种必需的分度回转运动。

　　总之，在加工中心上选择夹具时，应根据零件的精度和结构，以及产品的批量等因素进行综合考虑。一般选择夹具的顺序是，优先考虑通用夹具和组合夹具，其次考虑可调夹具，最后考虑专用夹具和成组夹具。

5.5　数控加工的切削参数

1. 切削用量的选择原则

　　数控机床加工中的切削用量是表示机床主体的主运动和进给运动大小的重要参数，包括背吃刀量、切削速度和进给量。数控编程时，编程人员必须确定每道工序的切削用量，并以指令的形式写入程序中。在加工程序的编制工作中，选择好切削用量，使背吃刀量、切削速度和进给量三者之间能互相适应，以形成最佳切削参数，这是工艺处理的重要内容之一。

切削用量的选择原则是保证零件的加工精度和表面粗糙度，充分发挥刀具的切削性能，保证合理的刀具耐用度，并充分发挥机床的性能，最大限度提高生产率，降低成本。切削用量可按切削原理中规定的方式计算，并结合实践经验确定。表5-1列出了数控车削切削用量的推荐值。

表5-1　数控车削切削用量的推荐值

工件材料	加工内容	背吃刀量 /mm	切削速度 /(m/min)	进给量 /(mm/r)	刀具材料
碳素钢 σ_b＞600MPa	粗加工	5～7	60～80	0.2～0.4	YT类
	粗加工	2～3	80～120	0.2～0.4	
	精加工	2～6	120～150	0.1～0.2	
	钻中心孔		500～800		W18Cr4V
	钻孔		18～30	0.1～0.2	
	切断		70～110	0.1～0.2	
铸铁 200HBS以下	粗加工		50～70	0.2～0.4	YG类
	精加工		70～100	0.1～0.2	
	切断		50～70	0.1～0.2	

1）粗加工时切削用量的选择原则

粗加工的主要任务是切除各加工表面上的大部分余量，使毛坯在形状和尺寸上尽量接近成品。因此，在此阶段中应采取措施尽可能提高生产率。

首先选取尽可能大的背吃刀量，其次根据机床动力和刚性的限制条件等选取尽可能大的进给量，最后根据刀具耐用度确定最佳的切削速度。

把握切削效率与刀具寿命的关系。在选择切削用量时要充分保证刀具能加工完一个零件，或保证刀具耐用度不低于一个工作班，最少不低于半个工作班的工作时间，以保证加工的连续性。

2）精加工时切削用量的选择原则

精加工的主要任务是保证各加工面达到规定的质量要求。

首先根据粗加工后的余量确定走刀次数和背吃刀量；其次根据加工的表面粗糙度要求，选取较小的进给量；最后在保证刀具耐用度的前提下，尽可能选取较高的切削速度。

2. 背吃刀量的确定

背吃刀量根据机床、夹具、工件、刀具的刚性和加工精度来决定。当加工工艺系统刚性允许时，应以最少的进给次数切除加工余量。如果不受加工精度的限制，最好一次切净余量，以减少走刀次数，提高生产效率。但对于加工余量大，一次走刀会造成机床功率或刀具强度不够，或加工余量不均匀引起振动，或刀具受冲击严重出现打刀这几种情况，需要采用多次走刀。

当零件的精度要求较高时，则应考虑适当留出半精加工和精加工的切削余量，数控加工所留精加工切削余量一般比普通加工时所留出的余量小。车削和镗削加工时，常取精加工切削余量为 $0.1\sim0.5$ mm；铣削时，则常取为 $0.2\sim0.8$ mm。

3. 进给量的确定

进给量(进给速度)是数控机床切削用量中的重要参数，主要根据零件的加工精度和表面粗糙度要求，以及刀具、工件的材料等因素，参考切削用量手册选取。

对于绝大多数的数控车床、铣床、镗床和钻床，进给速度都规定其单位为 mm/min。另外，有些数控机床规定可以选用以进给量表示其进给速度，如有的数控车床规定其进给速度的单位为 mm/r。

1) 进给速度的确定原则

(1) 当工件的加工质量要求能够得到保证或在粗加工时，为了提高生产效率，可选择较高的进给速度。

(2) 切断、精加工、深孔加工或用高速钢刀具切削时，宜选择较低的进给速度，有时还需要选择极小的进给速度。

(3) 刀具或工件做空行程运动，特别是远距离返回程序原点或机床固定原点时，可以设定尽量高的进给速度，其最快进给速度大小由数控系统决定，目前最快的进给速度可达 240 m/min 以上。

(4) 切削时进给速度应与主轴转速和切削深度等切削用量相适应，不能顾此失彼。

2) 进给速度的确定

对于多齿刀具，其进给速度 v_f、刀具转速 n、刀具齿数 Z 及每齿进给量 f_z 的关系为

$$v_f = fn = f_z Zn$$

例如，6 刃的面铣刀以 200r/min 铣削，取每齿进给量 $f_z = 0.2$ mm，则刀具的进给速度为 $v_f = fn = f_z Zn = 0.2 \times 6 \times 200 = 240$(mm/min)。

4. 切削速度的确定

根据已经选定的背吃刀量、进给量及刀具耐用度来选择切削速度。切削速度 v_c 的高低主要取决于被加工零件的精度和材料、刀具的材料和耐用度等因素。理论上，v_c 越大越好，这样可以提高生产率，而且可以避开生成积屑瘤的临界速度，获得较好的表面粗糙度。但是刀具容易产生高热，随着切削速度的加大，刀具耐用度将急剧降低，影响刀具寿命。

主轴转速应根据切削速度和工件或刀具的直径来计算，计算公式如下：

$$n = \frac{1000 v_c}{\pi d}$$

式中，d 为工件或刀具直径(mm)。

例如，面铣刀直径为 100mm，以 300r/min 的速度旋转时，切削速度为

$$v_c = \frac{\pi d n}{1000} = \frac{3.14 \times 100 \times 300}{1000} \approx 94 (\text{m/min})$$

在确定主轴转速时，首先需要按零件和刀具的材料及加工性质(如粗、精切削)等条件确定其允许的切削速度，其常用的切削速度可以参阅有关技术手册或资料，表 5-2 所示为铣削加工的切削速度参考值。如何确定加工中的切削速度，在实践中也可根据实际经验

进行确定。

表 5－2　铣削加工的切削速度参考值

工件材料	硬度（HBW）	切削速度 v_c/(m/min)	
		高速钢铣刀	硬质合金铣刀
钢	＜225	18～42	66～150
	225～325	12～36	54～120
	325～425	6～21	36～75
铸铁	＜190	21～36	66～150
	190～260	9～18	45～90
	260～320	4.5～10	21～30

5.6　数控加工的工艺文件

编写数控加工专用技术文件是数控加工工艺设计的内容之一。这些专用技术文件既是数控加工的依据，也是需要操作者遵守、执行的规则；有的则是加工内容的具体说明，目的是让操作者更加明确程序的内容、安装与定位方式、各个加工部位所选用的刀具及其他问题。

1. 工艺过程卡

工艺过程卡主要列出了零件加工所经过的整个路线(称为工艺路线)，以及工装设备和工时等内容。它用来指导工人操作，帮助管理人员及技术人员掌握零件加工过程。工艺过程卡的格式如表 5－3 所示。

表 5－3　工艺过程卡

厂　　名	数控加工工艺过程卡	产品名称	零件名称	材　料	零件图号
工序号	工序名称	工序内容	夹具	使用设备	工　时
10					
20					
30					
40					
50					
60					
70					
80					
绘制		审核	批准	共　页	第　页

2. 工序卡

数控加工工序卡与普通加工工序卡有许多相似之处，是操作人员配合数控加工工序进行数控加工的主要指导性工艺资料。工序卡应按已确定的工艺路线填写，如表5-4所示。

表5-4　工序卡片

厂名	数控加工工序卡		产品名称		零件名称			零件图号	
工序号	程序编号	夹具名称	夹具编号		使用设备			车间	
工步号	工步内容		刀具号	刀具规格	主轴转速	进给速度	切削深度	备注	
1									
2									
3									
4									
5									
6									
7									
8									
绘制		审核		批准			共　页		第　页

当在数控机床上只加工零件的一个工步时，也可不填写工序卡。在工序加工内容不十分复杂时，可把零件草图反映在工序卡上，并注明编程原点和对刀点等。

3. 数控加工刀具明细表

数控加工刀具明细表是操作人员调换刀具的主要依据，如表5-5所示。

表5-5　数控加工刀具明细表

数控加工刀具卡片		产品名称	零件名称	零件图号	材　料	机床型号	
序号	刀具号	刀具规格	刀具名称	刀具		补偿量	备注
				直径	长度		
1							
2							
3							
4							
5							
绘制		审核		批准		共　页	第　页

4. 数控加工程序单

数控加工程序单是编程员根据工艺分析情况，经过数据计算，按照机床的指令代码编制的。它是记录数控加工工艺过程、工艺参数、位移数据的清单，以及手动数据输入（MDI）和制备纸带、实现数控加工的主要依据。不同的数控机床，不同的数控系统，程序单的格式不同。

实践证明，仅用加工程序单和工艺规程来进行实际加工还有许多不足之处。由于操作者对程序不清楚，对编程人员的意图不够理解，经常需要编程人员在现场进行口头解释、说明与指导，这种做法在程序仅使用一两次就不用了的场合还是可以的。但是，若程序是用于长期批量生产的，则编程人员很难每次都到现场。再者，如编程人员临时不在场或调离，已经熟悉的操作工人不在场或调离，麻烦就更多了，弄不好会造成质量事故或临时停产。因此，对加工程序进行必要的详细说明是很有用的，特别是对于那些需要长时间保存和使用的程序尤为重要。

根据应用实践，一般应对加工程序做出说明，主要内容如下：

（1）所用数控设备型号及控制系统型号。

（2）对刀点（程序原点）及允许的对刀误差。

（3）工件相对于机床的坐标方向及位置（用简图表达）。

（4）镜像加工使用的对称轴。

（5）使用刀具的规格、图号及其在程序中对应的刀具号，必须按实际刀具编写。

5.7 典型零件的数控加工工艺处理

典型加工零件如图 5.23 所示。在加工零件图上，同时注明了装夹时所选择的定位基准及编程使用的工件坐标系。

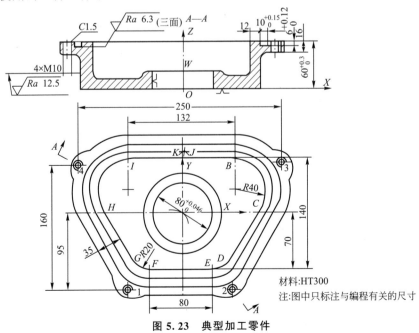

图 5.23 典型加工零件

1. 图样分析

零件图形上各加工部位的尺寸标注完整、无误。所铣削环形槽的轮廓比较简单（仅直线和圆弧相切），尺寸精度（IT12）和表面粗糙度（$Ra \leqslant 6.3$）要求也不高。所加工的内容为上端平面、环形槽和 4 个螺孔。

2. 确定加工工艺路线

该零件为铸件，其结构较复杂。根据图样要求可知，通过一次装夹定位后，所要加工的部位和尺寸如下：铣削上表面，保证尺寸 $60^{+0.3}_{0}$ mm；铣槽，保证槽宽 $10^{+0.15}_{0}$ mm，槽深 $6^{+0.12}_{0}$ mm；加工 $4 \times M10$ 螺纹。在机床加工前，将底部中央的 $80^{+0.046}_{0}$ mm 孔及底面和零件侧面预加工完毕。

根据加工中心工序划分的原则，先安排平面铣削，后安排孔和槽的加工。具体加工工序安排如下：先铣削基准平面，然后用中心钻加工 $4 \times M10$ 底孔的中心孔，并用钻头钻一个环形槽工艺孔（便于铣刀下刀），再钻 $4 \times M10$ 底孔，用 $\phi18$ mm 钻头加工 $4 \times M10$ 的底孔倒角，攻螺纹 $4 \times M10$，最后铣削 10 mm 槽。工艺路线安排如图 5.24 所示。该零件选择在 JCS - 018 型加工中心上加工。

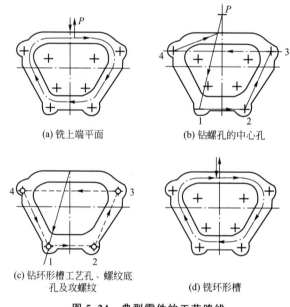

(a) 铣上端平面　　　　　(b) 钻螺孔的中心孔

(c) 钻环形槽工艺孔、螺纹底
孔及攻螺纹　　　　(d) 铣环形槽

图 5.24　典型零件的工艺路线

零件的装夹与定位如下：工件可采用"一面、一销、一板"的方式定位，即工件以底面为第一定位基准，定位元件采用支撑面，限制工件 X 和 Y 方向的两个转动自由度，以及 Z 方向的移动自由度；$80^{+0.046}_{0}$ mm 孔为第二定位基准，定位元件采用带螺纹的短圆柱销，限制工件 X 和 Y 方向的两个移动自由度；工件的后侧面为第三定位基准，定位元件采用移动定位板，限制工件 Z 方向的转动自由度。工件的装夹可通过压板从定位孔的上端面往下将工件压紧。

3. 选择刀具

根据刀具的选择原则，选择刀具如表5-6所示。

表5-6 数控加工刀具卡片

数控加工刀具卡片		产品名称	零件名称	零件图号		材 料	机床型号
			壳体			HT300	JCS-018
序号	刀具号	刀具规格	刀具名称	刀具		补偿量	备注
				直径/mm	长度		
1	T01	JT57-XD	硬质合金盘铣刀	$\phi80$		H01	刀具长度补偿
						D01	刀具半径补偿
2	T02	JT57-Z13×90	中心钻	$\phi3$		H02	刀具长度补偿，带自紧钻夹头
3	T03	JT57-Z13×45	高速钢钻头	$\phi8.3$		H03	刀具长度补偿，带自紧钻夹头
4	T04	JT57-M2	高速钢钻头(90°)	$\phi18$		H04	刀具长度补偿，带自紧钻夹头
5	T05	JT57-GM3-12	丝锥	M10		H05	刀具长度补偿，带自紧钻夹头
		GT3-12M10					
6	T06	JT57-Q2×90	高速钢立铣刀	$\phi10$		H06	刀具长度补偿
		HQ2ϕ10				D06	刀具半径补偿
绘制		审核		批准		共 页	第 页

4. 制定工艺过程

根据前面拟定的工艺路线制定工艺过程卡，如表5-7所示。

表5-7 数控加工工艺卡片

厂名		数控加工工艺过程卡	产品名称	零件名称	材 料	零件图号
				壳体	HT300	
工序号	工序名称	工序内容		夹具	使用设备	工 时
10	铣	铣平面		专用夹具	JCS-018	
20	钻	钻4×M10中心孔		专用夹具	JCS-018	
30	钻	钻4×M10底孔及钻环形槽工艺孔		专用夹具	JCS-018	

（续）

厂名	数控加工工艺过程卡	产品名称		零件名称	材料	零件图号
				壳体	HT300	
工序号	工序名称	工序内容		夹具	使用设备	工时
40	倒角	螺纹口倒角		专用夹具	JCS-018	
50	攻	攻 4×M10×1.5mm 螺纹		专用夹具	JCS-018	
60	铣	铣削 10mm 环槽		专用夹具	JCS-018	
70	检	检查各零件尺寸				
绘制		审核		批准	共 页	第 页

5. 基点坐标计算

以 $80^{+0.046}_{0}$ mm 孔轴线同零件底面的交点为原点，建立工件坐标系，如图 5.23 所示。对刀点为（0，0，15）。

4 个 M10 螺孔中心坐标分别为螺孔 1（−65，−95），螺孔 2（65，−95），螺孔 3（125，65），螺孔 4（−125，65）。

铣上端面和环形槽 $10^{+0.15}_{0}$ mm 的编程轨迹均为图 5.23 所示出的内腔轮廓线，按此进行基点坐标计算。其结果如下：B（66，70），C（100.011，8.946），D（57.005，−60.527），E（40，−70），F（−40，−70），G（−57.005，−60.527），H（−100.011，8.946），I（−66，70），J（0.5，70），K（0，70）。

加工程序单略。

小　结

本章介绍了数控编程时工艺处理的主要内容及方法。数控加工工艺的内容包括零件数控加工工艺分析、工序与工步的划分、加工路线的设计、刀具和夹具的合理选择、切削参数的选用等。

通过对零件图样进行数控加工工艺分析，首先要选择适合在数控机床上加工的零件，再选择零件上适合数控加工的内容。

在数控机床上加工零件，工序应比较集中，在一次装夹中应尽可能完成大部分工序。一般数控加工工序可以根据装夹方式、粗精加工或所使用刀具来划分。在数控加工中，走刀路线是刀具刀位点在整个加工工序中相对于工件运动的轨迹，反映了工步的内容和顺序，确定走刀路线时应在保证加工质量的前提下使加工路线最短和数字计算简单。

数控加工用刀具的基本性能与普通加工用刀具的性能大致相同，但数控加工对刀具要求更高，不仅要求精度高、刚度好、耐用度高，而且要求尺寸稳定、安装调整方便。数控机床上所选用的刀具常采用适应高速切削的刀具材料（如涂层硬质合金、立方氮化硼等），并使用可转位刀片。工件的安装是靠夹具来保证工件相对于刀具及机床所需的位置，数控机床的夹具包括通用夹具、专用夹具、组合夹具、可调夹具等。

数控机床加工中的切削用量是表示机床的主运动和进给运动的重要参数，包括背吃刀量、切削速度和进给量。切削用量的选择原则是保证零件的加工精度和表面粗糙度，充分发挥刀具的切削性能，保证合理的刀具耐用度，并充分发挥机床的性能，最大限度提高生产率，降低成本。

习　　题

5-1　数控加工在工艺上有哪些基本特点？其内容包括哪些方面？

5-2　什么零件最适合在数控机床上加工？怎么选择数控加工的内容？

5-3　一般数控加工工序的划分有哪几种方式？

5-4　在数控加工中，加工路线的确定有哪些原则？

5-5　铣削加工内轮廓时，有哪几种走刀方法？各有何特点？

5-6　数控加工中选择夹具的基本原则有哪些？

5-7　数控车削加工轴类零件时，常用的装夹方法有哪几种？

5-8　在数控铣削加工过程中，常用的刀具有哪些？如何选用？

5-9　常见的孔加工方式有哪些？各使用什么刀具？

5-10　数控加工中切削参数有哪些？这些参数在粗、精加工中有何区别？

5-11　工艺过程卡和工序卡有何区别？

5-12　工件如图 5.25 所示，毛坯为 $50\text{mm} \times 50\text{mm} \times 10\text{mm}$ 的方形坯料，材料为 45 钢，要求在加工中心上完成顶面、外轮廓、内轮廓和孔的加工，写出该零件数控加工的工艺过程。

A	(8.66,15)
B	(17.32,0)
C	(8.66,-15)
D	(-8.66,-15)
E	(-17.32,0)
F	(8.66,-15)

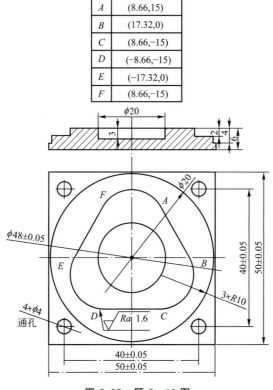

图 5.25　题 5-12 图

第6章
数控车床编程

内容提要

　　数控车床是目前使用最广泛的数控机床之一，数控车床主要用于加工轴类和盘类等回转体零件。不同的数控系统之间编程指令不完全相同，本章以 FANUC 0i‑T 数控系统为例说明数控车床的编程功能。其中，主要介绍了数控车床编程的基础知识，数控车床的基本编程指令及固定循环指令，并列举了几个数控车床的编程实例。

6.1 数控车床的编程基础

数控车床与普通车床一样，也可分为卧式和立式两类，常用的是卧式数控机床。数控车削加工包括端面车削、外圆柱面车削、内圆柱面的车削(镗孔)、钻孔加工、螺纹加工、复杂外形轮廓面车削等。数控车床特别适合加工形状复杂、精度要求较高的轴类和盘类零件。

6.1.1 数控机床坐标系

1. 机床坐标系

在国际标准和我国部颁标准中，规定了数控机床采用笛卡儿右手直角坐标系，其中直线进给坐标轴用 X、Y、Z 表示，常称基本坐标轴。X、Y、Z 坐标轴的相互关系用右手定则决定，如图 6.1 所示，图中大拇指的指向为 X 轴的正方向，食指指向为 Y 轴的正方向，中指指向为 Z 轴的正方向。

围绕 X、Y、Z 轴旋转的圆周进给坐标轴分别用 A、B、C 表示，根据右手螺旋定则，如图 6.1 所示，以大拇指指向 $+X$、$+Y$、$+Z$ 方向，则食指、中指等的指向是圆周进给运动的 $+A$、$+B$、$+C$ 方向。

数控机床的进给运动，有的由主轴带动刀具运动来实现，有的由工作台带着工件运动来实现。上述坐标轴的正方向，是假定工件不动，刀具相对于工件做进给运动的方向。如果是工件移动，则用加"′"的字母表示，按相对运动的关系，工件运动的正方向恰好与刀具运动的正方向相反，即有

$$+X=-X', \quad +Y=-Y', \quad +Z=-Z'$$
$$+A=-A', \quad +B=-B', \quad +C=-C'$$

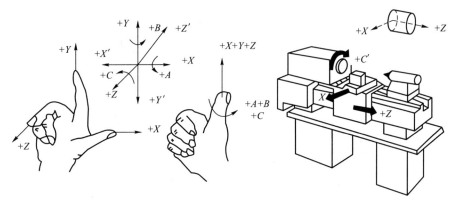

图 6.1 数控车床机床坐标系

同样两者运动的负方向也彼此相反。机床坐标轴的方向取决于机床的类型和各组成部分的布局，对车床而言：

(1) Z 轴与主轴轴线重合，沿着 Z 轴正方向移动将增大零件和刀具间的距离。

（2）X轴垂直于Z轴，对应于刀架的径向移动，沿着X轴正方向移动将增大零件和刀具间的距离。

（3）Y轴（通常是虚设的）与X轴和Z轴一起构成遵循右手定则的坐标系统。

2. 机床坐标系、机床零点和机床参考点

机床坐标系是机床固有的坐标系，机床坐标系的原点称为机床原点或机床零点。机床经过设计、制造和调整后，这个原点便被确定下来，它是固定的点。

数控装置加电时并不知道机床零点，为了正确地在机床工作时建立机床坐标系，通常在每个坐标轴的移动范围内设置一个机床参考点（测量起点），机床起动时，通常要进行机动或手动回参考点，以建立机床坐标系。

机床参考点可以与机床零点重合，也可以不重合，通过参数指定机床参考点到机床零点的距离。

机床回到了参考点位置，也就知道了该坐标轴的零点位置，找到所有坐标轴的参考点，CNC就建立起了机床坐标系。

机床坐标轴的机械行程是由最大和最小限位开关来限定的。机床坐标轴的有效行程范围是由软件限位来界定的，其值由制造商定义。机床零点（OM）、机床参考点（Om）、机床坐标轴的机械行程及有效行程的关系如图6.2所示。

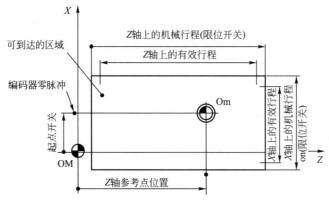

图 6.2　机床零点 OM 和机床参考点 Om

3. 工件坐标系、程序原点和对刀点

工件坐标系是编程人员在编程时使用的，编程人员选择工件上的某一已知点为原点，建立一个新的坐标系，称为工件坐标系。工件坐标系一旦建立便一直有效，直到被新的工件坐标系所取代。

工件坐标系的原点选择要尽量满足编程简单、尺寸换算少、引起的加工误差小等条件。一般情况下，程序原点应选在尺寸标注的基准或定位基准上。对车床编程而言，工件坐标系原点一般选在工件轴线与工件的前端面、后端面、卡爪前端面的交点上。

对刀点是零件程序加工的起始点，对刀的目的是确定程序原点在机床坐标系中的位置，对刀点可与程序原点重合，也可在任何便于对刀之处，但该点与程序原点之间必须有确定的坐标联系。

可以通过CNC将相对于程序原点的任意点的坐标转换为相对于机床零点的坐标。

加工开始时要设置工件坐标系,可用 G50 建立工件坐标系,如图 6.3 所示,或用 G54～G59 及刀具指令来选择工件坐标系。

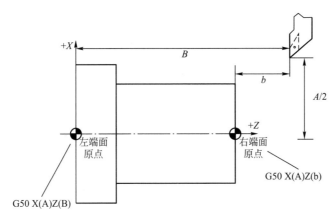

图 6.3　设定工件坐标系的例子

6.1.2　数控加工程序的结构

零件程序是一组被传送到数控系统中去的指令和数据。

一个零件加工程序是由遵循一定结构、句法和格式规则的若干个程序段组成的,而每个程序段是由若干个指令字组成的,如图 6.4 所示。

1) 指令字的格式

一个指令字是由地址符(指令字符)和带符号(如定义尺寸的字)或不带符号(如准备功能字 G 代码)的数字组成的。

程序段中不同的指令字符及其后续数值确定了每个指令字的含义。在数控程序段中包含的主要指令字符如表 6-1 所示。

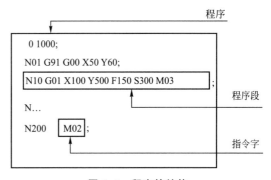

图 6.4　程序的结构

表 6-1　指令字符一览表

机　能	地　址	意　　义
零件程序号	O	程序编号:O0000～O9999
程序段号	N	程序段编号:N0～N4294967295
准备机能	G	指令动作方式(直线、圆弧等)G00～G99
尺寸字	X、Y、Z A、B、C U、V、W	坐标轴的移动命令±99999.999
	R	圆弧的半径,固定循环的参数
	I、J、K	圆心相对于起点的坐标,固定循环的参数

（续）

机 能	地 址	意 义
进给速度	F	进给速度的指定 F0～F24000
主轴机能	S	主轴旋转速度的指定 S0～S9999
刀具机能	T	刀具编号的指定 T0～T99
辅助机能	M	机床侧开/关控制的指定 M0～M99
补偿号	T	刀具半径补偿号的指定 00～99
暂停	X	暂停时间的指定，单位为 s
程序号的指定	P	子程序号的指定 P1～P4294967295
重复次数	L	子程序的重复次数，固定循环的重复次数
参数	P、Q、R、U、W、I、K	切削复合循环参数

2）程序段的格式

一个程序段定义一个将由数控系统执行的指令行。程序段的格式定义了每个程序段中功能字的语法，如图 6.5 所示。

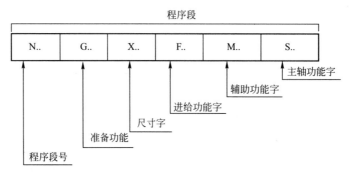

图 6.5 程序段结构

3）程序的一般结构

一个零件加工程序必须包括起始符和结束符。一个零件加工程序是按程序段的输入顺序执行的，而不是按程序段号的顺序执行的。在书写程序时，建议按升序书写程序段号。

4）数控编程中坐标位置数值的表示方式

数控程序控制刀具移动到某坐标位置，其坐标位置数值的表示方式有两种。

（1）用小数点表示法：即数值的表示用小数点"."明确的标示个位在那里，如"X25.36"，其中 5 为个位，故数值大小很明确。

（2）不用小数点表示法：即数值中无小数点者，则数控控制器会将此数值乘以最小移动量（公制 0.001mm，英制 0.0001in）作为输入数值，如"X25"，则数控控制器会将 25×0.001mm＝0.025mm 作为输入数值。

所以要表示 25mm，可用"25."或"25000"表示，一般用小数点表示法较方便，并可节省系统的记忆空间，故常被使用。

以下的地址均可选择使用小数点表示法或不使用小数点表示法：X、Y、Z、I、J、K、F、R 等。

但也有一些地址不允许使用小数点表示法，如 P、Q、D 等。例如，利用暂停指令编写程序暂停 5s，必须如下书写：

G04 X5.；或 G04 X5000；或 G04 U5.；或 G04 U5000；或 G04 P5000；皆可。

一般皆采用小数点表示方式来描述坐标位置数值，故在输入数控程序，尤其坐标数值是整数时，常常会出现遗漏小数点的问题。例如，欲输入 25mm，但输入 "Z25"，其实际的数值是 0.025mm，两者相差 1000 倍，可能会导致撞机或大量铣削，因此输入数值时必须谨慎。

程序中用小数点表示与不用小数点表示的数值，可以混合使用。例如：

G00 X25.Y3000 Z5.；
G01 Z-5.F100.；

6.1.3　辅助功能 M 代码

辅助功能由地址符 M 和其后的一位或两位数字组成，主要用于控制零件加工程序的走向，以及机床各种辅助功能的开关动作。M 功能有非模态 M 功能和模态 M 功能两种形式。

非模态 M 功能(当段有效代码)：只在书写了该代码的程序段中有效。

模态 M 功能(续效代码)：一组可相互注销的 M 功能，这些功能在被同一组的另一个功能注销前一直有效。

FANUC 0i‐T 数控系统 M 指令功能如表 6‐2 所示(标记 ＊ 者为默认值)。

表 6‐2　M 代码及功能

代码	模态	功能说明	代码	模态	功能说明
M00	非模态	程序停止	M01	非模态	选择停止
M02	非模态	程序结束	M03	模态	主轴正转起动
M30	非模态	程序结束并返回程序起点	M04	模态	主轴反转起动
M06	非模态	自动换刀	＊M05	模态	主轴停止转动
M98	非模态	调用子程序	M08	模态	切削液打开
M99	非模态	子程序结束	＊M09	模态	切削液停止

在一个程序段中只能有一个 M 代码。如果在一个程序段中同时指令了两个及两个以上的 M 代码，则只有最后一个 M 代码有效，其余的 M 代码均无效。

1) 程序暂停 M00

当 CNC 执行到 M00 指令时，将暂停执行当前程序，以方便操作者进行刀具更换和工件的尺寸测量、工件调头、手动变速等操作。

暂停时，机床的进给停止，而全部现存的模态信息保持不变，欲继续执行后续程序，重按操作面板上的 "循环起动" 键。

2）选择停止 M01

与 M00 的功能基本相似，只有在按下控制面板上"选择停止"键后，M01 才有效，否则机床继续执行后面的程序段；暂停后按"循环起动"键，可继续执行后面的程序。

3）程序结束 M02

M02 一般放在主程序的最后一个程序段中。

当 CNC 执行到 M02 指令时，机床的主轴、进给、冷却液全部停止，加工结束。使用 M02 的程序结束后，若要重新执行该程序，就得重新调用该程序。

4）程序结束并返回零件程序头 M30

M30 和 M02 功能基本相同，只是 M30 指令还兼有控制返回零件程序头的作用。使用 M30 的程序结束后，若要重新执行该程序，只需再次按操作面板上的"循环起动"键。

5）子程序调用 M98 及从子程序返回 M99

M98 用来调用子程序。M99 表示子程序结束，执行 M99 使控制返回主程序。

子程序的格式：

O****；

……；

M99；

在子程序开头，必须规定子程序号，以作为调用入口地址。在子程序的结尾用 M99，以控制执行完该子程序后返回主程序。

调用子程序的格式：

M98 P_ L_；

P：被调用的子程序号。

L：重复调用次数。

6）主轴控制指令 M03、M04、M05

M03：起动主轴以程序中编制的主轴速度顺时针方向（从 Z 轴正向朝 Z 轴负向看）旋转。

M04：起动主轴以程序中编制的主轴速度逆时针方向旋转。

M05：使主轴停止旋转。

M03、M04、M05 为模态功能，M05 为默认功能。M03、M04、M05 可相互注销。

7）冷却液打开、停止指令 M08、M09

M08：指令将打开冷却液管道。

M09：指令将关闭冷却液管道。

M08、M09 为模态功能，M09 为默认功能。

6.1.4 主轴功能 S、进给功能 F 和刀具功能 T

1. 主轴功能 S

主轴转速功能由地址码 S 和其后面的若干数字组成，单位为 r/min。例如，S320 表示主轴转速为 320 r/min。

注意：有些数控机床采用机械变速装置，没有伺服主轴，编程时可以不编写 S 功能。

1）线速度控制 G96

当数控机床的主轴为伺服主轴时，可以通过指令 G96 来设定恒线速度。数控系统执行 G96 指令后，便认为用 S 指定的数值表示切削速度。例如，G96 S150 表示切削速度为 150m/min。

2）主轴转速控制 G97

G97 是取消恒线速度控制指令，在指令 G97 后，S 指定的数值表示主轴每分钟的转速。例如，G97 S1200 表示主轴转速为 1200r/min。

3）最高速度限制 G50

G50 除有坐标系设定功能外，还有主轴最高转速设定功能。例如 G50 S2000，表示主轴最高转速设定为 2000r/min。用恒定速度进行切削加工时，为了防止出现事故，必须限定主轴转速。

S 是模态指令，S 功能只有在主轴速度可调节时才有效。S 所编程的主轴转速可以借助机床控制面板上的主轴倍率开关进行修调。

2．进给功能 F

F 指令表示工件被加工时刀具相对于工件的合成进给速度，其单位取决于 G98/G99 指令。G98 表示进给速度的单位是 mm/min，G99 表示进给速度的单位是 mm/r。直线进给率与旋转进给率的含义如图 6.6 所示。

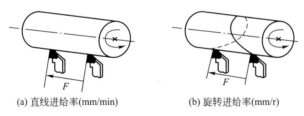

(a) 直线进给率(mm/min)　　(b) 旋转进给率(mm/r)

图 6.6　直线进给率与旋转进给率

当工作在 G01、G02 或 G03 方式下时，编程的 F 一直有效，直到被新的 F 值所取代，而工作在 G00 方式下时，快速定位的速度是各轴的最高速度，与所编 F 无关。

当编写程序时，第一次遇到直线(G01)或圆弧(G02/G03)插补指令时，必须编写 F 指令。如果没有编写 F 指令，则数控系统的默认值为 F0。

借助机床控制面板上的倍率按键，F 可在一定范围内进行倍率修调。当执行攻螺纹循环 G76、G92 和螺纹切削 G32 时，倍率开关失效，进给倍率固定在 100%。

3．刀具功能 T

选择刀具和确定刀具参数是数控编程的重要步骤，其编程格式因数控系统不同而异。

T 指令由地址功能码 T 和数字组成，有 T×× 和 T×××× 两种格式，数字的位数由所用数控系统决定，T 后面的数字用来指定刀具号和刀具偏置号。

当一个程序段同时包含 T 代码与刀具移动指令时，先执行 T 代码指令，后执行刀具移动指令。

6.2 数控车床基本编程指令

6.2.1 准备功能 G 代码

准备功能 G 指令由字母 G 和一或两位数值组成，它用来规定刀具和工件的相对运动轨迹、机床坐标系、坐标平面、刀具补偿、坐标偏置等多种加工操作。

G 功能根据功能的不同分成若干组，其中 00 组的 G 功能称为非模态 G 功能，其余组的称为模态 G 功能。非模态 G 功能只在所规定的程序段中有效，程序段结束时被注销；模态 G 功能为一组可相互注销的 G 功能，这些功能一旦被执行，则一直有效，直到被同一组的 G 功能注销为止。模态 G 功能组中包含一个默认 G 功能，加电时将被初始化为该功能。

没有共同地址符的不同组 G 代码可以放在同一程序段中，而且与顺序无关。例如，G90、G17 可与 G01 放在同一程序段。FANUC 0i-T 系统常用 G 代码及功能如表 6-3 所示。

表 6-3 FANUC 0i-T 系统常用 G 代码及功能

G 代码	组	功能	G 代码	组	功能
* G00	01	快速点定位	G50	00	主轴最高转速设置（或坐标系设定）
G01		直线切削			
G02		顺时针圆弧插补	G52		设置局部坐标系
G03		逆时针圆弧插补	G53		选择机床坐标系
G04	00	暂停	* G54	14	选择工件坐标系 1
G09		停于精确的位置	G55		选择工件坐标系 2
G20	06	英制输入	G56		选择工件坐标系 3
* G21		公制输入	G57		选择工件坐标系 4
G22	04	内部行程限位有效	G58		选择工件坐标系 5
G23		内部行程限位无效	G59		选择工件坐标系 6
G27	00	检查参考点返回	G70	00	精加工循环
G28		参考点返回	G71		内外径粗切循环
G29		从参考点返回	G72		端面粗切循环
G30		回到第二参考点	G73		成形粗切循环
G32	01	切螺纹	G74		端面啄式钻孔循环
* G40	07	取消刀尖半径偏置	G75		内外径啄式钻孔循环
G41		刀尖半径左偏置	G76		螺纹切削循环
G42		刀尖半径右偏置			

(续)

G 代码	组	功能	G 代码	组	功能
G90		内外径切削循环	G96	02	恒线速度控制
G92	01	切螺纹循环	* G97		恒线速度控制取消
G94		端面切削循环	G98	05	指定每分移动量
			* G99		指定每转移动量

注：带 * 者是开机时会初始化的代码。

对于同一 G 代码而言，不同的数控系统所代表的含义不完全一样，对于同一功能，不同的数控系统采用的代码也有差异。因此，在编程时应根据所使用的数控系统灵活运用。本章以 FANUC 0i‑T 系统为例说明数控机床的编程功能。

6.2.2 数控车床的主要编程指令

1. 坐标系设定指令

工件坐标系设定指令是规定工件坐标系原点的指令，工件坐标系原点又称编程零点。在数控编程时，必须先建立工件坐标系，用来确定刀具刀位点在坐标系中的坐标值。

1) 工件坐标系设定指令

指令格式：

```
G50 X_Z_
```

其中，X、Z 分别为刀具起始点在工件坐标系中的坐标值。

还可以使用零点偏置指令 G54～G59 来建立工件坐标系，工件坐标系零点的坐标值在系统参数中预先设置。此 6 个工件坐标系可根据需要任意选用。

例 6-1 建立如图 6.7 所示零件的工件坐标系。

若选工件左端面 O' 点为坐标原点，坐标系设定的编程如下：

```
G50 X150.0 Z100.0
```

若选工件右端面 O 点为坐标原点，坐标系设定的编程如下：

```
G50 X150.0 Z20.0
```

2) 绝对值和增量值编程

在数控车床编程中，X 轴和 Z 轴坐标值的表示方法有绝对值和增量值两种。绝对值编程时，用 X、Z 表示 X 轴和 Z 轴的坐标值；增量值编程时，用 U、W 表示 X 轴和 Z 轴上的移动量。绝对值和增量值可以在同一个程序中混合使用，这样可免去编程时的一些尺寸值的计算。一般情况下，利用自动编程软件编程时，通常采用绝对值编程。

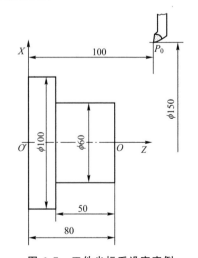

图 6.7 工件坐标系设定实例

2. 尺寸单位设置指令

指令格式：

```
G20
G21
```

G20 表示英制尺寸单位输入，G21 表示公制尺寸单位输入。

工程图样中的尺寸标注有公制和英制两种形式。数控系统可根据所设定的状态，利用代码把所有的几何值转换为公制尺寸或英制尺寸（刀具补偿值和零点偏置值也作为几何尺寸），同样进给率 F 的单位也分别为 mm/min(in/min)或 mm/r(in/r)。该指令为续效指令。数控系统加电后，机床处在公制状态。

公制与英制单位的换算关系为

$$1\text{mm} \approx 0.0394\text{in}$$
$$1\text{in} = 25.4\text{mm}$$

3. 直径和半径方式编程

在数控车床中，可把 X 轴方向的终点坐标作为半径数据尺寸，也可作为直径数据尺寸，由于数控车床加工的工件外形通常是旋转体，尺寸往往以直径值标注，所以把 X 轴的位置数据用直径数据编程更为方便。

4. 快速点定位指令 G00

G00 用于快速定位，在移动过程中，没有对工件进行加工。可以在几个轴上同时执行快速移动，由此产生合成线性轨迹。

指令格式：

```
G00 X(U)_Z(W)_
```

其中，X、Z 为绝对编程时刀具移动的目标点坐标；U、W 为增量编程时目标点相对于起点的位移量。

注意：使用 G00 指令时，刀具的实际运动路线并不一定是直线，而是一条折线。因此，要注意刀具是否与工件和夹具发生干涉，如图 6.8 所示。对于不适合联动的场合，每轴须单独移动。

使用 G00 指令时，机床的进给率由轴参数指定，G00 指令是模态代码。

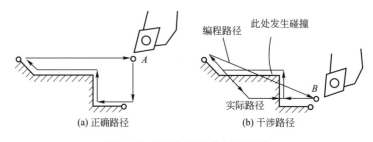

(a) 正确路径　　　　　　　　　(b) 干涉路径

图 6.8　刀具与工件的相对位置

例 6-2　如图 6.9 所示，若 X 轴的快速进给速度为 3000mm/min，Z 轴的快速进给速度为 6000mm/min，利用快速移动指令将刀具从起始点 A 移动到点 C，程序如下：

```
G50 X80.0 Z222.0;                    工件坐标系设定
G00 X40.0 Z162.0(或 U-40.0 W-60.0);  刀具实际移动路径为 A→B→C
```

在执行上述程序段时，刀具实际的运动路线不是直线，而是折线。首先刀具以快速合成速度运动到 B 点，然后沿 Z 轴移动到 C 点。实际应用中，经常采用单轴分别移动的编程方法，程序如下。

```
G50 X80.0 Z222.0;           工件坐标系设定
G00 Z162.0(或 W-60.0);       刀具沿 Z 轴移动 A→D
X40.0(或 U-40.0);            仍然执行 G00,刀具沿 X 轴移动 D→C
```

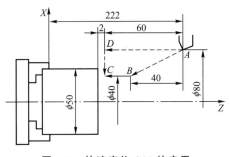

图 6.9　快速定位 G00 的应用

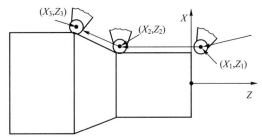

图 6.10　车削加工直线插补

5. 直线插补指令 G01

直线插补指令是直线运动指令，它命令刀具在两坐标轴间以插补联动方式，按指定的进给速度做任意斜率的直线运动，该指令是模态(续效)指令。图 6.10 所示为车削加工直线插补的刀具轨迹，从点 (X_1, Z_1) 到点 (X_2, Z_2)，然后再到点 (X_3, Z_3)，刀具的运动路径均为直线。

指令格式：

```
G01 X(U)_ Z(W)_ F_
```

其中，X、Z 为绝对编程时刀具移动的目标点坐标；U、W 为增量编程时目标点相对于起点的位移量；F 为进给速度。

例 6-3　图 6.11 所示为几种典型车削加工的直线插补实例。刀具从 1 点运动到 2 点，分别用绝对和相对尺寸编写直线加工的程序。

6. 圆弧插补指令 G02、G03

圆弧插补指令命令刀具在指定平面内，按给定的进给速度 F 做圆弧运动，切削出圆弧轮廓。

(1) 顺、逆圆弧的判断。圆弧插补指令分为顺时针圆弧插补指令(G02)和逆时针圆弧插补指令(G03)。圆弧顺、逆的判断，是观察者在迎着 Y 轴的指向所面对的平面内，根据插补的旋转方向为顺时针或逆时针来区分的。数控车床的刀架位置有两种形式，即刀架在操作者内侧或在操作者外侧，即刀架在靠近操作者一侧或在远离操作者一侧。因此，应根据刀架的位置判别圆弧插补时的方向，如图 6.12 所示。

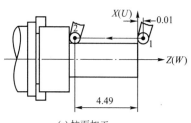

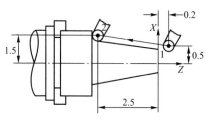

(a) 柱面加工

绝对坐标编程：G01 Z-4.49 F30

相对坐标编程：G01 W-5.00 F30

(b) 外锥面加工

绝对坐标编程：G01 X3.00 Z-2.50 F30

相对坐标编程：G01 U2.00 W-2.7 F30

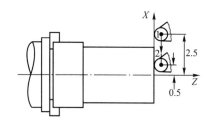

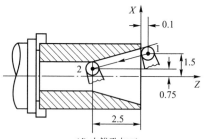

(c) 端面加工

绝对坐标编程：G01 X1.00 F30

相对坐标编程：G01 U-4.00 F30

(d) 内锥孔加工

绝对坐标编程：G01 X1.50 Z-2.50 F30

相对坐标编程：G01 U-1.50 W-2.60 F30

图 6.11　车削加工的直线插补实例

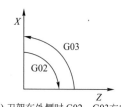

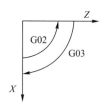

(a) 刀架在外侧时,G02、G03方向

(b) 刀架在内侧时,G02、G03方向

图 6.12　圆弧的顺逆方向与刀架位置的关系

（2）G02、G03 的编程格式。在车削加工圆弧时，不仅要用 G02、G03 指出圆弧的顺、逆时针方向，用 X、Z 指定圆弧的终点坐标，而且还要指定圆弧的中心位置。常用指定圆心位置的方式有两种，因而 G02、G03 的指令格式有两种。

① 用 I、K 指定圆心位置，即

$$\left.\begin{array}{l} \text{G02} \\ \text{G03} \end{array}\right\} \text{X(U)}\_ \text{Z(W)}\_ \text{I}\_ \text{K}\_ \text{F}\_$$

② 用圆弧半径 R 指定圆心位置，即

$$\left.\begin{array}{l} \text{G02} \\ \text{G03} \end{array}\right\} \text{X(U)}\_ \text{Z(W)}\_ \text{R}\_ \text{F}\_$$

说明：当采用绝对值编程时，圆弧终点坐标为圆弧终点在工件坐标系中的坐标值，用 X、Z 表示；当采用增量值编程时，圆弧终点坐标为圆弧终点相对于圆弧起点的增量值，用 U、W 表示。

圆弧的圆心坐标为 I、K，表示从圆弧起点到圆弧中心所作的矢量分别在 X、Z 坐标轴方向上的分矢量(矢量方向指向圆心，即圆弧中心相对圆弧起点的增量)。图 6.13 分别给出了在绝对坐标系中，顺弧与逆弧加工时的圆心坐标 I、K 的关系。

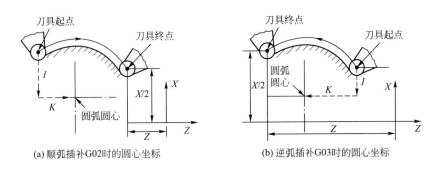

(a) 顺弧插补G02时的圆心坐标   (b) 逆弧插补G03时的圆心坐标

图 6.13　绝对坐标系中的圆心坐标

当用圆弧半径指定圆心位置时，由于在同一半径 R 的情况下，从圆弧的起点到终点存在有两种圆弧的可能性。为区别二者，规定圆心角 $\alpha \leqslant 180°$ 时，用"$+R$"表示，如图 6.14 中的圆弧 1；当 $\alpha > 180°$ 时，用"$-R$"表示，如图 6.14 中的圆弧 2。

用半径 R 指定圆心位置时，不能描述整圆。

例 6-4　刀具加工轨迹如图 6.15 所示，两圆弧的切点坐标为(24，-24)，编制零件的精加工程序。

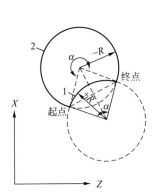

图 6.14　圆弧插补时"$+R$"与"$-R$"的区别

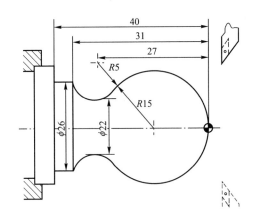

图 6.15　圆弧加工实例

```
O0010;
N05 G50 X40.0 Z5.0;                建立工件坐标系
N10 M03 S600;                      主轴以 400r/min 速度旋转
N15 G00 X0;                        到达工件中心
N20 G01 Z0 F60;                    刀具接触工件
N25 G03 X24.0 Z-24.0 R15.0;        加工 R15mm 圆弧段
N30 G02 X26.0 Z-31.0 R5.0;         加工 R5mm 圆弧段
N35 G01 Z- 40.0;                   加工 φ26mm 外圆
```

N40 G00 X40.0 Z5.0;	回起刀点
N45 M05;	主轴停转
N50 M30;	程序结束

7. 螺纹车削加工指令

常见螺纹的形式如图 6.16 所示。数控系统不同，螺纹加工指令也有差异，在实际应用中应按所使用机床的要求编程。

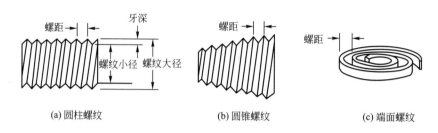

(a) 圆柱螺纹　　　　(b) 圆锥螺纹　　　　(c) 端面螺纹

图 6.16　螺纹形式

G32 指令可以执行单行程螺纹切削，车刀进给运动严格根据输入的螺纹导程进行，但是，车刀的切入、切出、返回均需编入程序。

指令格式：

G32 X(U) _ Z(W) _ F_

其中，X、Z 为绝对编程时螺纹终点的坐标；U、W 为增量编程时螺纹终点相对于起点的位移量；F 为螺纹的导程，其单位采用旋转进给率，即 mm/r。

为避免在加、减速过程中进行螺纹切削，要设引入距离 δ_1 和超越距离 δ_2，即升速进刀段和减速退刀段，参见图 6.17。一般 δ_1 为 2~5 mm，对于大螺距和高精度的螺纹取大值；δ_2 一般取 δ_1 的 1/4 左右，若螺纹的收尾处没有退刀槽，一般按 45° 退刀收尾。

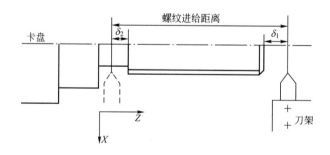

图 6.17　切削螺纹时的引入距离和超越距离

螺纹加工中的大径应根据螺纹尺寸标注和公差要求进行计算，并由外圆车削来保证；螺纹车削加工为成形车削，且切削进给量较大，刀具强度较差，一般要求分数次进给加工。

常用螺纹切削的进给次数与吃刀量可参考表 6-4。

表6-4 常用螺纹切削的进给次数与吃刀量

公 制 螺 纹							
螺距/mm	1.0	1.5	2	2.5	3	3.5	4
牙深(半径值)	0.649	0.974	1.299	1.624	1.949	2.273	2.598
(直径值)切削次数及吃刀量 1次	0.7	0.8	0.9	1.0	1.2	1.5	1.5
2次	0.4	0.6	0.6	0.7	0.7	0.7	0.8
3次	0.2	0.4	0.6	0.6	0.6	0.6	0.6
4次		0.16	0.4	0.4	0.4	0.4	0.6
5次			0.1	0.4	0.4	0.4	0.4
6次				0.15	0.4	0.4	0.4
7次					0.2	0.2	0.4
8次						0.15	0.3
9次							0.2

英 制 螺 纹							
牙/in	24	18	16	14	12	10	8
牙深(半径值)	0.698	0.904	1.016	1.162	1.355	1.626	2.033
(直径值)切削次数及吃刀量 1次	0.8	0.8	0.8	0.8	0.9	1.0	1.2
2次	0.4	0.6	0.6	0.6	0.6	0.7	0.7
3次	0.16	0.3	0.5	0.5	0.6	0.6	0.6
4次		0.11	0.14	0.3	0.4	0.4	0.5
5次				0.13	0.21	0.4	0.5
6次						0.16	0.4
7次							0.17

例6-5 图6.18所示为圆柱螺纹编程实例。螺纹外径已加工完成，螺距为2mm螺纹的牙型深度为1.3mm，分5次进给，吃刀量(直径值)分别为0.9mm、0.6mm、0.6mm、0.4mm和0.1mm，引入距离δ_1为6mm，超越距离δ_2为3mm，加工程序如下：

```
O0011;
N01   G50 X58.0 Z71.0;
N02   M03 S300;
N04   G00 X47.1;
N06   G32 Z12.0 F2.0;
N08   G00 X58.0;
N10   Z71.0;
N12   X46.5;
N14   G32 Z12.0 F2.0;
```

```
N16  G00 X58.0;
N18  Z71.0;
N20  X45.9;
N22  G32 Z12.0 F2.0;
N24  G00 X58.0;
N26  Z71.0;
N28  X45.5;
N30  G32 Z12.0 F2.0;
N32  G00 X58.0;
N34  Z71.0;
N36  X45.4;
N38  G32 Z12.0 F2.0;
N40  G00 X100.0;
N42  Z100.0;
N44  M05;
N46  M30;
```

8. 暂停指令 G04

G04 指令可使刀具做短暂的无进给光整加工，一般用于切槽、镗平面、锪孔等场合。
指令格式：

G04 X(P)_

其中，地址码 X 或 P 为暂停时间，X 后面可用带小数点的数，单位为 s，如 G04 X5.0 表示前面的程序执行完后，要经过 5s 的暂停，后面的程序段才执行；地址 P 后面不允许用小数点，单位为 ms，如 G04 P1000 表示暂停 1 s。

例 6-6 图 6.19 所示为利用暂停指令 G04 进行切槽加工的实例。对槽的外圆柱面粗糙度有要求，编写加工程序如下：

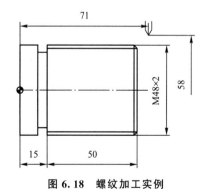

图 6.18 螺纹加工实例

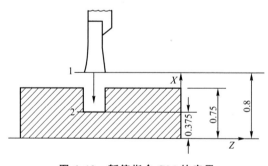

图 6.19 暂停指令 G04 的应用

```
...
N060 G00 X1.6;            快速到 1 点
N070 G01 X0.75 F0.05;     以进给速度切削到 2 点
N080 G04 X2.0;            暂停 2s
```

```
N090 G00 X1.6;          快速到1点
...
```

6.2.3 刀具补偿功能指令

在 FANUC 数控车削系统中,刀具的补偿包括刀具的偏置和磨损补偿、刀尖半径补偿。

注意:刀具的偏置和磨损补偿,是由 T 代码指定的功能,而不是由 G 代码规定的准备功能。

1. 刀具偏置补偿和刀具磨损补偿

在编程时,设定刀架上各刀在工作位时,其刀尖位置是一致的,但由于刀具的几何形状及安装的不同,其刀尖位置是不一致的,其相对于工件原点的距离也是不同的。因此需要将各刀具的位置值进行比较或设定,称为刀具偏置补偿。刀具偏置补偿可使加工程序不随刀尖位置的不同而改变。刀具偏置补偿有两种形式:相对补偿形式和绝对补偿形式。

1) 相对补偿形式

如图 6.20 所示,在对刀时,确定一把刀为标准刀具,并以其刀尖位置 A 为依据建立坐标系。这样,当其他各刀转到加工位置时,刀尖位置 B 相对标准刀具刀尖位置 A 就会出现偏置,原来建立的坐标系就不再适用,因此应对非标刀具相对于标准刀具之间的偏置值 Δx、Δz 进行补偿。使刀尖位置 B 移至位置 A。

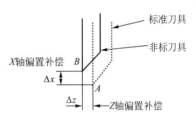

图 6.20 刀具偏置的相对补偿形式

标准刀具偏置值为机床回到机床零点时,工件坐标系零点相对于工作位上标准刀具刀尖位置的有向距离。

2) 绝对补偿形式

绝对补偿形式即机床回到机床零点时,工件坐标系零点相对于刀架工作位上各刀刀尖位置的有向距离。当执行刀偏补偿时,各刀以此值设定各自的加工坐标系,如图 6.21 所示。

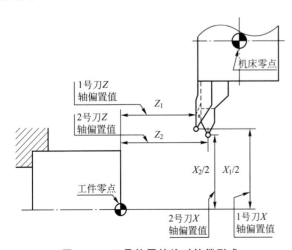

图 6.21 刀具偏置的绝对补偿形式

刀具使用一段时间后磨损,也会使产品尺寸产生误差,因此,需要对其进行补偿。该补偿与刀具偏置补偿存放在同一个寄存器的地址号中。各刀的磨损补偿只对该刀有效。

刀具的补偿功能由 T 代码指定,其后的 4 位数字分别表示选择的刀具号和刀具偏置补偿号。T 代码的说明如下:

T××(刀具号)+××(刀具补偿号)

刀具补偿号是刀具偏置补偿寄存器的地址号,该寄存器存放刀具的 X 轴和

Z 轴偏置补偿值、刀具的 X 轴和 Z 轴磨损补偿值。

T 加补偿号表示开始补偿功能。补偿号为 00 表示补偿量为 0，即取消补偿功能。

例如，T0404 表示选择第 4 号刀和 4 号偏置量；T0200 表示选择第 2 号刀，刀具偏置取消。

系统对刀具的补偿或取消都是通过拖板的移动来实现的。补偿号可以和刀具号相同，也可以不同，即一把刀具可以对应多个补偿号（值）。

如图 6.22 所示，如果刀具轨迹相对编程轨迹具有 X、Z 方向上的补偿值（由 X、Z 方向上的补偿分量构成的矢量称为补偿矢量），那么程序段中的终点位置加或减去由 T 代码指定的补偿量（补偿矢量）即为刀具轨迹段终点位置。

例 6-7 如图 6.22 所示，先建立刀具偏置磨损补偿，后取消刀具偏置磨损补偿。

```
N20 T0202;
N30 G01 X50.0 Z100.0 F100;
N40 Z200.0;
N50 X100.0 Z250.0 T0200;
N60 M30;
```

2. 刀尖圆弧半径补偿 G40、G41 和 G42

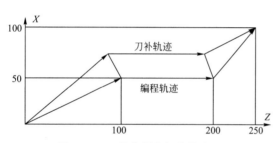

图 6.22　刀具偏置磨损补偿编程

在实际加工中，一般数控装置都有刀具半径补偿功能，为编制程序提供了方便。有刀具半径补偿功能的数控系统，编程时不需要计算刀具中心的运动轨迹，只按零件轮廓编程。使用刀具半径补偿指令，并在控制面板上手工输入刀具半径，数控装置便能自动地计算出刀具中心轨迹，并按刀具中心轨迹运动，即执行刀具半径补偿后，刀具自动偏离工件轮廓一个刀具半径值，从而加工出所要求的工件轮廓。

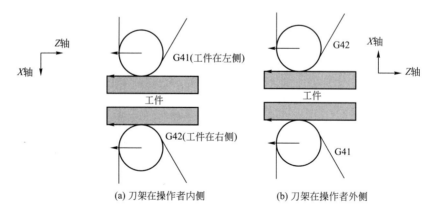

(a) 刀架在操作者内侧　　　　　(b) 刀架在操作者外侧

图 6.23　刀具半径补偿

指令格式：

$$\begin{Bmatrix} G40 \\ G41 \\ G42 \end{Bmatrix} \begin{Bmatrix} G00 \\ G01 \end{Bmatrix} X\_Z\_$$

G41 为刀具半径左补偿，即刀具沿工件左侧运动方向时的半径补偿；G42 为刀具半径右补偿，即刀具沿工件右侧运动时的半径补偿，如图 6.23 所示。G40 为刀具半径补偿取消，使用该指令后，G41、G42 指令无效。G40 必须和 G41 或 G42 成对使用。

注意：

（1）G41/G42 不带参数，其补偿号（代表所用刀具对应的刀尖半径补偿值）由 T 代码指定。其刀尖圆弧补偿号与刀具偏置补偿号对应。

（2）刀尖半径补偿的建立与取消只能用 G00 或 G01 指令，不得是 G02 或 G03。

刀尖圆弧半径补偿寄存器中，定义了车刀圆弧半径及刀尖的方向号。车刀刀尖的方向号定义了刀具刀位点与刀尖圆弧中心的位置关系，其从 0～9 有 10 个方向，如图 6.24 所示。

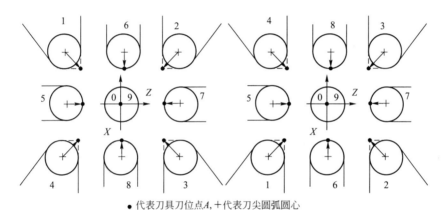

●代表刀具刀位点A,＋代表刀尖圆弧圆心

图 6.24　车刀刀尖位置码定义

例 6-8　考虑刀尖半径补偿，编制图 6.15 所示零件的加工程序。

O0010;

N05 T0101;　　　　　　　　　　　　　换 01 号刀具,并建立 01 号刀具偏置补偿

N10 M03 S600;　　　　　　　　　　　主轴以 400r/min 速度旋转

N15 G00 X0;　　　　　　　　　　　　到达工件中心

N20 G42 G01 Z0 F60;　　　　　　　　建立刀具半径补偿,刀具接触工件

N25 G03 X24.0 Z-24.0 R15.0;　　　加工 R15mm 圆弧段

N30 G02 X26.0 Z-31.0 R5.0;　　　　加工 R5mm 圆弧段

N35 G01 Z-40,0;　　　　　　　　　　加工 φ26mm 外圆

N40 G00 X30,0;　　　　　　　　　　　退出已加工表面

N45 G40 G00 X40.0 Z5.0;　　　　　　取消半径补偿,回起刀点

N50 M30;　　　　　　　　　　　　　　程序结束

6.3 数控车床的固定循环指令

对数控车床而言，非一刀加工完成的轮廓表面、加工余量较大的表面采用循环编程，可以缩短程序段的长度，减少程序所占用的内存。下面介绍 FANUC 0i - T 数控系统的车削固定循环。

FANUC 0i - T 数控系统的循环指令分为简单固定循环和复合固定循环两类。

6.3.1 简单固定循环指令

简单固定循环有 3 种：外径/内径切削固定循环 G90、螺纹切削固定循环 G92，以及端面切削固定循环 G94。

1. 外径/内径切削固定循环 G90

1）圆柱面切削固定循环

如图 6.25 所示，刀具从循环起点开始按矩形循环，最后又回到循环起点，图中刀具路径中 R 为快速移动，F 为工作进给速度运动。指令格式：

```
G90 X(U)_ Z(W)_ F_
```

其中，X、Z 为圆柱面切削终点坐标值；U、W 为圆柱面切削终点相对循环起点的增量值，其加工顺序按 1、2、3、4 进行。

2）圆锥面切削固定循环

刀具加工的轨迹如图 6.26 所示。指令格式：

```
G90 X(U)_ Z(W)_ R_ F_
```

其中，X、Z 为圆锥面切削终点坐标值；U、W 为圆锥面切削终点相对循环起点的增量值，R 为切削始点与圆锥面切削终点的半径差。

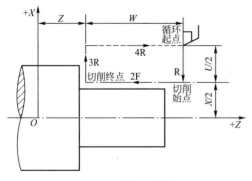

图 6.25 外圆车削循环

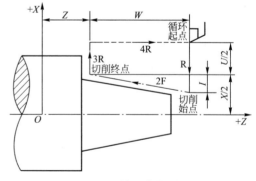

图 6.26 锥面车削循环

例 6 - 9   如图 6.27 所示，用 G90 指令编程，点画线代表毛坯。

```
O0017;
N10 T0101 M03 S500;
```

```
N20 G00 X40.0 Z3.0;
N30 G90 U-10.0 W-33.0 I-5.5 F100;
N40 U-13.0 W-33.0 I-5.5;
N50 U-16.0 W-33.0 I-5.5;
N60 M05;
N70 M30;
```

2. 螺纹车削循环 G92

G92 指令可车削锥螺纹和圆柱螺纹，刀具从循环起点开始按矩形或梯形循环，最后又回到循环起点。如图 6.28 和图 6.29 所示，图中刀具路径中 R 为快速移动，F 为以工作进给速度运动。

(1) 圆柱螺纹的指令格式：

```
G92 X(U)_ Z(W)_ F_
```

其中，X、Z 为螺纹终点坐标值；U、W 为螺纹终点相对循环起点的增量值；F 为进给率，采用与螺距相对应的旋转进给率。

(2) 锥螺纹的指令格式：

```
G92 X(U)_ Z(W)_ R_ F_
```

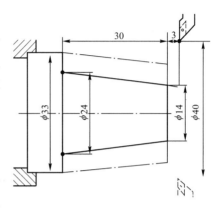

图 6.27　G90 循环加工实例

其中，X、Z 为螺纹终点坐标值；U、W 为螺纹终点相对循环起点的增量值；R 为锥螺纹始点与终点的半径差；F 为进给率，采用与螺距相对应的旋转进给率。

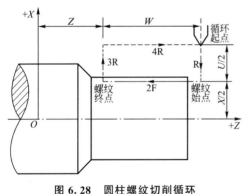

图 6.28　圆柱螺纹切削循环

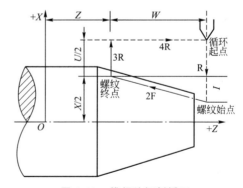

图 6.29　锥螺纹切削循环

例 6-10　编制如图 6.18 所示的螺纹加工程序，用 G92 指令编程。

```
O0015;
N05 T0303;
N10 M03 S300;
N15 G00 X58.0 Z71.0;
N20 G92 X47.1 Z12.0 F2.0;
N25 X46.5 Z12.0;
```

```
N30 X45.9 Z12.0;
N35 X45.5 Z12.0;
N40 X45.4 Z12.0;
N45 G00 X100.0 Z100.0;
N50 M30;
```

3. 端面车削固定循环 G94

1) 平端面车削固定循环

如图 6.30 所示，刀具从循环起点开始按矩形循环，最后又回到循环起点，图中刀具路径中 R 为快速移动，F 为以工作进给速度运动。指令格式：

```
G94 X(U)_ Z(W)_ F_
```

其中，X、Z 为端面切削终点坐标值；U、W 为端面切削终点相对循环起点的增量值。

2) 圆锥端面切削固定循环

刀具加工的轨迹如图 6.31 所示。指令格式：

```
G94 X(U)_ Z(W)_ K_ F_
```

其中，X、Z 为圆锥面切削终点坐标值；U、W 为圆锥面切削终点相对循环起点的增量值；K 为端面切削始点与切削终点在 Z 方向的坐标增量。

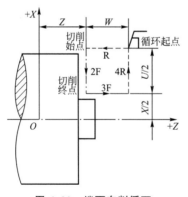

图 6.30　端面车削循环

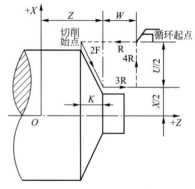

图 6.31　带锥度的端面车削循环

6.3.2　复合固定循环指令

在用棒料毛坯车削阶梯相差较大的轴，或切削铸、锻件的毛坯余量时，由于加工余量较大，往往需要多次切削，而且每次加工的轨迹相差不大。利用复合固定循环功能，只要编出精加工路线(最终走刀路线)，给出每次切除的余量深度或循环的次数，系统就会自动计算出粗加工路线和加工次数，控制机床自动重复切削直到完成工件的加工为止。因此，可以大大简化编程。

1. 精加工循环 G70

指令格式：

```
G70 P(ns)Q(nf);
```

其中，ns 为精加工形状程序的第一个段号；nf 为精加工形状程序的最后一个段号；G70 用于 G71、G72 或 G73 粗车循环之后，用来进行精加工。

2. 内外径粗车固定循环 G71

指令格式：

G71 U(Δd)R(e);
G71 P(ns)Q(nf) U(Δu) W(Δw)F(f)S(s)T(t);

G71 适用于圆柱毛坯粗车外圆和圆筒毛坯粗车内径，图 6.32 所示为用 G71 粗车外径的加工路径。各参数含义如下：

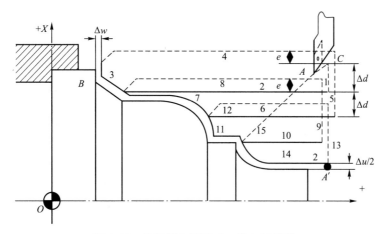

图 6.32　外径粗车循环 G71 的加工路径

Δd：切削深度(即每次切削量，为半径值)，指定时不加符号，方向由矢量 AA' 决定。

e：每次退刀量。

ns：精加工路径第一程序段的顺序号。

nf：精加工路径最后程序段的顺序号。

Δu：X 方向精加工余量(直径值)。

Δw：Z 方向精加工余量。

f、s、t：粗加工时 G71 中编程的 F、S、T 有效，而精加工时处于 ns 到 nf 程序段之间的 F、S、T 有效。

当加工零件内轮廓时，上述程序指令就成为内径粗车固定循环。此时，径向精车余量 Δu 应指定为负值。

例 6-11　使用复合循环指令，编制如图 6.33 所示零件的加工程序。要求循环起始点在 A(46,3)，切削深度为 2.5mm(半径量)。X 方向精加工余量为 0.4mm，Z 方向精加工余量为 0.2mm，其中双点画线部分为工件毛坯。

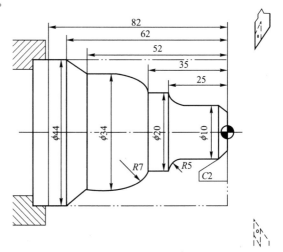

图 6.33　典型加工零件

O5101;	程序号
N010 G55 G00 X100.0 Z100.0;	选定坐标系 G55,到程序起点位置
N020 S500 M03;	主轴以 500r/mm 正转
N030 G01 X46.0 Z3.0 F120;	刀具到循环起点位置
N040 G71 U2.5 R1.0	粗切量 2.5mm,退刀量 1mm
N050 G71 P60 Q140 U0.4 W0.2 F100;	留精车余量 X0.4mm,Z0.2mm
N060 G00 X0;	精加工轮廓起始行,到倒角延长线
N070 G01 X10.0 Z-2.0;	精加工 C2 倒角
N080 Z-20.0;	精加工 ϕ10mm 外圆
N090 G02 U10.0 W-5.0 R5.0;	精加工 R5mm 圆弧
N100 G01 W-10.0;	精加工 ϕ20mm 外圆
N110 G03 U14.0 W-7.0 R7.0;	精加工 R7mm 圆弧
N120 G01 Z-52.0;	精加工 ϕ34mm 外圆
N130 U10.0 W-10.0;	精加工外圆锥
N140 W-20.0;	精加工 ϕ44mm 外圆,精加工轮廓结束行
N150 G00 X100.0 Z100.0;	退到起刀点
N160 S800;	主轴以 800r/min 正转
N170 G70 P60 Q140;	轮廓精加工
N180 G00 X100.0 Z100.0;	退到起刀点
N190 M05;	主轴停转
N200 M30;	主程序结束

3. 端面粗车固定循环 G72

指令格式:

G72 W(Δd) R(e);

G72 P(ns) Q(nf) U(Δu) W(Δw) F(f) S(s) T(t);

G72 适用于圆柱毛坯端面方向粗车,如图 6.34 所示,是从外径方向往轴心方向车削端面时的走刀路径。Δd 为 Z 方向的切削深度,其他参数含义与 G71 相同。

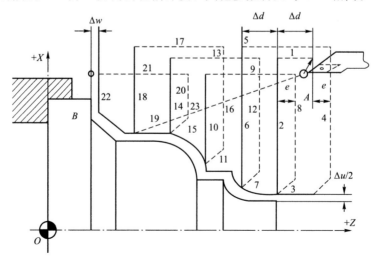

图 6.34 端面粗车循环 G72 的加工路径

4. 固定形状粗车循环 G73

指令格式：

G73 U(Δi) W(Δk) R(d);

G73 P(ns) Q(nf) U(Δu) W(Δw) F(f) S(s) T(t);

G73 适用于毛坯轮廓形状与零件轮廓形状基本接近时的粗车，例如，一般锻件或铸件的粗车，这种循环方式的走刀路线如图 6.35 所示。各参数含义如下：

Δi：X 方向退刀的距离及方向(半径值)。

Δk：Z 方向退刀距离。

d：分割次数，相对于粗车次数。

ns：精加工路径第一程序段的顺序号。

nf：精加工路径最后程序段的顺序号。

Δu：X 方向精加工余量(直径值)。

Δw：Z 方向精加工余量。

f、s、t：粗加工时 G71 中编程的 F、S、T 有效，而精加工时处于 ns 到 nf 程序段之间的 F、S、T 有效。

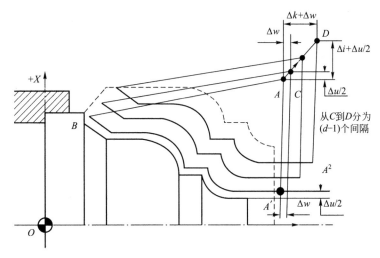

图 6.35 固定形状粗车循环 G73 的走刀路径

例 6 - 12 编制图 6.36 所示零件的加工程序。设切削起始点在(60，5)；X、Z 方向粗加工余量分别为 3mm、0.9mm；粗加工次数为 3；X、Z 方向精加工余量分别为 0.6mm、0.1mm。其中双点画线部分为工件毛坯。

O0005;	程序号
N10 G54 G00 X80.0 Z80.0;	选定坐标系,到程序起点位置
N20 M03 S400;	主轴以 400r/min 正转
N30 G00 X60.0 Z5.0;	到循环起点位置
N35 G73 U3.0 W0.9 R3.0;	设定 X、Z 方向的粗加工余量及粗切次数
N40 G73 P50 Q130 U0.6 W0.1 F120;	留精车余量 X0.6mm,Z0.1mm

N50 G00 X0 Z3.0;   精加工轮廓开始,到倒角延长线处
N60 G01 U10.0 Z-2.0 F80;   精加工 C2 倒角
N70 Z-20.0;   精加工 φ10mm 外圆
N80 G02 U10.0 W-5.0 R5.0;   精加工 R5mm 圆弧
N90 G01 Z-35.0;   精加工 φ20mm 外圆
N100 G03 U14.0 W-7.0 R7.0;   精加工 R7mm 圆弧
N110 G01 Z-52.0;   精加工 φ34mm 外圆
N120 U10.0 W-10.0;   精加工锥面
N130 U10.0;   退出已加工表面,精加工轮廓结束
N140 G00 X80.0 Z80.0   退到起刀点
N150 S800   主轴以 800r/min 正转
N160 G70 P50 Q130;   精加工轮廓
N170 G00 X80.0 Z80.0;   返回程序起点位置
N180 M30;   主轴停、主程序结束并复位

5. 螺纹切削复合循环 G76

指令格式:

G76 P(m)(r)(α)Q(Δd$_{min}$) R(d);
G76 X(u) Z(w) R(i) P(k) Q(Δd) F(L);

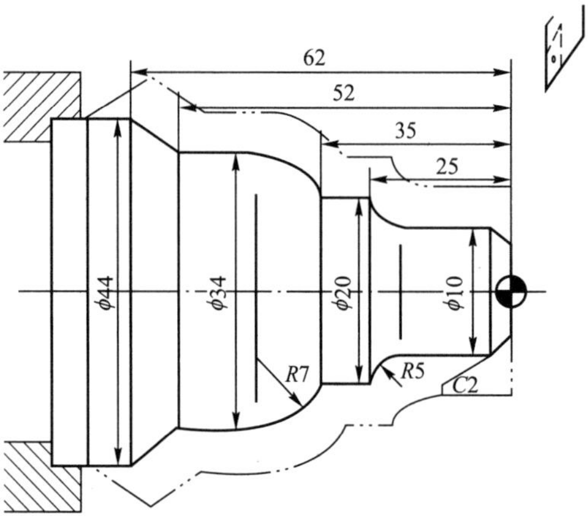

螺纹切削固定循环 G76 执行如图 6.37 所示的加工轨迹。在 G76 循环加工中,刀具为单侧刃加工,刀尖的负载可以减轻。第一次切入量为 Δd,第 n 次为 Δd$\sqrt{n}$。其单边切削及参数如图 6.38 所示。各参数含义如下:

m:最后精加工的重复次数,取值范围 1~99。

r:螺纹倒角量,即螺纹收尾部分的长度。如果把 L 作为导程,在 0.1~9.9L 范围内,以 0.1L 为一挡,可以用 00~99 两位数值来指定,也可用参数来设定。

α:刀尖的角度,即螺纹牙的角度。此角度值用两位数来指定,一般为 60。

图 6.36 G73 编程实例

m、r、α 与地址 P 一起指定,中间以空格隔开。

Δd$_{min}$:最小切入量。当一次切入量为 Δd$\left(\sqrt{n}-\sqrt{n-1}\right)$ 比 Δd$_{min}$ 还小时,则用 Δd$_{min}$ 作为一次切入量。

d:精加工余量。

u、w:螺纹切削终点坐标值。

i:螺纹部分的半径差,当 i=0 时为切削直螺纹。

k:螺纹牙型高度(半径值)。

Δd：第一次切入量。

L：螺纹导程。

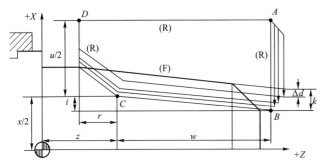

图 6.37 螺纹切削复合循环 G76 的走刀路径

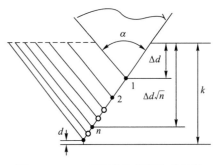

图 6.38 G76 循环单边切削及其参数

6.4 数控车床编程实例

例 6-13 加工如图 6.39 所示的小手柄，零件的最大外径是 $\phi 28mm$，所以选取毛坯为 $\phi 30mm$ 的圆棒料，材料为 45 钢。

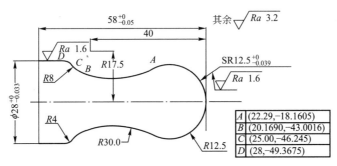

A	(22.29, -18.1605)
B	(20.1690, -43.0016)
C	(25.00, -46.245)
D	(28, -49.3675)

图 6.39 小手柄零件

1. 工艺分析

（1）该零件分 3 个步骤来完成加工，第一步全粗车；第二步进行表面精车；第三步切断。

（2）关键问题是如何保证 $\phi 28mm$、$SR12.5mm$ 和长度 58mm 的尺寸公差，安装时棒料伸出自定心卡盘 70mm 装夹工件。

（3）选择 01 号粗车刀、02 号精车刀和 03 号切槽刀共 3 把刀，外圆刀的副偏角应大于 45°，G73 进行粗车时，$U = 14/2 = 7$（U 是切去部分的最大尺寸，半径值）。

（4）单边粗车吃刀量为 1.4mm，精车余量为 0.5mm。

2. 工件坐标系的设定

选取工件的右端面的中心点 O 为工件坐标系的原点。

3. 编制加工程序

```
O0004;
N10 G50 X100.0 Z100.0;                       对刀点,也是换刀点
N20 T0101 M03 S600 F0.2 M08;
N30 G00 X32.0 Z2.0;
N40 G01 Z0;
N50 X-1.0;
N60 G00 X32.0 Z2.0;
N70 G73 U7.0 R5.0;
N80 G73 P90 Q150 U0.5 F0.2;
N90 G01 X0 F0.2;
N100 Z0;
N110 G03 X22.29 Z-18.161 R12.48;             12.48mm 保证 SR25mm 的公差值
N120 G02 X20.169 Z-43.001 R30.0;
N130 G02 X25.0 Z-46.245 R8.0;
N140 G03 X27.983 Z-49.368 R4.0;              27.983mm 保证 ϕ28mm 的公差值
N150 G01 Z-60.0;
N160 G04 X120.0;
N170 M03 S1000;
N180 G00 X100.0 Z100.0;
N190 T0202;
N200 G70 P90 Q150;
N210 G00 X100.0 Z100.0;
N220 S500 T0303;
N230 G00 X32.0 Z-(57.975+切槽刀宽);          57.975mm 保证 58mm 长度的公差值
N240 G01 X-1.0 F0.05;
N250 G00 X32.0;
N260 G00 X100.0 Z100.0;
N270 M05 M09;
N280 M30;
%
```

例 6-14 分析零件的最大外径是 $\phi38$mm,所以选取毛坯为 $\phi40$mm 的圆棒料,材料为 45 钢,如图 6.40 所示。

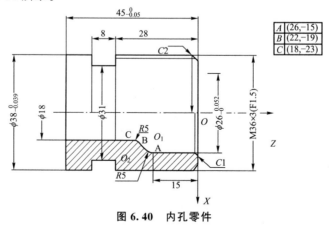

图 6.40 内孔零件

1．工艺分析

（1）该零件分 8 个步骤来完成加工，第一步用 $\phi 16mm$ 的麻花钻来钻孔；第二步粗车外圆；第三步精车外圆；第四步粗镗内孔；第五步精镗内孔；第六步切槽；第七步车 M36 的粗牙螺纹(螺距 $F=1.5mm$)；第八步切断。

（2）较为突出的问题是如何保证 $\phi 38mm$、$\phi 26mm$ 和长度 45mm 的尺寸公差，M36 的双头螺纹，用 G92 车削，一刀车完后，移动 1.5mm（一个螺距的长度）再车一刀。棒料伸出自定心卡盘 65mm 装夹工件。

（3）选择 01 号车刀、02 号螺纹刀、03 号内孔镗刀和 04 号切槽刀，共 4 把刀。

（4）G71 进行外圆粗加工时，单边粗车吃刀量 2mm，$U=2$，退刀量值为 1mm，精车余量为 0.5mm；G71 进行内孔粗加工时，单边粗车吃刀量 1mm，$U=1$，退刀量值为 0.5mm，精车余量 0.5mm。

2．工件坐标系的设定

选取工件右端面的中心点 O 作为工件坐标系的原点。

3．手动钻孔

夹好工件，用 $\phi 16mm$ 的麻花钻手动钻孔，孔深 50mm。

4．编制加工程序

```
O0016;
N10   G50 X100.0 Z100.0;
N20   T0101 M03 M08 S600 F0.2;
N30   G00 X42.0 Z2.0;
N40   G01 Z0;
N50   X15.0;
N60   G00 X42.0 Z2.0;
N70   G71 U2.0 R1.0;
N80   G71 P90 Q140 U0.5 F0.2;
N90   G01 X32.0;
N100  Z0;
N110  X36.0 Z-2.0;
N120  Z-36.0;
N130  X37.98;
N140  Z-47.0;
N150  G00 X100.0;
N160  Z100.0;
N170  S1000;
N180  G70 P90 Q140;
N190  G00 X100.0 Z100.0;
N200  T0303 S600;
N210  G00 X15.0 Z2.0;
N220  G71 U1.0 R0.5;
```

N230   G71 P240 Q300 U-0.5 F0.2;
N240   G00 X28.0;
N250   Z0;
N260   X26.026 Z-1.0;
N270   Z-15;
N280   G03 X22.0 Z-19.0 R5.0;
N290   G02 X18.0 Z-23.0 R5.0;
N300   G01 Z-50.0;
N310   G70 P240 Q300;
N320   G00 Z100.0;
N330   X100.0;
N340   T0404 S300;
N350   G00 X42.0 Z2.0;
N360   G01 Z-36.0 F0.2;
N370   X31.0;
N380   G04 X0.5;
N390   G01 X40.0;
N400   Z-32.0;
N410   X31.0;
N420   G04 X0.5;
N430   G01 X40.0;
N440   G00 X100.0;
N450   Z100.0;
N460   T0202 S300 F0.2;
N470   G00 X40.0 Z6.0;
N480   G92 X35.1 Z-30.0 F1.5;
N490   X34.5;
N500   X33.9;
N510   X33.5;
N520   X33.4;
N530   X33.4;
N540   G00 Z4.5;   Z 轴向移动过一个螺距;
N550   G92 X35.1 Z-30.0 F1.5;
N560   X34.5;
N570   X33.9;
N580   X33.5;
N590   X33.4;
N600   X33.4;
N610   G00 X100.0;
N620   Z100.0;
N630   T0404 S500;
N640   G00 X42.0 Z-48.975;
N650   G01 X15.0 F0.05;
N660   G00 X100.0;

N670   Z100.0;

N680   M05 M09;

N690   M30;

%

例6-15 编写图6.41所示零件的车削加工程序,图6.41(b)为刀具安装及刀具尺寸位置图,刀具及切削用量如表6-5所示。换刀点位置为(200,350)。

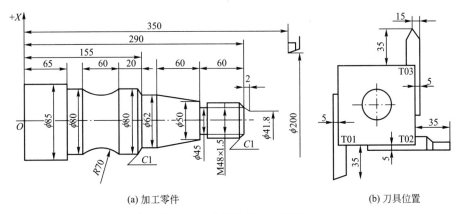

(a) 加工零件   (b) 刀具位置

图6.41 典型车削加工零件

表6-5 刀具及切削用量表

刀具编号	刀具规格	加工内容	主轴转速 S /(r/min)	进给速度 F /(mm/r)
1	93°车刀	外轮廓加工	630	0.15
2	切槽刀	切退刀槽	315	0.16
3	螺纹车刀	轮廓粗加工	200	1.0

加工程序如下:

O0002;	程序号
N10 T0101 G00 X200.0 Z350.0;	换1号刀,并进行刀具偏置补偿
N20 S630 M03;	主轴正转,转速630r/min
N30 G00 X41.8 Z292.0 M08;	快进,切削液开
N40 G01 X48.04 Z289.0 F0.15;	工进,倒角,进给速度0.15mm/r
N50 Z230.0;	精车螺纹大径 ϕ48.04mm
N60 X50.0;	退刀
N70 X62.0 W- 60.0;	精车锥面
N80 Z155.0;	精车 ϕ62mm外圆
N90 X78.0;	退刀
N100 X80.0 W-1.0;	倒角
N110 W-19.0;	精车 ϕ80mm外圆
N120 G02 W-60.0 I63.25 K-30.0;	精车圆弧
N130 G01 Z65.0;	精车 ϕ80mm外圆

N140	X90.0;	退刀
N150	G00 X200.0 Z350.0 T0100 M09;	返回起点,取消刀具补偿,同时切削液关
N160	T0202;	换2号刀,并进行刀具补偿
N170	S315 M03;	主轴正转,转速315r/min
N180	G00 X51.0 Z230.0 M08;	快进,切削液开
N190	G01 X45.0 F0.16;	工进,车φ45槽,进给速度0.16mm/r
N200	G04 X5.0;	暂停进给5s
N210	G00 X51.0;	快速退刀
N220	X200.0 Z350.0 T0200 M09;	返回起点,取消刀具补偿,同时切削液关
N230	T0303;	换3号刀,并进行刀具补偿
N240	S200 M03;	主轴正转,转速200r/min
N250	G00 X62.0 Z296.0 M08;	快进,切削液开
N260	G92 X47.24 Z228.5 F1.5;	螺纹切削循环
N270	X46.64;	
N280	X46.24;	
N290	X46.08;	
N300	G00 X200.0 Z350.0 T0300 M09;	返回起点,取消刀具补偿,同时切削液关
N310	M05;	主轴停止
N320	M30;	程序结束

%

小　结

本章以FANUC 0i-T数控系统为例介绍了数控车床的程序编制,内容包括数控车床编程的基础知识、基本指令、刀具补偿指令、车削固定循环指令的应用,并以大量的例题说明指令的应用。

在数控机床上加工零件,刀具与工件的相对运动是以数字的形式体现的,因此必须建立相应的坐标系,才能确定刀具与工件的相对位置。机床坐标系是机床上固有的坐标系,通过机床开机后回参考点操作来确定机床原点建立机床坐标系。工件坐标系是编程时使用的坐标系,其原点位置由编程人员确定。

准备功能G代码是数控程序中最重要的组成部分,可分为模态代码和非模态代码。快速定位指令G00用来命令刀具从所在点按机床提供的最快速度移到规定位置;直线插补指令G01命令刀具以给定的进给速度做任意斜率的直线运动。圆弧插补指令G02或G03用来命令刀具在指定的平面内,以给定的进给速度从当前点向目标点进行顺时针或逆时针圆弧加工,切削出圆弧轮廓。螺纹车削加工指令G32可以执行单行程螺纹切削,车刀进给运动严格根据输入的螺纹导程进行。

对数控车床而言,加工余量较大的表面,采用固定循环编程,可以缩短程序段的长度,减少程序所占用的内存。数控车削循环指令分为简单固定循环和复合固定循环两类。简单固定循环有3种:外径/内径切削固定循环G90、螺纹切削固定循环G92,以及端面切削固定循环G94。复合固定循环中粗车循环指令G71、G72和G73只要编出精加工路线(最终走刀路线),给出每次切除的余量深度或循环的次数,系统就会自动计算出粗加工路线和加工次数，控制机床自动完成工件的粗加工。精加工循环指令 G70 用于 G71、G72 或 G73 粗车循环之后，再来进行精加工。

习　题

6-1　什么是直径编程和半径编程？

6-2　试述刀具半径补偿中左刀补和右刀补的判断方法。

6-3　准备功能指令中的 G02、G03 分别是什么指令？圆弧的顺、逆方向如何判断？

6-4　数控系统中常用的辅助功能代码主要有哪些？各自有何作用？

6-5　简述刀位点、换刀点和工件坐标原点。

6-6　G50 和 G54 建立工件坐标系的区别是什么？

6-7　在数控车床上加工如图 6.42 所示的零件，加工路线从 A 点到 B 点，进给速度为 120mm/min，试用 4 种方式(绝对和增量方式，圆心和半径方式)分别编出圆弧插补程序。

6-8　加工如图 6.43 所示的零件，毛坯为 ϕ62mm 的棒料，从右到左，轴向进给切削，粗加工每次进给深度为 1.6mm，进给量为 0.25 mm/r，精加工余量 X 向 0.4mm，Z 向 0.1mm，试编写加工程序。

6-9　在数控车床上加工如图 6.44 所示的零件，材料为 ϕ90mm 外圆棒料，A 点为起刀点，主轴转速选择 S630，进给速度 F150，不考虑刀补，以直径值编程，试编写加工程序。

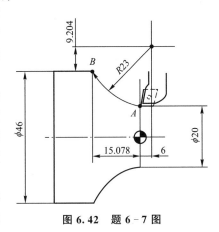

图 6.42　题 6-7 图

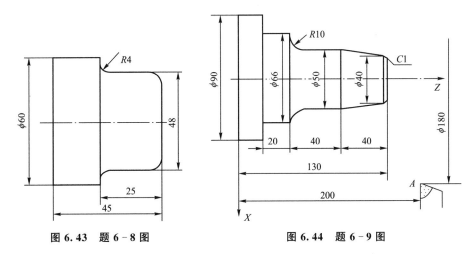

图 6.43　题 6-8 图　　　　　图 6.44　题 6-9 图

6-10　编制简单回转零件(图 6.45)的车削加工程序，包括粗精车端面、外圆、倒角、车螺纹。零件加工的单边余量为 2mm，其左端面 18mm 为夹紧用。

6-11　编制如图 6.46 所示的零件加工程序。要求循环起点在(80，2)，切削深度

1.2mm，退刀量 1mm，X 方向精加工余量 0.2mm，Z 方向精加工余量为 0，图中双点画线为毛坯。

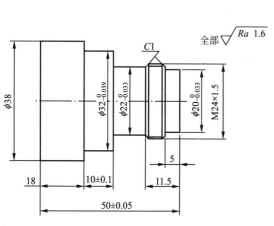

图 6.45　题 6‑10 图

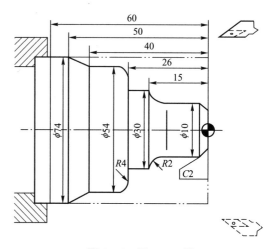

图 6.46　题 6‑11 图

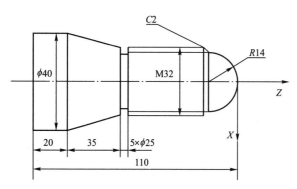

图 6.47　题 6‑12 图

6‑12　试编写如图 6.47 所示零件的加工程序，毛坯为 $\phi45$mm 的棒料。要求编写该零件在数控车床上的精加工程序。

6‑13　如图 6.48 所示的零件，在数控车床上进行加工，材料为 $\phi30$mm 外圆棒料，主轴转速选择 S630，进给速度 F150，试编写加工程序。

6‑14　试编制如图 6.49 所示零件的数控车削加工程序。

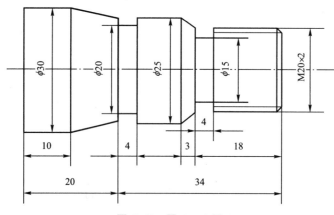

图 6.48　题 6‑13 图

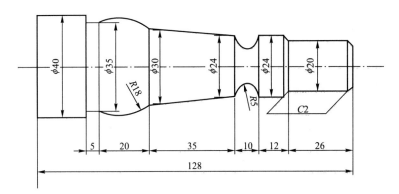

图 6.49　题 6 - 14 图

第7章
数控铣床及加工中心编程

 内容提要

数控铣床是采用铣削方式来加工零件的数控机床，加工中心是在数控铣床的基础上发展起来的，具有刀库和自动换刀装置，在加工过程中能够自动换刀，除换刀程序外，加工中心的编程方法与数控铣床基本一致。本章以 FANUC 0i－M 数控系统为例说明数控铣床及加工中心的编程功能。首先介绍了数控铣削编程的基础知识，然后重点介绍了刀具补偿、子程序调用、简化编程及孔加工固定循环等指令的使用方法，最后列举了几个编程实例。

7.1 数控铣床及加工中心的编程基础

7.1.1 FANUC 0i－M 系统概述

FANUC 0i－M 系统的主要特点是轴控制能力强,其基本可控制轴为 X、Y、Z 三轴,扩展后同时可控制轴数为 4 轴;可靠性高,编程容易,适用于高精度、高效率加工;操作、维护方便。

数控系统常用的功能指令有准备功能 G、辅助功能 M、刀具功能 T、主轴转速功能 S和进给功能 F,其中 M、S、T 和 F 功能前面已经介绍过,这里主要介绍数控铣床的 G 功能。不同的数控系统,完成相同功能所使用的 G 功能也有所不同,编程时需要查看所使用机床的编程说明书。FANUC 0i－M 系统的 G 代码如表 7－1 所示。

表 7－1 FANUC 0i－M 系统常用 G 代码及功能

代码	组别	功能	备注	代码	组别	功能	备注
* G00	01	快速点定位		G43	08	刀具长度正补偿	
G01		直线插补		G44		刀具长度负补偿	
G02		顺时针方向圆弧插补		* G49		刀具长度补偿取消	
G03		逆时针方向圆弧插补		G50	11	比例缩放取消	
G04	00	暂停	非模态	G51		比例缩放有效	
* G15	17	极坐标指令取消		G52	00	局部坐标系设定	非模态
G16		极坐标指令		G53		选择机床坐标系	非模态
* G17	02	XY 平面选择		* G54	14	选择工件坐标系 1	
G18		XZ 平面选择		G55		选择工件坐标系 2	
G19		YZ 平面选择		G56		选择工件坐标系 3	
G20	06	英制（in）输入		G57		选择工件坐标系 4	
* G21		公制（mm）输入		G58		选择工件坐标系 5	
G27	00	机床返回参考点检查	非模态	G59		选择工件坐标系 6	
G28		机床返回参考点	非模态	G65	00	宏程序调用	非模态
G29		从参考点返回	非模态	G66	12	宏程序模态调用	
G30		返回第 2、3、4 参考点	非模态	* G67		宏程序模态调用取消	
G31		跳转功能	非模态	G68	16	坐标旋转有效	
G33	01	螺纹切削		* G69		坐标旋转取消	
* G40	07	刀具半径补偿取消		G73	9	高速深孔钻削循环	
G41		刀具半径左补偿		G74		左旋攻螺纹循环	
G42		刀具半径右补偿		G76		精镗孔循环	

(续)

代 码	组别	功　能	备注	代 码	组别	功　能	备注
* G80	09	取消固定循环		* G90	03	绝对尺寸	
G81		钻孔循环		G91		增量尺寸	
G82		沉孔循环		G92	00	设定工作坐标系	非模态
G83		深孔钻削循环		* G94	05	每分进给	
G84		右旋攻螺纹循环		G95		每转进给	
G85		镗孔循环		G96	13	恒线速控制方式	
G86		镗孔循环		* G97		恒线速控制取消	
G87		反镗孔循环		* G98	10	固定循环返回起始点方式	
G88		镗孔循环		G99		固定循环返回 R 点方式	
G89		镗孔循环					

注：在 G 代码之前有 * 号的为默认起作用的模态代码。

7.1.2　数控铣床的坐标系

数控铣床的坐标系包括机床坐标系和工件坐标系。

为简化编程和保证程序的通用性，对数控机床的坐标轴和方向命名制订了统一的标准，规定直线进给坐标轴用 X、Y、Z 表示。机床坐标系为右手笛卡儿坐标系，如图 7.1 所示，3 个坐标轴互相垂直，大拇指的指向为 X 轴的正方向，食指指向为 Y 轴的正方向，中指的指向为 Z 轴的正方向，即以机床主轴线方向为 Z 轴，刀具远离工件的方向为 Z 轴正方向，X 轴平行于工件的装夹平面。对于卧式铣床，面对机床主轴，左侧方向为 X 轴正方向；对于立式铣床，面对机床主轴，右侧方向 X 轴正方向。Y 轴方向则根据 X、Z 轴方向按右手笛卡儿坐标系来确定。

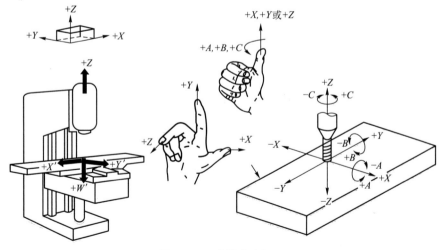

图 7.1　立式铣床坐标系

机床坐标系是机床本身固有的，机床坐标系的原点称为机械零点。每次起动机床后，机床的 3 个坐标轴依次走到机床正方向的一个极限位置，这个极限位置是机床装配完工后确定的一个固定位置，该位置就是机床坐标系的参考点。

数控机床工作前必须设定机床坐标系。通过执行刀具返回参考点的操作来建立机床坐标系。当返回参考点位置时，装在 X、Y、Z 轴滑板上的各个行程挡块分别压下对应的开关，向数控系统发出信号，系统记下此点的位置，并在 CRT 屏幕上显示出位于参考点的刀具在机床坐标系中的坐标值，这表示在数控系统内部建立起了机床坐标系。

对于机床原点设在参考点上的数控机床来说，刀具返回参考点后，显示器上显示的各坐标值均为零，因此，通常把返回参考点的操作称为"回零"。

一旦机床断电后，数控系统就失去了对参考点的记忆。一般情况下，机床坐标系在以下几种情况下必须进行设定：机床首次开机，或关机后重新接通电源时；解除机床急停状态后；解除机床超程报警信号后。

工件坐标系是编程时使用的坐标系，因此又称编程坐标系，工件坐标系的原点，也称工件原点、工件零点或编程零点。工件坐标系坐标轴的方向必须与机床坐标轴相同。

工件原点的位置由编程者根据零件的特点选定。工件原点在工件装夹完毕后，通过对刀确定。选择工件原点的原则是便于编程计算，故应尽量将工件原点设在零件图的尺寸基准上或工艺基准上，这样便于坐标值的计算，并减少错误。

选择工件原点的几点建议：

(1) 对于一般零件，工件原点设在工件轮廓的某一角上；对于对称的零件，工件原点可设在对称中心上。

(2) Z 轴方向上的工件原点，一般设在工件的上表面。

(3) 工件原点尽量选在精度较高的工件表面，以提高被加工零件的加工精度。

7.1.3 数控铣削方式及其选用

1. 周铣和端铣

用刀齿分布在圆周表面的铣刀而进行铣削的方式称为周铣，如图 7.2(a)所示；用刀齿分布在圆柱端面上的铣刀而进行铣削的方式称为端铣，如图 7.2(b)所示。

与周铣相比，端铣在铣平面时较为有利，因为：

(1) 端铣刀的副切削刃对已加工表面有修光作用，能使表面粗糙度降低。周铣的工件表面则有波纹状残留面积。

(2) 同时参加切削的端铣刀齿数较多，切削力的变化程度较小，因此工作时振动较周铣为小。

(3) 端铣刀的主切削刃刚接触工件时，切屑厚度不等于零，使刀刃不易磨损。

(4) 端铣刀的刀杆伸出较短，刚性好，刀杆不易变形，可用较大的切

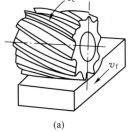
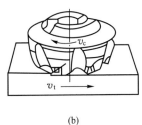

(a)　　　　　　　　　(b)

图 7.2　周铣和端铣

削用量。

由此可见，端铣法的加工质量较好，生产率较高。所以铣削平面大多采用端铣。但是，周铣对加工各种形面的适应性较广，而有些形面（如成形面等）则不能用端铣。

2. 逆铣和顺铣

周铣法铣削工件时有两种方式，即逆铣与顺铣。铣削时若铣刀旋转切入工件的切削速度方向与工件的进给方向相反，称为逆铣，反之则称为顺铣。

逆铣如图 7.3（a）所示，切削厚度从零开始逐渐增大，当实际前角出现负值时，刀齿在加工表面上挤压、滑行，不能切除切屑，既增大了后刀面的磨损，又使工件表面产生较严重的冷硬层。当下一个刀齿切入时，又在冷硬层表面上挤压、滑行，更加剧了铣刀的磨损，同时工件加工后的表面粗糙度值也较大。逆铣时，铣刀作用于工件上的纵向分力 F_H，总是与工作台的进给方向相反，使得工作台丝杠与螺母之间没有间隙，始终保持良好的接触，从而使进给运动平稳；但是，垂直分力 F_V 的方向和大小是变化的，并且当切削齿切离工件时，F_r 向上，有挑起工件的趋势，引起工作台的振动，影响工件的表面粗糙度。

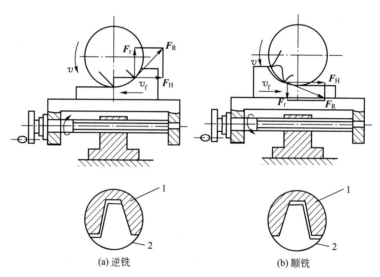

图 7.3 逆铣和顺铣
1—螺母；2—丝杠

顺铣如图 7.3（b）所示，刀齿的切削厚度从最大开始，避免了挤压、滑行现象，并且垂直分力 F_r 始终压向工作台，从而使切削平稳，提高铣刀耐用度和加工表面质量；但纵向分力 F_H 与进给运动方向相同，若铣床工作台丝杠与螺母之间有间隙，则会造成工作台窜动，使铣削进给量不匀，严重时会打刀。因此，若铣床进给机构中没有丝杠和螺母消除间隙机构，则不能采用顺铣。

在铣削加工中，采用顺铣还是逆铣方式是影响加工表面粗糙度的重要因素之一。铣削方式的选择应视零件图样的加工要求，工件材料的性质、特点，以及机床、刀具等条件综合考虑。通常，由于数控机床传动采用滚珠丝杠结构，其进给传动间隙很小，顺铣的工艺性就优于逆铣。在铣削加工零件轮廓时应尽量采用顺铣加工方式；同时，为了降低表面粗糙度值，提高刀具耐用度，对于铝镁合金、钛合金和耐热合金等材料，尽量采用顺铣加工；但如果零件毛坯为黑色金属锻件或铸件，表皮硬而且余量一般较大，这时采用逆铣较为合理。

7.1.4 有关坐标系的指令

1. 工件坐标系设定指令 G92

编制数控加工程序时，必须首先设定工件坐标系，以此作为编程尺寸的基准。设定工件坐标系就是建立工件坐标系与机床坐标系之间的联系。在数控铣床编程中，工件坐标系的设定指令通常用 G92 指令。该指令将工件坐标系原点设定在相对于起刀点的某一空间点上。G92 指令通常出现在程序的第一段，用于首次设定工件坐标系。也可出现在程序中，用于重新设定工件坐标系。

指令格式：

```
G92 X_ Y_ Z_
```

其中，X、Y、Z 分别为刀具起刀点(即刀具刀位点的初始位置)相对于工件原点在各坐标轴方向的距离，即起刀点在工件坐标系中的坐标值。执行 G92 指令后，数控系统即将此坐标值记忆在存储器内，并显示在显示器上，表示工件坐标系被建立。此时刀具或工件并不产生运动，只有显示值发生了变化。

例 7-1 使用 G92 指令编程，建立如图 7.4 所示的工件坐标系。

```
G92 X30.0 Y30.0 Z20.0;
```

注意：工件坐标系的设定应在执行返回参考点的操作后进行；在执行 G92 指令之前，必须先进行对刀，并将刀具刀位点移到起刀点位置。

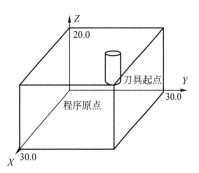

图 7.4 建立工件坐标系

2. 工件坐标系选择指令 G54~G59

G54、G55、G56、G57、G58、G59 指令可以分别用来选择系统预设的 6 个工件坐标系。

指令格式：

```
G54~G59
```

该指令执行后，后继程序段中坐标字指定的尺寸坐标都是选定的工件坐标系中的位置。这 6 个工件坐标系的原点在机床坐标系中的值(工件零点偏置值)可用 MDI 方式输入，系统自动记忆。

G54~G59 为模态功能，可相互注销，G54 为默认值。

例 7-2 如图 7.5 所示，使用工件坐标系编程，要求刀具从当前点移动到 A 点，再从 A 点移动到 B 点。

```
G54 G00 X30.0 Y40.0;
G59 G00 X30.0 Y30.0;
```

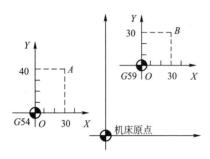

图 7.5 使用工件坐标系编程

注意：G92 指令与 G54～G59 指令都是用来设定工件坐标系的，但它们在使用中是有区别的，G92 指令是通过程序来设定工件坐标系的，G92 所设定的工件坐标原点是与当前刀具所在位置有关的，它在机床坐标系中的位置是随着当前刀具位置的不同而改变的。G54～G59 指令是通过 MDI 在设置参数方式下设定的，一旦设定，工件坐标系原点在机床坐标系中的位置是不变的，它与刀具当前位置无关，除非再通过 MDI 方式更改。

3. 机床坐标系选择指令 G53

在建立工件坐标系以后，如果某程序段需要使用机床坐标系来编程，可使用 G53 指令。指令格式：

G53

在含有 G53 的程序段中，绝对值编程时的指令值是在机床坐标系下的坐标值。

注意：G53 指令是非模态指令，仅在所在的程序段中有效；G53 指令在绝对值方式下有效，在相对值方式下无效。

4. 坐标平面选择指令

数控铣床的 3 个互相垂直的坐标轴分别构成了 3 个坐标平面，在编程时必须使用 G17、G18、G19 来指定机床在哪个平面内加工。

说明：G17 选择 XY 平面；G18 选择 XZ 平面；G19 选择 YZ 平面。

该组指令选择进行圆弧插补和刀具半径补偿的平面。该组指令为模态功能，可相互注销，其中 G17 为默认值。

5. 极坐标系选择

G15：极坐标系指令取消。

G16：极坐标系指令。

极坐标平面选择用 G17、G18、G19 指令指定。在所指定的平面内，第一轴指令用于指定矢径，第二轴指令用于指定极角。例如 X – Y 平面，X 表示矢径指令，Y 表示极角指令。第一轴由起始位置逆时针旋转为极角正向。

矢径和极角都可以用绝对值方式 G90 或相对值方式 G91 编程。用 G90 方式编程时，当前坐标系的零点为极坐标系的中心。用 G91 方式编程时，极坐标系的中心是上一程序段中刀具的运动终点。

6. 绝对值编程和相对值编程

在数控铣床编程中，各个坐标轴坐标值的表示方法有绝对值和相对值（或增量值）两种。绝对值编程时，每个坐标轴尺寸字是相对于工件坐标系原点的；相对值编程时，每个坐标轴尺寸字是相对于前一位置而言的，等于沿该轴移动的距离。

G90：绝对值编程。

G91：相对值编程。

G90、G91 为模态功能，可相互注销，G90 为默认值。

例 7 - 3 如图 7.6 所示，使用 G90、G91 编程，按顺序移动，给出 1、2、3 点的坐标。

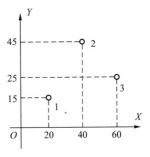

G90 方式：   G91 方式：

X20.0 Y15.0   X20.0 Y15.0

X40.0 Y45.0   X20.0 Y30.0

X60.0 Y25.0   X20.0 Y-20.0

图 7.6 G90/G91 编程

选择合适的编程方式可使编程简化。当图纸尺寸由一个固定基准给定时，采用绝对方式编程较为方便；而当图纸尺寸是以轮廓顶点之间的间距给出时，采用相对方式编程较为方便。

7.1.5 进给控制指令

1. 快速点定位 G00

数控机床在进行零件切削加工时，常需要先使刀具移动到某个规定的位置。G00 指令用来命令刀具从所在点按机床提供的最快速度移到规定位置。

指令格式：

G00 X_ Y_ Z_

其中，X、Y、Z 为定位点在工件坐标系中的坐标值。在 G90 时为终点在工件坐标系中的坐标；在 G91 时为终点相对于起点的位移量。

G00 指令刀具相对于工件以各轴预先设定的速度，从当前位置快速移动到程序段指令的定位目标点。G00 指令中的快移速度由机床参数对各轴分别设定，不能用 F 指令规定。G00 一般用于加工前快速定位或加工后快速退刀。快移速度可由面板上的快速修调旋钮修正。G00 为模态功能，可由 G01、G02、G03 等功能注销，如前面的程序段中已指定过，可不必重新指定。

注意：在执行 G00 指令时，由于各轴以各自速度移动，不能保证各轴同时到达终点，因而各直线轴的合成轨迹不一定是直线。操作者必须格外小心以免刀具与工件发生碰撞。常见的做法是先使用 G00 指令将 Z 轴移动到安全高度，再移动 X、Y 轴。

例 7 - 4 如图 7.7 所示，使用 G00 编程，要求刀具从 A 点快速定位到 B 点。

绝对值编程：

G90 G00 X90.0 Y45.0;

相对值编程：

G91 G00 X70.0 Y30.0;

2. 直线插补 G01

当刀具对工件进行直线切削加工时，采用直线插补指令 G01。它命令刀具以给定的 F 进给速度做任意斜率的直线运动。

指令格式：

`G01 X_ Y_ Z_ F_`

其中，X、Y、Z 是目标点的坐标值，可以用绝对尺寸，也可以用增量尺寸；F 代码指令刀具沿直线运动的进给速度。G01 中必须含有 F 指令，否则，视进给速度为零。G01 为模态功能，可由 G00、G02、G03 等功能注销，如前面的程序段中已指定过，可不必重新指定。

3. 圆弧插补 G02、G03

圆弧插补指令 G02、G03 用来命令刀具在指定的平面内，以给定的 F 进给速度从当前点（起点）向终点进行圆弧加工，切削出圆弧轮廓。G02 用于顺时针圆弧加工，G03 用于逆时针圆弧加工。在开始圆弧加工前，刀具必须位于圆弧起点位置。

指令格式：

$$G17 \begin{Bmatrix} G02 \\ G03 \end{Bmatrix} X\_Y\_ - \begin{Bmatrix} I\_J\_ \\ R\_ \end{Bmatrix} F\_$$

$$G18 \begin{Bmatrix} G02 \\ G03 \end{Bmatrix} X\_Z\_ - \begin{Bmatrix} I\_K\_ \\ R\_ \end{Bmatrix} F\_$$

$$G19 \begin{Bmatrix} G02 \\ G03 \end{Bmatrix} Y\_Z\_ - \begin{Bmatrix} J\_K\_ \\ R\_ \end{Bmatrix} F\_$$

其中，X、Y、Z 为圆弧终点坐标值，可以用绝对坐标，也可以用增量坐标，由 G90 和 G91 决定；I、J、K 为圆弧圆心相对于圆弧起点的偏移值，在 G90/G91 时都是以增量方式指定；R 为圆弧半径，当圆心角小于 180° 时，R 为正，否则 R 为负；F 指定沿圆弧切向的进给速度。

注意：

(1) 使用圆弧插补必须指定圆弧所在平面，即插补平面。插补平面由平面选择指令 G17、G18、G19 来指定。G17 为选择 XY 平面，G18 为选择 ZX 平面，G19 为选择 YZ 平面，默认 G17 生效。

(2) 圆弧的回转方向可用图 7.8 所示方法来判别：沿与圆弧所在平面（如 XY 平面）垂直的坐标轴负方向（$-Z$）看去，从圆弧的起点到终点为顺时针方向的称为顺时针圆弧，用 G02 指令；逆时针方向的称为逆时针圆弧，用 G03 指令。

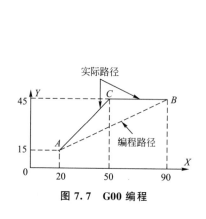

图 7.7 G00 编程

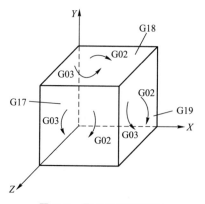

图 7.8 圆弧的顺逆判断

（3）加工整圆时，由于起点和终点为同一点，圆弧终点坐标值可以省略，此时应使用 I、J、K 指定圆心来编程。

（4）在同一程序段中，如 I、J、K 与 R 同时出现，则 R 有效。

例 7 – 5 加工如图 7.9 所示的环槽，槽宽为 5mm，槽深为 2mm，使用 ϕ5mm 的键槽铣刀以顺时针方向铣槽。要求工件坐标系原点设在工件的对称中心。

零件程序如下：

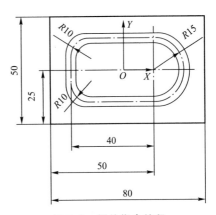

图 7.9 插补指令编程

```
O0005;
G54 G90 G00 Z100.0;
M03 S1000;
X0 Y15.0;
Z5.0;
G01 Z-2.0 F80;
X10.0;
G02 Y-15.0 J-15.0;
G01 X-20.0;
G02 X-30.0 Y-5.0 R10.0;
G01 Y5.0;
G02 X-20.0 Y15.0 R10.0;
G01 X0;
G00 Z100.0 M05;
M02;
```

7.1.6 回参考点控制指令

在机床开机时，一般通过手动操作使刀具返回参考点。在程序中可以采用以下指令自动返回参考点，或从参考点返回。

1. 自动返回参考点 G28

指令格式：

```
G28 X_ Y_ Z_
```

其中，X、Y、Z 为回参考点时经过的中间点坐标值。使用此指令时，刀具先移动到中间点，再返回参考点定位。

一般 G28 指令用于刀具自动更换或消除机械误差，在执行该指令之前应取消刀具补偿功能。在 G28 的程序段中不仅产生坐标轴移动指令，而且记忆了中间点坐标值，以供 G29 使用。G28 指令仅在被指定的程序段中有效。

2. 自动从参考点返回 G29

指令格式：

```
G29 X_ Y_ Z_
```

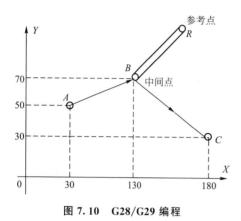

图 7.10 G28/G29 编程

其中，X、Y、Z 为返回的目标点坐标值，在 G90 时为目标点在工件坐标系中的坐标；在 G91 时为目标点相对于 G28 中间点的位移值。

G29 指令一般紧跟在 G28 指令的后面，G29 指令是刀具先从参考点快速移动到前面 G28 指令中的中间点，再移动到 G29 指定的目标点。G29 指令仅在被指定的程序段中有效。

例 7-6 使用 G28、G29 对图 7.10 所示的路径编程，要求由 A 点经过中间点 B 返回参考点并换刀，然后从参考点经由中间点 B 返回 C 点。

```
G91 G28 X100.0 Y20.0;
M06 T02;
G29 X50.0 Y-40.0;
```

7.2 数控铣削刀具补偿指令

7.2.1 刀具半径补偿指令

在轮廓加工过程中，由于刀具有一定的半径，刀具中心轨迹总是与零件实际轮廓相距一个刀具半径。利用刀具半径补偿功能，系统就自动根据实际轮廓尺寸和刀具半径计算出刀具中心运动轨迹。这样，编程人员就可以直接按工件实际轮廓尺寸编程，从而简化了编程工作。刀具半径的数值由操作人员在加工前输入数控系统中。

刀具半径补偿指令格式：

$$\begin{Bmatrix} G17 \\ G18 \\ G19 \end{Bmatrix} \begin{Bmatrix} G40 \\ G41 \\ G42 \end{Bmatrix} \begin{Bmatrix} G00 \\ G01 \end{Bmatrix} X\_ Y\_ Z\_ D\_$$

其中，G41 为刀具半径左补偿指令；G42 为刀具半径右补偿指令；G40 为取消刀具半径补偿指令；X、Y、Z 是 G00/G01 的参数，即刀补建立或取消的终点；G17、G18 和 G19 用来选择刀补平面，默认状态是 XY 平面。当沿着刀具前进方向看，刀具中心偏移在零件轮廓左边时为左补偿，如图 7.11(a)所示；刀具中心偏移在零件轮廓右边时为右补偿，如图 7.11(b)所示。D 是刀补号地址，是系统中记录刀具半径(偏移值)的存储器地址，用来调用内存中的刀具半径补偿值。刀补号地址有 D01~D99 共 99 个地址。其中的值可以用 MDI 方式预先输入在刀具表中相应的刀具号位置上。G40、G41、G42 是模态代码，它们可以互相注销。

注意：

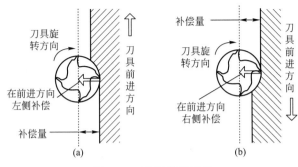

图 7.11 刀具偏移状态

（1）刀具半径补偿平面的切换必须在补偿取消方式下进行。

（2）刀具半径补偿的建立与取消只能用 G00 或 G01 指令移动，不得是 G02 或 G03。

（3）G41、G42 指令不能重复使用，即在程序中，前面有了 G41 或 G42 指令之后，必须先用 G40 指令解除原补偿状态后再使用 G41 或 G42 指令。

（4）在 G41/G42 指令至 G40 指令的程序段之间，不能有任何一个刀具不移动的程序段出现。在 XY 平面中执行刀具半径补偿时，也不能出现连续两个 Z 轴移动的指令，否则 G41 或 G42 指令无效。

刀具半径补偿的过程可以分成建立刀补、执行刀补和取消刀补 3 个阶段。其中，建立刀补和取消刀补均应在非切削状态下进行。

下面以加工图 7.12 所示 AB 轮廓曲线为例，说明刀具半径补偿的过程。

（1）建立刀补。在开始刀具半径补偿前，刀具的中心是与编程轨迹重合的。而在执行刀具半径补偿指令 G41 或 G42 后，刀具中心自动偏离工件轮廓（编程轨迹）一个刀具半径，并使刀具按此轨迹运动。使刀具的中心偏离编程轨迹的过程，就称为建立刀补。建立刀补程序是进入刀补切削加工前的一个程序段。

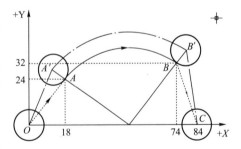

图 7.12 刀具半径补偿过程

在图 7.12 中，刀具中心从起点 O 到刀补开始点 A，就是建立刀补的过程。在 O 点，刀心与编程坐标重合，而在 A 点，刀具中心与编程坐标点相距一个补偿值，即建立起了刀补。建立刀补要用 G01 或 G00 编程，并含有 G41 或 G42 指令。其程序为

```
G90 G41 G01 X18.0 Y24.0 D01 F100;
```

以上程序中，如不用刀补指令 G41/G42，则刀具中心移向 A 点。使用刀补指令后，刀具让出一个补偿值，使刀具中心偏移到 A' 点。

（2）执行刀补。在执行 G41 或 G42 指令后，刀具沿顺时针方向进行加工，刀具中心始终与工件轮廓（编程轨迹）相距其补偿值，直到刀补被取消。此过程中的程序段，只需描述出工件的实际轮廓。上例中，执行刀补过程的加工程序为

```
G02 X74.0 Y32.0 R40.0 F100;
```

（3）取消刀补。当刀具以刀补轨迹完成加工后，就进入取消刀补阶段。与建立刀补一样，取消刀补也要用 G01 或 G00 编程。上例中，取消刀补的程序如下：

G40 G01 X84.0 Y0 F100;

执行以上程序后，刀具从 B' 到达 C 点。此时，刀具中心又与编程轨迹重合。

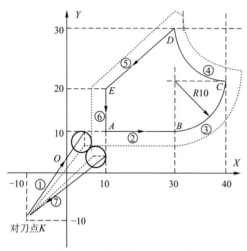

图 7.13　刀具半径补偿实例

使用刀具半径补偿功能的优越性在于：在编程时可以不考虑刀具的半径，直接按图样所给尺寸进行编程，只要在实际加工时输入刀具的半径值即可；还可以使粗加工的程序简单化，利用有意识地改变刀具半径补偿量，则可用同一刀具、同一程序、不同的切削余量完成加工。

例 7 - 7　考虑刀具半径补偿，编制图 7.13 所示零件的加工程序。要求建立如图 7.13 所示的工件坐标系，按箭头所指示的路径进行加工。设加工开始时，刀具距离工件上表面 50mm，切削深度为 5mm。

零件程序如下：

```
O0005;
G92 X-10.0 Y-10.0 Z50.0;
M03 S900;
G90 G00 Z2.0;
G42 G00 X5.0 Y10.0 D01;
G01 Z-5.0 F200;
X30.0;
G03 X40.0 Y20.0 I0 J10.0;
G02 X30.0 Y30.0 I0 J10.0;
G01 X10.0 Y20.0;
Y5.0;
G00 Z50.0 M05;
G40 X-10.0 Y-10.0;
M02;
```

7.2.2　刀具长度补偿指令

刀具长度补偿用于刀具轴向（Z 轴方向）的进给补偿，它可以使刀具在轴向的实际进刀量比程序给定值增加或减少一个补偿值。当使用不同类型及规格的刀具或刀具磨损时，可在程序中用刀具长度补偿指令补偿刀具尺寸的变化，而不必重新调整刀具或重新对刀。

刀具长度补偿指令格式：

$$\begin{Bmatrix} G17 \\ G18 \\ G19 \end{Bmatrix} \begin{Bmatrix} G43 \\ G44 \\ G49 \end{Bmatrix} \begin{Bmatrix} G00 \\ G01 \end{Bmatrix} X\_Y\_Z\_H\_$$

其中，G43 为刀具长度正向补偿指令（补偿值）；G44 为刀具长度负向补偿指令；G49 为取消刀具长度补偿指令；X、Y、Z 是 G00/G01 的参数，即刀补建立或取消的终点；G17 表示刀具长度补偿轴为 Z 轴；G18 表示刀具长度补偿轴为 Y 轴；G19 表示刀具长度补偿轴为 X 轴；H 是存放刀具长度补偿值的存储器地址，编号为 H01～H99。H00 对应的补偿值为零，因此刀具长度补偿值应存放于从 H01 开始的其余存储器中。

执行 G43 或 G44 指令后，刀具沿轴向移动的实际终点坐标值为程序中指定的坐标值加上或减去 H 代码指定的存储器中的补偿值。其中，执行 G43 时为相加，执行 G44 时为相减。G43 和 G44 均为模态指令，要用 G49 或 H00 来取消。

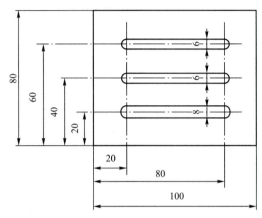

图 7.14 刀具长度补偿实例

例 7-8 加工如图 7.14 所示的 3 条槽，槽深均为 2mm，试用刀具长度补偿指令编程。

选择 φ8mm 键槽铣刀为 1 号刀，φ6mm 键槽铣刀为 2 号刀。工件坐标系原点为工件左下角点，零件程序如下：

```
O0002;
G92 X0 Y0 Z100.0;
M03 S1200;
G17 G90 G00 Z200.0 M00;
G43 G00 Z5.0 H01;
X20.0 Y20.0;
G01 Z-2.0 F150;
X80.0;
G49 G00 Z200.0 M05 M00;
M03 S1500;
G43 Z5.0 H02;
X20.0 Y40.0;
G01 Z-2.0 F150;
X80.0;
G01 Z5.0;
G00 X20.0 Y60.0;
G01 Z-2.0;
X80.0;
G49 G00 Z100.0 M05;
M30;
```

注意：程序在执行 M00 暂停指令后，手动更换铣刀。

7.3 子程序调用和简化编程指令

7.3.1 子程序调用

1. 子程序的调用指令

子程序的调用指令的具体格式各系统有别，FANUC 0i - M 系统的子程序调用指令格式如下：

M98 P_ L_

其中，M98 为调用子程序指令字；地址 P 后面的 4 位数字为子程序号；地址 L 后面的数字为重复调用的次数，系统允许重复调用次数为 9999 次。如果只调用一次，此项可以省略不写。

例如，M98 P0006 L4 表示 0006 号子程序重复调用 4 次。子程序调用指令可以与移动指令放在一个程序段中。

M99 指令表示子程序的结束，执行 M99 使控制返回主程序。

2. 子程序的应用

(1) 零件上有若干处相同的轮廓形状。在这种情况下，只编写一个轮廓形状的子程序，然后用一个主程序来调用该子程序即可。

(2) 加工中反复出现具有相同轨迹的走刀路线。被加工的零件从外形看并无相同的轮廓，但需要刀具在某一区域分层或分行反复走刀，走刀轨迹总是出现某一特定的形状，采用子程序就比较方便，此时通常以增量方式编程。

(3) 程序中的内容具有相对独立性。

例 7 - 9 零件如图 7.15 所示，要求用 ϕ8mm 键槽铣刀加工 5 个 10mm 深 9mm 宽的槽，每次 Z 轴下刀 2.5mm，试利用子程序编写程序。

零件程序如下：

```
O0002;
G92 X0 Y0 Z100.0;
M03 S800;
G90 G00 X-4.0 Y-10.0 M08;
Z0;
M98 P0011 L4;
G90 G00 Z100.0 M05;
X0 Y0 M09;
M30;
O0011;
```

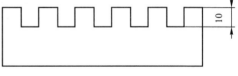

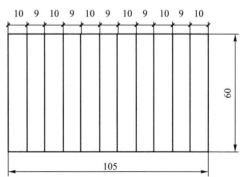

图 7.15 子程序应用实例

```
G91 G00 Z-2.5;
M98 P0012 L5;
G00 X-95.0;
M99;
O0012;
G91 G00 X18.0;
G01 Y76.0 F100;
X1.0;
Y-76.0;
M99;
```

7.3.2 图形比例及镜像功能指令

使用 G50、G51 指令，可使原编程尺寸按指定比例缩小或放大；也可让图形按指定规律产生镜像变换。G51 为比例编程指令，G50 为撤销比例编程指令。G50、G51 为模态指令，可相互注销，G50 为默认值。

1. 各轴按相同比例编程

指令格式：

```
G51 X_ Y_ Z_ P_
```

其中，X、Y、Z 为比例中心的坐标（绝对方式）；P 为比例系数，最小输入量为 0.001，比例系数的范围为 $0.001 \sim 999.999$。该指令以后的移动指令，从比例中心点开始，实际移动量为原数值的 P 倍。P 值对偏移量无影响。

例如，在图 7.16 中，$P_1 \sim P_4$ 为原加工图形，$P'_1 \sim P'_4$ 为比例编程的图形，P_0 为比例中心。

2. 各轴以不同比例编程

各个轴可以按不同比例来缩小或放大，当给定的比例系数为 -1 时，可获得镜像加工功能。指令格式：

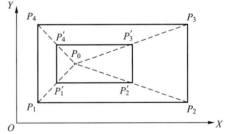

图 7.16 各轴按相同比例编程

```
G51 X_ Y_ Z_ I_ J_ K_
```

其中，X、Y、Z 为比例中心的坐标；I、J、K 则分别为对应 X、Y、Z 轴的比例系数，在 $\pm0.001 \sim \pm9.999$ 范围内。本系统设定 I、J、K 不能带小数点，比例为 1 时，应输入 1000，并在程序中都应输入，不能省略。比例系数与图形的关系如图 7.17 所示。

3. 镜像功能

例 7-10 图 7.18 所示为镜像功能的应用实例。其中，比例系数取为 $+1000$ 或 -1000，设刀具起始点在 O 点，参考程序如下：

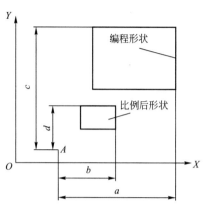

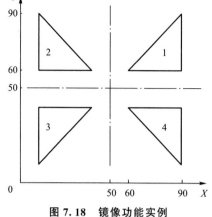

图 7.17　各轴按不同比例编程　　　　图 7.18　镜像功能实例

b/a—X 轴系数；d/c—Y 轴系数；A—比例中心

```
O0002;
G92 X0 Y0;
G90;
M98 P9000;
G51 X50.0 Y50.0 I-1000 J1000;
M98 P9000;
G51 X50.0 Y50.0 I-1000 J-1000;
M98 P9000;
G51 X50.0 Y50.0 I1000 J-1000;
M98 P9000;
G50;
M30;
O9000;
G00 X60.0 Y60.0;
G01 X90.0 Y60.0 F100;
X90.0 Y90.0;
X60.0 Y60.0;
M99;
```

7.3.3　坐标系旋转指令

该指令可使编程图形按指定旋转中心及旋转方向旋转一定的角度。G68 表示开始坐标旋转，G69 用于撤销旋转功能。

指令格式：

G68 X_ Y_ R_

其中，X、Y 为旋转中心的坐标值（可以是 X、Y、Z 中的任意两个，由当前平面选择指令确定）。当 X、Y 省略时，G68 指令认为当前的位置即为旋转中心。

R 为旋转角度，逆时针旋转定义为正方向，一般为绝对值。旋转角度范围－360.0～＋360.0，单位为度。当 R 省略时，按系统参数确定旋转角度。

当程序在绝对方式下时，G68 程序段后的第一个程序段必须使用绝对方式移动指令才能确定旋转中心。如果这一程序段为增量方式移动指令，那么系统将以当前位置为旋转中心，按 G68 给定的角度旋转坐标。G68、G69 为模态指令，可相互注销，G69 为默认值。

在有刀具补偿的情况下，先旋转后刀补(刀具半径补偿或刀具长度补偿)；在有比例缩放功能的情况下，先缩放后旋转。

例 7-11 使用旋转功能编制如图 7.19 所示轮廓的加工程序，设刀具起点距工件上表面 50mm，切削深度 5mm。

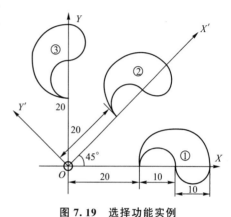

图 7.19 选择功能实例

```
O0068;
N10 G92 X0 Y0 Z50.0;
N15 G90 G17 M03 S600;
N20 G43 G00 Z-5.0 H02;
N25 M98 P200;
N30 G68 X0 Y0 R45.0;          旋转 45°
N40 M98 P200;
N60 G68 X0 Y0 R90.0;          旋转 90°
N70 M98 P200;
N20 G49 Z50.0;
N80 G69 M05;                  取消旋转
N90 M30;
O200;
N100 G41 G01 X20.0 Y-5.0 D02 F300;
N105 Y0;
N110 G02 X40.0 I10.0;
N120 X30.0 I-5.0;
N130 G03 X20.0 I-5.0;
N140 G00 Y-6.0;
N145 G40 X0 Y0;
N150 M99;
```

7.4 孔加工固定循环指令

7.4.1 孔加工基本动作及作用平面

数控加工中，某些加工动作已经典型化。例如，钻孔、镗孔的动作是孔位平面定位、快速引进、工作进给、快速退回等，这样一系列典型的加工动作已经预先编好程序存储在内存中，可用称为固定循环的一个 G 代码程序段调用，从而简化编程工作。

标准的 G 指令中，规定 G81～G89 为固定循环指令，G80 为固定循环撤销指令。但各种数控系统对固定循环指令代码及程序格式的规定不尽相同，实际使用时要参照机床使用说明书。FANUC 0i - M 系统的固定循环指令见表 7 - 2 所示。

表 7 - 2　FANUC 0i - M 系统固定循环指令

G 代码	钻孔动作	孔底动作	退刀动作	功能
G73	间歇进给	—	快速进给	高速深孔加工
G74	连续进给	暂停、主轴正转	切削进给	攻左旋螺纹
G76	连续进给	主轴准停、刀具移位	快速进给	精镗孔
G80	—	—	—	撤销固定循环
G81	连续进给	—	快速进给	钻孔
G82	连续进给	暂停	快速进给	钻孔、镗孔
G83	间歇进给	—	快速进给	深孔加工
G84	连续进给	暂停、主轴反转	切削进给	攻右旋螺纹
G85	连续进给	—	切削进给	精镗孔
G86	连续进给	主轴停转	快速进给	镗孔
G87	连续进给	主轴正转	快速进给	反镗孔
G88	连续进给	暂停、主轴停转	手动进给	镗孔
G89	连续进给	暂停	切削进给	精镗阶梯孔

1. 孔加工动作

如图 7.20 所示，孔加工固定循环指令，通常由下述 6 个动作构成：

(1) XY 轴定位。

(2) 定位到 R 点(定位方式取决于上次是 G00 还是 G01)。

(3) 孔加工。

(4) 在孔底的动作。

(5) 退回到 R 点(参考点)。

(6) 快速返回初始点。

在图 7.20 中，刀具先快速移动到初始点进行定位，然后快速下降到接近加工表面的 R 点。动作 3 是孔加工动作，如钻、镗、攻螺纹等。加工到编程终点后，刀具在孔底执行暂停或主轴反转等动作后，再返回 R 点，或直接返回初始点。

2. 作用平面

对立式数控铣床或加工中心，孔加工固定循环只能用于加工 XY 平面内的孔，钻孔轴平行于 Z 轴，不能在其他平面内定位和在其他轴上钻孔。与平面选择指令 G17、G18 和 G19 无关。

如图 7.21 所示，在孔加工固定循环中有 3 个作用平面：

(1) 初始平面：初始点所在的平面为初始平面。此平面是为了安全下刀而设置的平面。初始平面可以设置在工件加工表面上方的任意安全高度上。

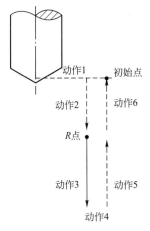

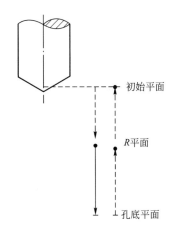

图 7.20　孔加工固定循环的动作　　　**图 7.21　孔加工固定循环的作用平面**

（2）参考平面：又称 R 平面，即 R 点所在的平面。此平面是刀具自快速进给转为切削进给时的平面。参考平面一般设在加工表面上方 2～5mm 处。

（3）孔底平面：加工终点 Z 坐标所在的平面即为孔底平面。加工盲孔时，孔底平面到加工表面的距离即为孔深。加工通孔时，为保证加工到孔深尺寸，一般刀具还要伸出工件底平面一段距离。这主要是考虑到钻头刀尖长度对孔深的影响。

7.4.2　孔加工固定循环的指令格式

固定循环的程序格式包括数据形式、返回点平面、孔加工方式、孔位置数据、孔加工数据和循环次数。数据形式（G90 或 G91）在程序开始时就已指定，因此在固定循环程序格式中可不注出。固定循环的程序格式如下：

$$\left\{{G90 \atop G91}\right\}\left\{{G98 \atop G99}\right\}G\_X\_Y\_Z\_R\_Q\_P\_F\_L\_$$

1．数据给定方式（G90 或 G91）

固定循环指令中，孔的加工数据的给定方式有两种，即绝对值方式（G90）和增量值方式（G91）。在绝对值方式中，X、Y 为孔在 XY 平面的坐标值，R 和 Z 分别为 R 平面与孔底平面的 Z 向坐标值。在增量方式中，X、Y 是固定循环起点到初始点的增量值，R 是初始平面到 R 平面的增量值，Z 是指 R 平面到孔底平面的增量值。

2．刀具返回平面（G98 或 G99）

刀具从孔底平面返回的目标平面由 G98 和 G99 决定。G98 指令刀具返回初始平面，G99 指令刀具返回 R 点平面。通常在孔系加工中，一个孔加工完后，刀具返回 R 平面，再继续加工下一个孔，可以缩短移动轨迹，节约时间。当最后一个孔加工完后，刀具才返回初始平面。

3．孔加工方式及加工数据

孔加工方式指令为 G73、G74、G76 和 G81～G89 之一，其具体含义如表 7-2 所示。

各个加工数据的含义解释如下：

X、Y 为加工起点到孔位的距离（G91 方式）或孔位坐标（G90）；

Z 为 R 点到孔底的距离（G91）或孔底坐标（G90）；

R 为初始点到 R 点的距离（G91）或 R 点的坐标（G90）；

Q 为每次进给深度（G73/G83）；

P 为刀具在孔底的暂停时间；

F 为切削进给速度；

L 为固定循环的次数。

孔加工方式指令及孔加工数据 X、Y、Z、R、Q、P 均为模态指令，因而在固定循环开始，将孔加工所需的全部数据都指定后，在后继的孔加工中，只需要写出需要变化的数据即可。

G80 为孔加工固定循环的撤销指令。G00、G01、G02 和 G03 也都能起到与 G80 一样的作用。G80 指令被执行后，除进给指令 F 以外的全部孔加工数据均被取消。

7.4.3　孔加工固定循环指令说明

1. 普通孔的钻削循环

1）钻孔循环 G81
指令格式：

G81 X_ Y_ Z_ R_ F_

钻孔循环 G81 用于一般的孔加工，为最常用的固定循环指令。如图 7.22 所示，钻头快速定位于初始点后，先快进至参考点 R，然后以 F 进给速度进行钻削加工，到达加工终点 Z 后，再快速退回 R 点（用 G98 指令），完成了一个孔的加工。然后，再快速定位于下一个孔的加工位置（在 R 平面上），重新开始循环。当加工完同一平面上的所有同直径孔后，再快速退回初始点（用 G99 指令），结束循环。

2）带暂停的钻孔循环 G82
指令格式：

G82 X_ Y_ Z_ R_ P_ F_

G82 与 G81 的区别在于，当刀具到达加工终点 Z 点后，钻头在孔底暂停一段时间。此暂停功能可产生精切效果，适合于钻盲孔、锪端面、镗阶梯孔等。暂停时间由程序中的 P 指令决定。

例 7-12　使用 G81 指令编制如图 7.22 所示钻孔加工程序，设刀具起点距工件上表面 42mm，距孔底 50mm，在距工件上表面 2mm 处（R 点）由快进转换为工进。

零件程序如下：

```
O0081;
G92 X0 Y0 Z50.0;
G00 G90 M03 S600;
G99 G81 X100.0 Z0 R10.0 F200;
G90 G00 X0 Y0 Z50.0;
```

M05;

M30;

2. 深孔钻削循环

1）一般深孔加工循环 G83

指令格式：

G83 X_ Y_ Z_ R_ Q_ F_

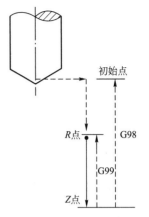

如图 7.23 所示，在加工过程中，每当钻头前进到 Q 值时，都要快速退回 R 平面，然后，再快速进给到前次的切削终点上方，改为切削进给。如此反复循环，直到加工结束，钻头返回切始点。Q 值为每次的进刀量，用增量值且为正值表示。d 值是钻头每次由快进转为切削进给的那一点至前次切削终点的距离。Q 值由程序给定，d 值由参数"CYCD"来设定。最后一次的进刀量是前面进刀若干个 Q 值后的剩余量，小于等于 Q。

图 7.22 G81 指令动作及编程

由于钻头在工作过程中为间歇进给，每次进刀到 Q 值后返回 R 点，故有利于深孔加工时的断屑、排屑。G83 循环主要用于加工长径比大于 5 的深孔。

2）高速深孔加工循环 G73

指令格式：

G73 X_ Y_ Z_ R_ Q_ F_

如图 7.24 所示，G73 的深孔加工与 G83 所不同的是，G73 循环中，每当钻头进到编程 Q 值后，不是退回 R 平面，而是退回一段距离 d。可见，G73 的退刀距离比 G83 短，故其钻孔速度较快，但排屑效果稍差。每次的退刀距离 d 由系统参数"CYCR"设定。

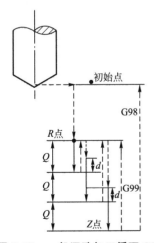

图 7.23 一般深孔加工循环 G83

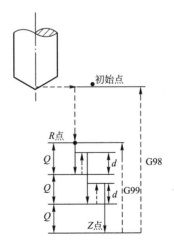

图 7.24 高速深孔加工循环 G73

3. 螺纹加工循环

1）攻右螺纹循环 G84

指令格式：

G84 X_ Y_ Z_ R_ P_ F_

G84 用于加工右旋螺纹孔。螺纹加工中，为保证加工出正确的螺距，刀具的进给速度与主轴转速需配合好，即刀具转一转的同时，应沿轴向移动一个螺距。因此，刀具的轴向进给速度应根据主轴转速和螺距计算而得。

如图 7.25 所示，刀具加工到孔底后，先执行暂停，主轴反转，然后刀具以切削进给返回 R 点，主轴再恢复正转。在攻螺纹过程中进给倍率不起作用。即使使用了进给保持，在完成循环前加工也不停止。

2）攻左旋螺纹 G74

指令格式：

G74 X_ Y_ Z_ R_ P_ F_

G74 用于加工左旋螺纹孔。其加工动作与 G84 相似，两者的区别在于主轴的转动方向不同。G84 指令中，主轴在孔底由正转变为反转，而 G74 正好相反，如图 7.26 所示。

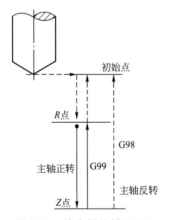

图 7.25　攻右螺纹循环 G84

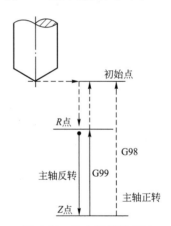

图 7.26　攻左旋螺纹 G74

4. 镗孔循环

1）镗孔循环 G85

指令格式：

G85 X_ Y_ Z_ R_ F_

在执行 G85 指令过程中，主轴旋转，镗刀以切削进给速度 F 加工到孔底，又以同样的速度返回 R 平面。

2）一般镗孔循环 G86

指令格式：

G86 X_ Y_ Z_ R_ F_

G86 指令与 G85 的区别在于在执行 G86 指令时，镗刀加工到孔底后，主轴停止旋转，再快速返回 R 平面或初始平面，然后主轴恢复转动。

3）反镗孔循环 G87

指令格式：

G87 X_ Y_ Z_ R_ Q_ F_

如图 7.27 所示，G87 指令动作分解如下：

（1）在 X、Y 轴定位。

（2）主轴定向停止。

（3）刀具向刀尖的反方向移动一个偏移量 Q 值。

（4）定位到 R 点（孔底）。

（5）刀具向刀尖方向移动一个偏移量 Q 值。

（6）主轴正转。

（7）在 Z 轴正方向上加工至 Z 点。

（8）主轴定向停止。

（9）刀具向刀尖反方向移动一个偏移量 Q 值。

（10）返回初始点（只能用 G98）。

（11）刀具向刀尖方向移动一个偏移量 Q 值。

（12）主轴正转。

4）带手动的镗孔循环 G88

指令格式：

G88 X_ Y_ Z_ R_ P_ F_

如图 7.28 所示，刀具加工到孔底后，在孔底暂停，主轴停转，并且系统进入进给保持状态。此时，可用手动方式把刀具从孔中完全退出后，再转换为自动方式，按"循环启动"按钮，刀具快速返回初始平面或 R 平面。然后主轴正转，准备开始下一个程序段的动作。

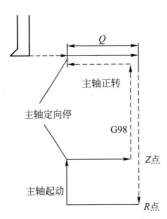

图 7.27 反镗孔循环 G87

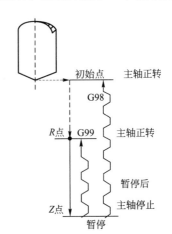

图 7.28 带手动的镗孔循环 G88

5）带暂停的精镗孔循环 G89

指令格式：

G89 X_ Y_ Z_ R_ P_ F_

G89 的动作与 G85 基本相同，两者的区别在于 G89 在孔底增加了暂停，以使孔底光洁。

6）带横向移动的精镗孔循环 G76

指令格式：

G76 X_ Y_ Z_ R_ Q_ P_ F_

G76 循环的加工动作如图 7.29 所示，刀具从 R 点开始加工到孔底后，主轴准停，刀具沿刀尖的反方向横移一个偏移量 Q 值，使刀尖离开加工表面，然后快速向上提刀，返回 R 平面或初始平面后，主轴正转。这样可以保证退刀时不划伤工件表面。本循环的参数设定与 G87 相同。

7.4.4 固定循环编程实例

例 7-13 在数控机床上对图 7.30 所示零件钻孔，钻孔时快进行程 20mm，进刀点在 A 点，主轴转速选择 S600，进给速度选择 F120，根据孔径选用 ϕ8mm 的钻头，刀补号为 H01。试编写加工程序单。

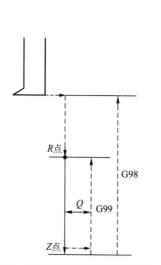

图 7.29 带横向移动的精镗孔循环 G76

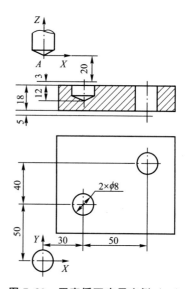

图 7.30 固定循环应用实例（一）

零件程序如下：

```
O7005；
G90 G80 G40 G49 G17 G21；
G54；
T01 M06；
G00 X0 Y0 Z20.0 S200 M03；
G43 Z0 H01；
```

```
G99 G82 X30.0 Y50.0 Z-35.0 R-20.0 P500 F120.0;
G98 X80.0 Y90.0 Z-46.0;
G80 G91 G49 G00 Z20.0;
G90 G00 X0 Y0 M05;
M30;
```

例 7-14 如图 7.31 所示零件，要求加工 ϕ30mm、ϕ40mm 和 ϕ50mm 的孔，对应的孔加工刀具的刀具号为 T03、T04 和 T05。使用固定循环和刀具长度补偿指令编写加工程序单。

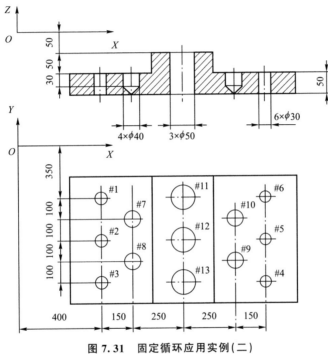

图 7.31 固定循环应用实例(二)

零件程序如下：

O0011;	
G92 X0 Y0 Z100.0;	设定工件坐标系
G90 G00 Z250.0;	
T03 M06;	换 ϕ30mm 的钻头
G43 Z0 H03;	建立刀具长度补偿
M03 S500;	
G99 G81 X400.0 Y-350.0 Z-155.0 R-95.0 F100;	钻#1孔,返回R平面
Y-550.0;	钻#2孔,返回R平面
G98 Y-750.0;	钻#3孔,返回初始平面
G99 X1200.0;	钻#4孔,返回R平面
Y-550.0;	钻#5孔,返回R平面
G98 Y-350.0;	钻#6孔,返回初始平面
G00 X0 Y0 M05;	

G49 Z250.0;	取消刀补
T04 M06;	换φ40mm 的刀具
G43 Z0 H04;	建立刀具长度补偿
M03 S400;	
G99 G82 X550.0 Y-450.0 Z-130.0 R-95.0 P300 F70;	钻#7孔,返回 R 平面
G98 Y-650.0;	钻#8孔,返回初始平面
G99 X1050.0;	钻#9孔,返回 R 平面
G98 Y-450.0;	钻#10孔,返回初始平面
G00 X0 Y0 M05;	
G49 Z250.0;	取消刀补
T05 M06;	换φ50 的刀具
G43 Z0 H05;	建立刀具长度补偿
M03 S300;	
G99 G85 X800.0 Y-350.0 Z-155.0 R-45.0 F50;	钻#11孔,返回 R 平面
Y-550.0;	钻#12孔,返回 R 平面
G98 Y-750.0;	钻#13孔,返回初始平面
G00 X0 Y0;	
G49 Z100.0 M05;	取消刀补
M30;	

7.5   数控铣床及加工中心编程实例

例 7-15   用直径为 20mm 的立铣刀,加工如图 7.32 所示的零件。要求每次最大切削深度不超过 10mm。

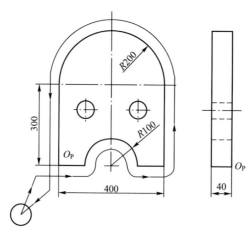

图 7.32   铣削编程实例(一)

工艺分析:零件厚度为 40mm,根据加工要求,每次切削深度为 10mm,分 4 次切削加工,在每次加工中,刀具在 XY 平面上的运动轨迹完全一致,故把其切削过程编写成子程序,通过主程序调用 4 次该子程序完成零件的切削加工,中间两孔已加工,设图示零件上表面的左下角为工件坐标系的原点。

主程序如下：

O7007;	程序名
G90 G80 G40 G49 G17 G21;	初始化相关 G 功能
G54;	定义坐标
G00 X-50.0 Y-50.0 S800;	移动到下刀点上方
G43 H01 Z0.0 M03;	刀具长度补偿
M98 P1010 L4;	调用子程序 O1010
G90 G00 Z200.0 M05;	快速进给至 Z=200
X0 Y0;	快速进给至 X=0,Y= 0
M30;	主程序结束

子程序如下：

O1010;	子程序号
G91 G01 Z-10.0 F300;	刀具向下进给 10mm
G90 G42 X-30.0 Y0 D02;	直线插补,刀具半径右补偿
X100.0;	直线插补至 X=100,Y=0
G02 X300.0 R100.0;	顺圆插补至 X=300,Y=0
G01 X400.0;	直线插补至 X=400,Y=0
Y300.0;	直线插补至 X=400,Y=300
G03 X0 R200.0;	逆圆插补至 X=0,Y=300
G01 Y-30.0;	直线插补至 X=0,Y=-30
G40 G01 X-50.0 Y-50.0;	直线插补至 X=-50,Y=-50,取消刀补
M99;	子程序结束并返回主程序
%	

例 7-16 编写如图 7.33 所示零件的加工程序。

工艺分析：

1. 加工顺序

铣削上表面→铣削 80mm×60mm 四个侧面→铣削 φ40mm 圆→钻 3×φ10mm 孔至 φ8.5mm→扩至 φ9.8mm→铰孔至 φ10mm。

2. 刀具选择

T01 为 φ63mm 面铣刀；
T02 为 φ20mm 高速钢立铣刀；
T03 为 φ8.5mm 高速钢麻花钻；
T04 为 φ9.8mm 高速钢扩孔钻；
T05 为 φ10mm 高速钢铰刀。

3. 工件坐标系设定

基于基准统一和便于编程计算的原

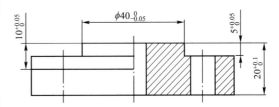
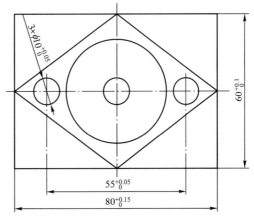

图 7.33 铣削编程实例(二)

225

则，工件坐标系原点设置在工件上表面的对称中心。

4. 程序编制

O0008;	程序名
G90 G17 G40 G49 G80 G21;	
G54;	建立工件坐标系
G91 G28 Z0;	返回参考点
T01 M06;	换面铣刀
S1000 M03;	
G90 G00 X85.0 Y15.0;	
G43 Z20.0 H01;	建立长度补偿
G01 Z0 F1000.0;	工件外快速下刀
X-85.0 F250.0;	面加工
Y-15.0;	
X85.0;	
G49 G00 Z50.0;	取消长度补偿
G91 G28 Z0;	返回参考点
T02 M06;	换立铣刀
S400 M03 M08;	
G90 G00 X60.0 Y50.0;	
G43 Z20.0 H02;	建立长度补偿
G01 Z-20.0 F1000.0;	工件外快速下刀
G41 D01 G01 X40.0 Y40.0;	半径补偿,补偿值 D01=10.0
G01 Y-30.0 F60.0;	侧面加工
X-40.0;	
Y30.0;	
X52.0;	
G40 G00 X65.0 Y40.0;	取消半径补偿
G01 Z-10.0 F1000.0;	菱形加工,工件外快速下刀
G41 D02 G01 X55.0 Y12.0;	半径补偿,补偿值 D02=20.0
M98 P1002;	调用 1002 号子程序
G41 D03 G01 X55.0 Y12.0;	半径补偿,补偿值 D03=10.0
M98 P1002;	调用 1002 号子程序
G00 X70.0 Y40.0;	
G00 Z-5.0;	圆加工
G41 G01 X20.0 Y30.0 D04 F220.0;	半径补偿,补偿值 D04=15.0
M98 P1003;	调用 1003 号子程序
G41 G01 X20.0 Y30.0 D03 F220.0;	半径补偿,补偿值 D03=10.0
M98 P1003;	调用 1003 号子程序
M09;	
G49 G00 Z50.0;	取消长度补偿
G91 G28 Z0;	
T03 M06;	换麻花钻
S650 M03 M08;	

G43 H03 Z20.0;   建立长度补偿

G98 G83 X27.5 Y0 Z-25.0 R5.0 Q5.0 F40.0;钻孔加工

G99 X0 Y0;

G98 X-27.5Y0;

G80 M09;

G49 G00 Z50.0;   取消长度补偿

G91 G28 Z0;

T04 M06;   换扩孔钻

S400 M03 M08;

G43 G00 Z20.0 H04;   建立长度补偿

G98 G81 X27.5 Y0 Z-25.0 R5.0 F40.0;   扩孔加工

G99 X0 Y0;

G98 X-27.5 Y0;

G80 M09;

G49 G00 Z50.0;   取消长度补偿

G91 G28 Z0;

T05 M06;   换铰刀

S100 M03 M08;

G43 Z20.0 H05;   建立长度补偿

G98 G85 X27.5 Y0 Z-25.0 R5.0 F30.0;   铰孔加工

G99 X0 Y0;

G98 X-27.5 Y0;

G80 M09;

G49 G00 Z50.0;   取消长度补偿

G91 G28 Z0;

G90;

M30;   程序结束

菱形加工子程序：

O1002;   子程序名

G01 X40.0 Y0 F70.0;

X0 Y-30.0;

X-40.0 Y0;

X0 Y30.0;

X40.0 Y0;

X55.0 Y-12.0;

G40 G00 X80.0 Y10.0;

M99;

圆加工子程序：

O1003;   子程序名

G01 X20.0 Y0 F80.0;

G02 X20.0 Y0 I-20.0 J0;

G01 X20.0 Y-30.0;

G40 X50.0 Y40.0 F250.0;

M99;

小　结

本章以 FANUC 0i-M 数控系统为例介绍了数控铣床及加工中心的程序编制，内容包括数控铣削编程的基础知识、基本指令、刀具补偿指令、子程序调用和简化编程指令、孔加工固定循环指令的应用。

数控铣床上设置工件坐标系有两种方法，其中 G92 指令将工件坐标系原点设定在相对于起刀点的某一空间点上，在执行 G92 指令之前，必须先进行对刀，将刀具刀位点移到起刀点位置。G54～G59 指令分别用来选择系统预设的 6 个工件坐标系，这 6 个工件坐标系的原点在机床坐标系中的值可用 MDI 方式输入，系统自动记忆。

在轮廓加工过程中，利用刀具半径补偿功能，系统就自动根据实际轮廓尺寸和刀具半径计算出刀具中心运动轨迹。G41 为刀具半径左补偿指令，G42 为刀具半径右补偿指令，G40 为取消刀具半径补偿指令。刀具半径补偿的过程可以分成建立刀补、执行刀补和取消刀补 3 个阶段。其中，建立刀补和取消刀补均应在非切削状态下进行。当使用不同类型及规格的刀具或刀具磨损时，可在程序中用刀具长度补偿指令补偿刀具尺寸的变化，而不必重新调整刀具或重新对刀。

子程序调用、坐标系旋转、比例缩放、镜像等指令的灵活运用可以极大地简化程序。

在数控铣削加工中，钻孔、镗孔等动作循环已经典型化，系统预先编好程序存储在内存中，可通过相应的固定循环指令调用。孔加工固定循环中存在以下 3 个平面：初始平面、R 平面和孔底平面。使用 G98 指令返回初始点，使用 G99 指令返回 R 点。在使用 G99 指令时，要特别小心，刀具在 R 平面移动时应确认不会发生碰撞。

习　题

7-1　在数控机床加工中，应考虑建立哪些坐标系？它们之间有何区别？

7-2　刀具半径补偿的作用是什么？使用刀具半径补偿有哪几步？在什么移动指令下才能建立和取消刀具半径补偿功能？

7-3　什么是顺铣？什么是逆铣？它们各适用于什么场合？

7-4　什么是模态代码和非模态代码？

7-5　数控铣床加工时，工件坐标系原点通常设置在什么位置？

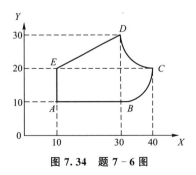

图 7.34　题 7-6 图

7-6　根据图 7.34 所示的尺寸，选用 $D=10$mm 的立铣刀，编写 ABCDEA 加工程序。

7-7　编制如图 7.35 所示的零件外轮廓精加工程序。进给速度为 120mm/min，主轴转速为 420r/min，不考虑 Z 轴运动，要求按零件顺时针方向加工，加工完成后刀具回到起刀点。

7-8　某零件的外形轮廓如图 7.36 所示，要求用直径 ϕ10mm 的立铣刀精铣外形轮廓。手工编制零件程序。安全平面高度 50mm。

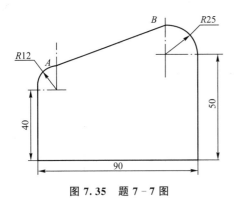

图 7.35 题 7-7 图

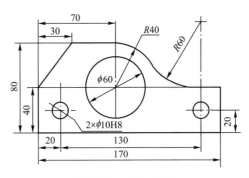

图 7.36 题 7-8 图

7-9 编制如图 7.37 所示的零件型腔的精加工程序，要求使用半径补偿指令。

7-10 如图 7.38 所示的工件厚度为 10mm，要求使用固定循环指令 G81 编制 4 个直径为 10mm 通孔的加工程序。

7-11 加工图 7.39 中的 3 个直径相同的孔。初始平面 $z = 150mm$ 处，参考平面 $z = 5mm$。要求用固定循环指令编写程序。

7-12 工件如图 7.40 所示，毛坯为 45mm ×45mm×15mm 的方形坯料，材料为 45 钢，要求在加工中心上完成顶面加工、外轮廓、孔加工编程。工件坐标原点在上表面中心。

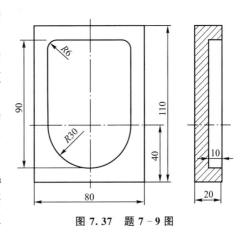

图 7.37 题 7-9 图

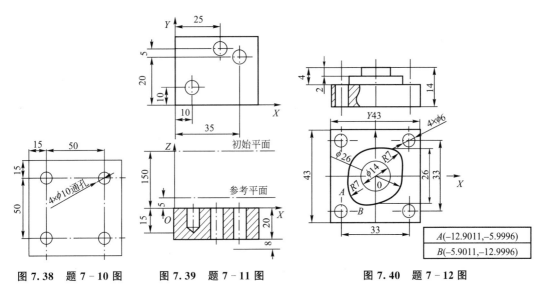

图 7.38 题 7-10 图　　图 7.39 题 7-11 图　　图 7.40 题 7-12 图

7-13 试编写如图 7.41 所示的零件的加工程序，毛坯为 100mm×100mm×25mm 长方块，材料为 45 钢。

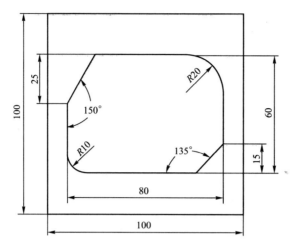
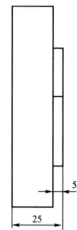

图 7.41 题 7 - 13 图

第 **8** 章
数控机床的操作与安全生产

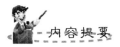内容提要

　　数控机床的操作与普通机床存在较大不同，但也需要遵守相应的操作规程。本章以 FANUC 0i mate - TB 系统数控车床为例说明数控机床的操作规程，首先介绍了数控机床的控制面板和操作面板，然后阐述了手动操作、自动运行操作、程序编辑、刀具和坐标系设置等常用的操作方式，最后介绍了数控机床的安全文明生产和日常维护保养。

8.1　FANUC 0i mate－TB 数控系统操作界面简介

8.1.1　CRT－MDI 控制面板介绍

数控车削系统 FANUC 0i mate－TB 的 CRT－MDI 控制面板由 CRT 显示屏和 MDI 键盘两部分组成，如图 8.1 所示，各组成单元功能如下：

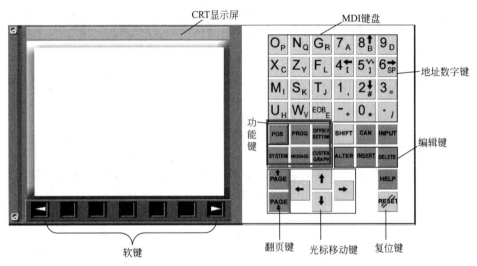

图 8.1　数控车削系统 CRT－MDI 控制面板

（1）CRT 显示屏。它主要用来显示各功能画面信息，在不同的功能状态下，它显示的内容也不相同。在显示屏下方，有一排功能软键，通过它们可在不同的功能画面之间切换，显示用户所需要的信息。

（2）MDI 键盘。如图 8.1 所示，各键的意义如下：

地址/数字键：按这些键可输入字母、数字及其他字符。

POS：按此键显示位置画面。

PROG：按此键显示程序画面。

OFFSET/SETTING：按此键显示偏置/设置画面。

SYSTEM：按此键显示系统画面。

MESSAGE：按此键显示信息画面。

CUSTOM/GRAPH：按此键显示图形画面/用户宏画面。

光标移动键：用于在屏幕上移动光标。

翻页键（PAGE UP/DOWN）：用于将屏幕显示内容朝前或朝后翻一页。

换挡键（SHIFT）：当要输入地址/数字键中右下角字符时用此键。

取消键（CAN）：按此键可删除已输入到键的输入缓冲器的最后一个字符。

输入键（INPUT）：当要把键入到输入缓冲器中的数据复制到寄存器时按此键。

ALTER：替换。

INSERT：插入。

DELETE：删除。

分号键(EOB)：按此键用来输入程序每行的结束符"；"。

帮助键(HELP)：按此键用来显示如何操作机床的信息画面。

复位键(RESET)：按此键可使 CNC 复位、消除报警等。

（3）软键。要显示一个更详细的屏幕，可以在按下功能键后按屏幕下方软键。

最左侧带有向左箭头的软键为菜单返回键，最右侧带有向右箭头的软键为菜单继续键。

8.1.2 机床操作面板介绍

机床操作面板的功能和按钮的排列与具体的数控机床的型号有关，数控车床 CK6132A 的操作面板如图 8.2 所示，各按键功能如表 8－1 所示。

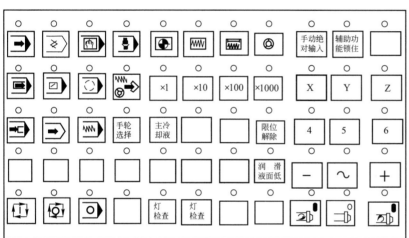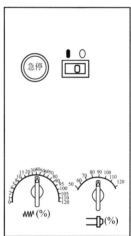

图 8.2 CK6132A 的操作面板

表 8－1 CK6132A 操作面板的按键功能

按键	功能	按键	功能	按键	功能
	自动运行方式		程序编辑方式		MDI 方式
	DNC 运行方式		手动回参考点		手动运行方式
	手动增量方式		手轮方式	手动绝对输入	手动绝对输入
辅助功能锁住	机床辅助功能锁住		程序单段		跳选程序段

(续)

按键	功能	按键	功能	按键	功能
	M01 选择停止		手轮示教方式	×1	倍率 0.001
×10	倍率 0.01	×100	倍率 0.1	×1000	倍率 1
X	X 轴	Z	Z 轴		程序再启动
	进给锁住运行		空运行	手轮选择	手轮方式选择
主冷却液	冷却液电动机开关	限位解除	超程解除	润滑液面低	润滑液面低报警指示
—	坐标轴负向		快速进给	+	坐标轴正向
	循环启动		进给保持		M00 程序停止
灯检查	维修灯检查		主轴正转		主轴停
	主轴反转	急停	机床急停		程序写保护
	进给修调		主轴转速修调		

8.2 手 动 操 作

8.2.1 手动返回参考点

控制机床运动的前提是建立机床坐标系，为此，系统接通电源后首先应进行机床各轴回参考点操作。返回参考点有手动参考点返回和自动参考点返回两种方法。通常情况下，在开机时采用手动参考点返回方法，机床返回参考点操作步骤如下：

（1）将操作面板上的工作方式选择为回参考点方式，屏幕上左下角显示 REF。

（2）按进给轴和方向的选择开关。如先回 X 轴方向，则按操作面板上的"X"和"＋"按钮(有的操作面板上将进给轴和方向选择合在一起则按下"＋X"按键)，刀架沿 X 的正方向移动，并接近参考点。到达参考点后，机床停止移动，X 轴的机床坐标系为零。同理，按"Z"和"＋"按钮使 Z 轴回参考点，也可以沿着两个轴同时返回参考点，回零指示灯亮，操作完成。

注意：

（1）回机床参考点时，一般要先回 X＋方向，再回 Z＋方向，以防止刀具干涉或撞到机床尾座顶尖。回零后一般都要向 Z－和 X－方向移动一些，以松开回零行程开关。

（2）在回参考点前，应确保回零轴位于参考点的"回参考点方向"相反侧(如 X 轴的回参考点方向为负，则回参考点前，应保证 X 轴当前位置在参考点的正向侧)；否则应手动移动该轴直到满足此条件。

（3）在回参考点过程中，若出现超程，请按住控制面板上的"超程解除"按键，向相反方向手动移动该轴使其退出超程状态。

（4）当机床首次工作之前、机床停电后再次接通电源、机床在急停和解除超程之后，都必须进行返回参考点操作。

8.2.2 手动连续进给

手动连续进给(JOG)方式可以实现机床 X 轴和 Z 轴的移动，主轴起动和停止，刀架的手动换刀，从而实现手动切削和对刀。

在 JOG 方式，按机床操作面板上的进给轴及其方向选择开关，会使刀具沿着所选轴的所选方向连续移动。手动连续进给速度可以通过手动连续进给倍率旋钮进行调节。按下快速移动开关，会使刀具以快速移动速度(系统参数设定)移动。而与 JOG 进给倍率旋钮的位置无关，该功能称之为手动快速移动。手动操作通常一次移动一个轴，也可以同时移动两个轴。JOG 步骤如下：

（1）将操作面板上的工作方式选择为手动连续方式。

（2）按进给轴和方向选择开关，机床沿相应的轴的相应方向移动。在开关被按期间，机床以参数设定的速度移动。开关一被释放，机床就停止。

（3）JOG 进给速度可以通过手动连续进给倍率旋钮进行调整。

（4）若在按进给轴和方向选择开关期间，按了快速移动开关，机床则会以快速移动速度运动。

此时，按下功能键 POS，可以显示刀具的当前位置。当前位置有 3 种表示方式：

（1）工件坐标系(ABS)中的位置值。此坐标值主要体现在自动加工时，当刀具移动到工件零点时，X 和 Z 坐标显示为零。自动加工时以此坐标值为主，它体现了刀具在工件坐标系中的实时位置，便于观察刀具路径。如图 8.3 所示。

（2）相对坐标系(REL)中的位置值。此坐标值主要用在相对编程时，显示刀具在相对坐标系中的当前位置。刀具移动时，当前坐标也要变化。在自动加工时主要体现当前坐标值和前一坐标值的差值，即增量变化量。如图 8.4 所示。

（3）综合(ALL)位置值。它同时显示刀具在工件坐标系(绝对坐标)、相对坐标系(相对坐标)和机床坐标系(机械坐标)中的当前位置,以及剩余的移动量,如图 8.5 所示。

在机床回零时,主要参考机械坐标系中的当前位置。回到零点时,此坐标一定要都显示为零,才能表示正常回到零点,否则要检查是否机械回零开关有问题或 G54～G59 编程零点设置中有数据影响回零数值显示。

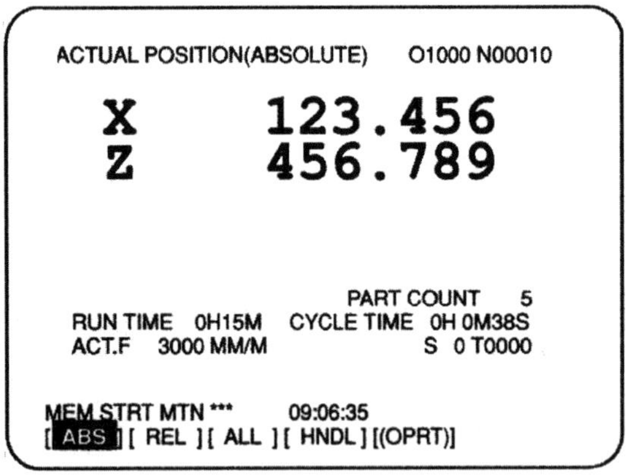

```
ACTUAL POSITION(ABSOLUTE)    O1000 N00010

X       123.456
Z       456.789


                        PART COUNT     5
RUN TIME  0H15M   CYCLE TIME  0H 0M38S
ACT.F   3000 MM/M              S  0 T0000

MEM STRT MTN ***       09:06:35
[ ABS ] [ REL ] [ ALL ] [ HNDL ] [(OPRT)]
```

图 8.3　工件坐标系中的位置值

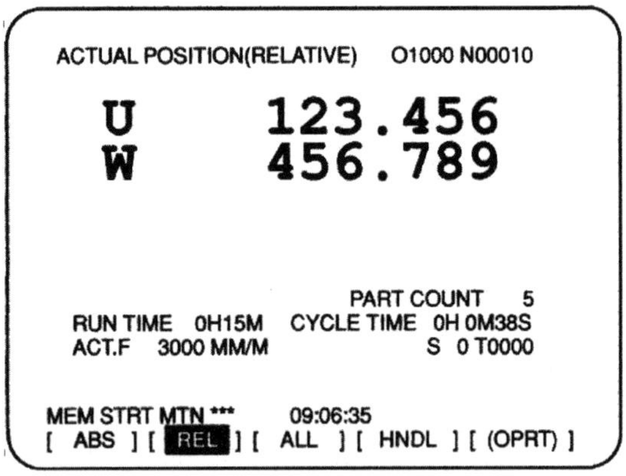

```
ACTUAL POSITION(RELATIVE)    O1000 N00010

U       123.456
W       456.789


                        PART COUNT     5
RUN TIME  0H15M   CYCLE TIME  0H 0M38S
ACT.F   3000 MM/M              S  0 T0000

MEM STRT MTN ***       09:06:35
[ ABS ] [ REL ] [ ALL ] [ HNDL ] [ (OPRT) ]
```

图 8.4　相对坐标系中的位置值

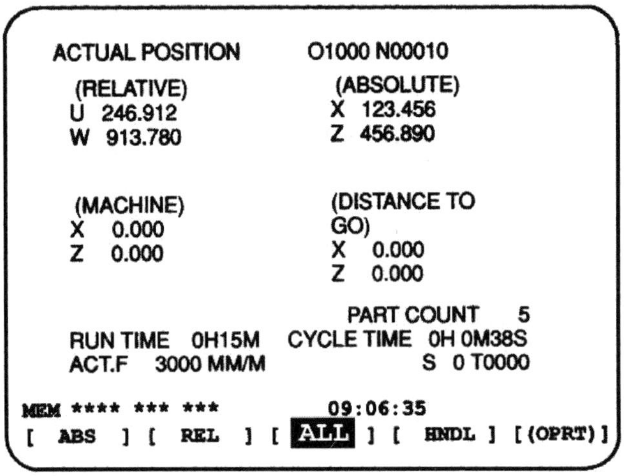

```
ACTUAL POSITION        O1000 N00010
     (RELATIVE)             (ABSOLUTE)
     U  246.912             X  123.456
     W  913.780             Z  456.890


     (MACHINE)              (DISTANCE TO
     X   0.000              GO)
     Z   0.000              X   0.000
                            Z   0.000

                        PART COUNT     5
RUN TIME  0H15M   CYCLE TIME  0H 0M38S
ACT.F   3000 MM/M              S  0 T0000

MEM **** *** ***       09:06:35
[ ABS ] [ REL ] [ ALL ] [ HNDL ] [(OPRT)]
```

图 8.5　综合位置值

剩余的移动量主要指在 MEM 或者 MDI 加工方式中可以显示剩余移动量,即在当前程序段中刀具还需要移动的距离。

位置显示屏幕也可以显示进给速度、运行时间、加工的零件数、主轴的转速、当前刀具号等。

8.2.3　手轮进给

采用手轮进给方式时,可通过旋转操作面板上的手摇脉冲发生器而使机床连续不断地移动。用开关选择移动轴。当手摇脉冲发生器旋转一个刻度时移动的距离等于一个输入增量。手轮进给的步骤如下:

(1) 将操作面板上的工作方式选择为手轮进给方式。

(2) 按手轮进给轴选择开关选择刀具要移动的轴。

（3）选择手轮进给倍率开关，选择机床移动的倍率。当手摇脉冲发生器旋转一个刻度时，机床移动的距离等于一个输入增量（机床移动的倍率乘以 0.001mm）。

（4）旋转手轮，机床沿选择的轴移动：旋转手轮 360°，机床移动相当于 100 个刻度的距离。

注意：采用手轮进给方式时一定要先选择一个机床要移动的轴，否则机床不会移动。如果手轮转动速度超过了 5r/s，可能会造成刻度和移动量不符。

8.3 自动运行操作

FANUC 0i mate‑TB 数控系统的自动运行主要有存储器运行、MDI 运行和 DNC 运行 3 种方式。存储器运行是执行存储在 CNC 存储器中的程序的运行方式；MDI 运行是执行从 MDI 面板输入的程序的运行方式；DNC 运行是用外部输入/输出设备上的程序控制机床的运行方式。

8.3.1 存储器运行

程序预先存储在存储器中，当选定了这些程序中的一个并按机床操作面板上的"循环启动"按钮后，起动自动运行，并且"循环启动"指示灯点亮。

在自动运行过程中，机床操作面板上的"进给暂停"按钮被按下后，自动运行被临时中止。再次按"循环启动"按钮后，自动运行又重新进行。

当 MDI 面板上的 RESET 键被按后，自动运行被终止并进入复位状态。

在执行存储器运行之前，要检查控制面板，必须保证"空运行"按钮处于无效状态，否则自动加工时所有的进给全部以 G00 的速度执行，极易发生撞刀。另外，倍率开关要先拨到左边的低倍率处，刀架移近工件时如有不对的趋势（如车端面时，刀具过了端面位置仍朝卡盘方向移动而不停止），可以立刻将倍率开关拨到 0，这样机床就会停止运动而避免事故发生。在加工过程中，特别是加工第一个样品时一定要仔细观察，如有问题要立刻按"紧急停止"按钮或 RESET 键。

存储器运行操作步骤如下：

（1）选择存储器运行 MEMERY 模式。

（2）从存储的程序中选择一个程序。其步骤如下：

① 按功能键 PROG，显示程序屏幕。

② 按功能软键 [PRGRM]。

③ 按功能地址键 O。

④ 使用数字键输入程序号。

⑤ 按软键 [O SRH]。

（3）按操作面板上的"循环启动"按钮，起动自动运行，并且"循环启动"指示灯点亮。当自动运行结束时，"循环启动"指示灯灭。

（4）在中途停止或者取消存储器运行。

① 停止存储器运行。按机床操作面板上的"进给暂停"按钮，"进给暂停"指示灯亮，并且"循环启动"指示灯灭。机床响应如下：

a. 当机床正在移动时，进给减速并停止。

b. 当 M、S 或 T 功能被执行时，M、S 或 T 功能完成之后机床停止。

在"进给暂停"指示灯亮期间按下机床操作面板上的"循环启动"按钮，机床运行重新开始。

② 结束存储器运行。

按 MDI 面板上的 RESET 键，自动运行结束并进入复位状态。当在机床移动过程中执行复位操作时，移动会减速然后停止。

③ 指定一个停止命令。停止命令包括 M00（程序停止）、M01（选择停止），以及 M02 和 M30（程序结束）。

a. 程序停止 M00。执行了有 M00 指令的程序段之后存储器运行就停止。当程序停止后，所有存在的模态信息保持不变，与单程序段运行一样。按"循环启动"按钮后自动运行重新起动。

b. 选择停止 M01。存储器运行时，在执行了含有 M01 指令的程序段之后存储器运行也会停止。这个代码仅在操作面板上的选择停止开关处于通的状态时有效。

c. 程序结束 M02 或 M30。当执行 M02 或 M30 时，存储器运行结束并进入复位状态。

④ 单段运行。按下单程序段开关起动单程序段运行方式。在单程序段方式，当"循环启动"按钮被按时，执行程序中的一个程序段，然后机床停止。

注意：机床在运行过程中，特别是刀具仍在工件表面时不要停止主轴旋转和按 RESET 键停止自动加工。如果没有特殊情况，一定要等刀具离开工件后才停止自动加工。

在执行暂停的过程中，为了测量工件必须要停止主轴旋转，在安全的状态下才能进行测量等工作。此时，按"循环启动"按钮之前，一定要先起动主轴旋转，才能进行工件的切削。

8.3.2　MDI 运行

在 MDI 方式，利用 MDI 面板上的键在程序显示画面可编制最多 6 行的程序段（与普通程序的格式一样），然后执行。MDI 运行适用于简单的测试操作。MDI 运行操作步骤如下：

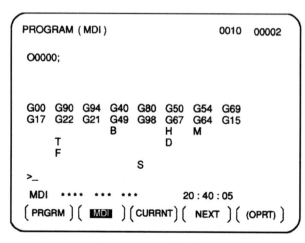

图 8.6　MDI 操作模式

（1）选择 MDI 操作模式。

（2）按 MDI 操作面板上的功能键 PROG，选择程序画面。

（3）按软键［MDI］，显示如图 8.6 所示的窗口画面。系统会自动加入程序号 O0000。

（4）用通常的程序编辑操作方法编制一个要执行的程序。在程序段的结尾加上 M99，可在程序执行结束之后返回程序的开头。在 MDI 方式中建立的程序，字的插入、修改、删除、字检索、地址检索及程序检索都是有效的。

（5）要完全删除在 MDI 方式中建立的程序，使用下述方法。

① 按地址键 O，然后按 MDI 面板上的 DELETE 键。

② 按 RESET 键。

（6）为了执行程序，须将光标移动到程序头（从中间点起动执行也可以）。按操作面板上的"循环启动"按钮，程序开始运行。当执行程序结束语句（M02 或 M30）或者执行 ER（％）后，程序自动清除并且运行结束。用 M99 指令可使程序执行后返回程序的开头。

（7）中途停止或结束 MDI 运行，按以下步骤操作：

① 停止 MDI 操作。按机床操作面板上的"进给暂停"按钮。"进给暂停"指示灯亮而"循环启动"指示灯灭，机床处于暂停状态。当操作面板上的循环启动按钮再次被按下时机床继续运行。

② 结束 MDI 操作。按 MDI 面板上的 RESET 键，自动运行结束并进入复位状态。当在机床运动中执行了复位命令后，运动会减速并停止。

注意：在 MDI 方式中编制的程序不能被存储，执行完后程序被自动删除。程序的行数必须能在一页屏幕上完全显示，一般程序最多可有 6 行。如果编制的程序超过了指定的行数，％（ER）被删除（防止插入和修改）。

8.3.3　DNC 运行

DNC 运行方式（RMT）是自动运行方式的一种，是在读入外部设备上程序的同时，执行自动加工。这样的一个外部程序可由 RS232 接口输入控制系统，当按下"循环启动"按钮（程序运行开始）之后，立即执行该程序，且一边传送一边执行加工程序，这种方法称为 DNC 直接数控加工。为了使用 DNC 运行功能，需要预先设定有关 RS232 的参数，计算机和数控系统之间的通信协议要一致。

DNC 运行步骤如下：

（1）检索要执行的程序（文件）。

（2）按机床操作面板上的 DNC 开关，设定 RMT 方式。然后"按循环启动"按钮，于是选定的文件被执行，直至全部结束。

程序通信画面如图 8.7 所示。

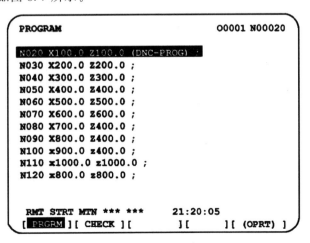

图 8.7　DNC 运行

8.4　创建与编辑程序

8.4.1　创建新程序

在 EDIT 方式中，创建的程序可以存储在 CNC 的存储器中。在 MDI 方式中，创建的程序不能存储在 CNC 的存储器中，并且程序的长度不允许超过 6 行，系统运行完程序自动清空。

创建新程序的步骤如下：

（1）选择 EDIT 或 MDI 方式。

（2）按功能键 PROG。

（3）选择 EDIT 方式，按软键 ［LIB］ 或者 ［PRGRM］。选择 MDI 方式，按软键 ［MDI］。

（4）按地址键 O 并输入程序号 0040。

（5）按 INSERT 键，存储新程序号 O0040。按 EOB 键插入程序结束符 ";"，系统会自动产生行号 "N12"，如图 8.8 所示。

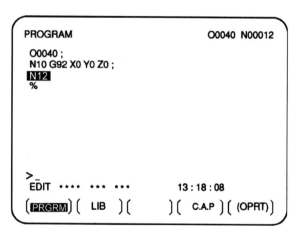

图 8.8　创建新程序

注意：地址键 O 切勿输成数字键 0，否则会产生报警，产生语法错误；按 INSERT 键输入新程序号时，如果程序名已经存在，则会产生 ALM 报警。此时按 RESET 键取消报警，重新输入程序号。

程序清单显示记录的程序使用的内存和记录的程序清单。显示使用的内存和程序清单的步骤如下：

（1）选择 EDIT 方式。

（2）按功能键 PROG。

（3）按章选软键 ［LIB］，按程序号的大小顺序显示所有的程序，如图 8.9 所示。其中包括每个程序所占内存的大小和创建时间，便于按日期查找。

```
PROGRAM DIRECTORY                    00001 N00010

              PROGRAM(NUM.)        MEMORY(CHAR.)
     USED:         17                   4320
     FREE:         46                   3960
     00001   360   1966-06-12  14:40
     00002   240   1966-06-12  14:55
     00010   420   1966-07-01  11:02
     00020   180   1966-08-14  09:40
     00040  1140   1966-03-25  28:40
     00050    60   1966-08-26  16:40
     00100   120   1966-04-30  13:11

   >_
   EDIT **** *** ***        16:52:13
   [ PRGRM ][  DIR  ][    ][        ]( OPRT )
```

图 8.9　程序清单的显示

8.4.2　字的插入、修改和删除

字由地址(字母)及其紧跟其后的数字组成。对已存储在 CNC 中的程序进行字的插入、修改和删除的方法如下：

(1) 选择 EDIT 方式。

(2) 按功能键 PROG。

(3) 选择要编辑的程序。如果要编辑的程序已被选择，执行第 4 步操作。如果要编辑的程序未被选择，用程序号检索程序。此时，只要输入程序名如 O0001，按软键〔O-SRH〕，即可显示 O0001 程序内容。

(4) 检索要修改的字，包括扫描方法和字检索方法。

(5) 执行字的插入、修改或删除。

1. 字的检索

字可以被检索，该功能是在程序文本中从头至尾移动光标(扫描)查找指定字或地址。

(1) 扫描字的步骤如下：

① 按左或右光标按键。光标在屏幕上向前或向后逐字移动，光标在被选择字处显示。

② 当按上或下光标键，前一个或下一个程序段的第一个字被检索。

③ 按向上或向下翻页键，显示上一页或下一页并检索到该页的第一个字。

例如，扫描 Z1250.0 时，如图 8.10 所示。

(2) 检索字(如 S12)的步骤如下：

① 键入地址 S 和数字 12。如仅键入 S1，则 S12 不能被检索到。

② 按软键〔SRHDN〕开始检索操作。检索操作结束时，光标显示在被检索的字处，按〔SRHUP〕键则按反方向执行检索。

```
Program                     O0050 N01234
O0050 ;
N01234 X100.0  Z1250.0  ;
S12 ;
N56789 M03 ;
M02 ;
%
```

图 8.10　字的扫描

2. 字的插入

插入字的步骤如下：

（1）在插入字之前检索或扫描字。

（2）键入要插入的地址。

（3）键入数据。

（4）按 INSERT 键，插入的字置于之前检索的字之后，光标在被插入的字处显示。

例如，插入 T15 的步骤如下：

（1）检索或扫描 Z1250。

（2）键入 T15。

（3）按 INSERT 键，结果如图 8.11 所示。

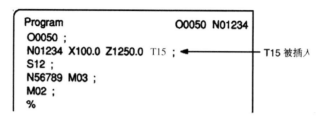

图 8.11　字的插入

3. 字的修改

修改字的步骤如下：

（1）检索或扫描要修改的字。

（2）键入要插入的地址。

（3）键入数据。

（4）按 ALTER 键替换。

例如，把 T15 改为 M15 的步骤如下：

（1）检索或扫描 T15。

（2）键入 M15。

（3）按 ALTER 键，结果如图 8.12 所示。

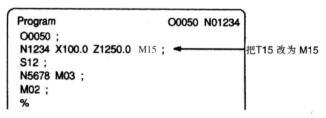

图 8.12　字的修改

4. 字的删除

删除字的步骤如下：

（1）检索或扫描要删除的字。

（2）按 DELETE 键删除。

例如，删除 X100.0 的步骤如下：

（1）检索或扫描 X100.0。

（2）按 DELETE 键，结果如图 8.13 所示。

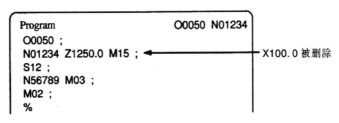

图 8.13　字的删除

8.4.3　程序段删除

1．删除一个程序段

删除一个直至 EOB 代码的程序段，删除后，光标移到下一个字的地址。删除一个程序段的步骤如下：

（1）检索或扫描要删除程序段的地址 N。

（2）键入 EOB。

（3）按下 DELETE 键。

例如，删除 N01234 程序段的步骤如下：

（1）检索或扫描 N01234。

（2）键入 EOB。

（3）按 DELETE 键，结果如图 8.14 所示。

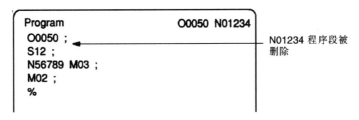

图 8.14　删除程序段

2．删除多个程序段

从当前显示字的程序段到指定顺序号的程序段都被删除。

删除多个程序段的步骤如下：

（1）检索或扫描要删除部分的第一个程序段的顺序字。

（2）按地址键 N。

（3）键入要删除部分最后一个程序段的顺序号。

（4）按 DELETE 键。

例如，删除从 N01234 到 N56789 号程序段的步骤如下：

（1）检索或扫描 N01234。

（2）键入 N56789。

（3）按 DELETE 键，如图 8.15 所示。

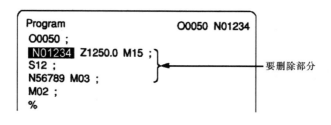

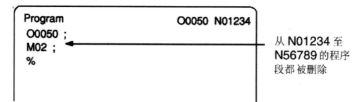

图 8.15 删除多个程序段

8.4.4 程序号检索

当存储器中存有多个程序时，可以对程序进行检索，检索有以下两种方法。

方法 1 如下：

（1）选择 EDIT 或 MEMORY 方式。

（2）按功能键 PROG，显示程序画面。

（3）按地址键 O。

（4）键入要检索的程序号，如 0050。

（5）按软键 [O SRH]。

方法 2 如下：

（1）选择 EDIT 或 MEMORY 方式。

（2）按功能键 PROG，显示程序画面。

（3）按软键 [O SRH]。此时目录中的下一个程序被检索。

8.4.5 顺序号检索

顺序号检索操作用于检索程序中的顺序号，从而可在此顺序号的程序段处实现起动或再起动，步骤如下：

（1）选择 MEMERY 方式。

（2）按功能键 PROG，显示程序画面。

（3）按地址键 N。

（4）键入要检索的顺序号，如 210。

（5）按软键 [N SRH]。

(6) 完成检索操作时，检索的顺序号显示在显示单元屏幕的右上角。

8.4.6 程序的删除

可以一个一个地删除在存储器中存储的程序，也可以同时删除全部程序，还可以指定一个范围来删除多个程序。

1. 删除一个程序

删除一个程序的步骤如下：

(1) 选择 EDIT 方式。

(2) 按功能键 PROG，显示程序画面。

(3) 按地址键 O。

(4) 键入要删除的程序号，如 0050。

(5) 按 DELETE 键，键入程序号的程序被删除，即 O0050 号程序被删除。

2. 删除全部程序

删除全部程序的步骤如下：

(1) 选择 EDIT 方式。

(2) 按功能键 PROG，显示程序画面。

(3) 按地址键 O。

(4) 键入－9999。

(5) 按编辑键 DELETE 删除全部程序。

3. 删除指定范围内的多个程序

删除指定范围内的多个程序的步骤如下：

(1) 选择 EDIT 方式。

(2) 按功能键 PROG，显示程序画面。

(3) 按下面的格式用地址键和数字值输入要删除程序的程序号范围：

OXXXX，OYYYY

其中 XXXX 为起始号，如 0001；YYYY 为结束号，如 6666。

(4) 按编辑键 DELETE，删除 No. XXXX～No. YYYY 的程序，即 O0001～O6666 号程序全部被删除。

8.5 工件坐标系设置

编程人员在编辑数控加工程序时使用工件坐标系，在数控车削加工时为了计算和编程方便，通常将工作(程序)原点设定在工件右端面的回转中心上，尽量使编程基准与设计、装配基准重合。而机床坐标系是机床唯一的基准，所以必须找出工件原点在机床坐标系中的位置，在两个坐标系之间建立联系，这可以通过对刀来完成。

FANUC 0i mate - TB 系统确定工件坐标系的方法有如下 3 种：

(1) MDI 参数，运用 G54～G59 可以设定 6 个坐标系，这种坐标系是相对于参考点不变的，与刀具起始位置无关。这种方法适用于批量生产且工件在卡盘上有固定装夹位置的加工。

（2）通过对刀将刀偏值写入参数，从而获得工件坐标系。这种方法操作简单，可靠性好，它通过刀偏与机床坐标系紧密地联系在一起，只要不断电、不改变刀偏值，工件坐标系就会存在且不会变，即使断电，重启后回参考点，工件坐标系还在原来的位置。

（3）用 G50 设定坐标系，对刀后将刀移动到 G50 设定的位置才能加工。对刀时先对基准刀，其他刀的刀偏都是相对于基准刀的。

8.5.1 G54～G59 工作坐标系设置

具体操作方法如下：

（1）进入 MDI 状态，按功能键 PROG，输入"M03 S400;"的指令，按"循环启动"按钮，让主轴以 400r/min 的速度正转。

（2）将功能键旋转至手动或手轮的状态，移动 X 轴和 Z 轴试切 A 表面，如图 8.16 所示。

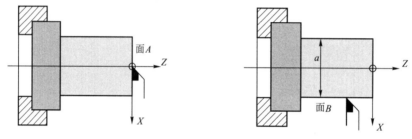

图 8.16 试切对刀

（3）按功能键 OFFSET SETTING，再按软键〔WORK〕，将光标移至 G54 的 Z 向，如图 8.17 所示，键入 Z0，按软键〔MEASUR〕。

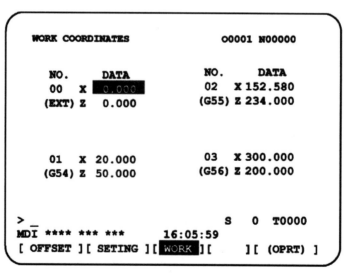

```
WORK COORDINATES                  O0001 N00000

     NO.    DATA              NO.     DATA
     00  X   0.000            02  X 152.580
     (EXT) Z  0.000           (G55) Z 234.000



     01  X  20.000            03  X 300.000
     (G54) Z 50.000           (G56) Z 200.000


  >_                                  S   0  T0000
  MDI **** *** ***        16:05:59
  [ OFFSET ][ SETING ][ WORK ][    ][ (OPRT) ]
```

图 8.17 设置工件坐标系

（4）将功能键旋转至手动或手轮的状态，移动 X 轴和 Z 轴试切 B 表面。试切后沿 Z

向退出，X 向保持不变，退出后，按"主轴停止"按钮使主轴停止转动。

（5）用游标卡尺测量刚刚试切过的外圆表面，将测量尺寸记录，按功能键 OFFSET SETTING 和软键［WORK］进入如图 8.17 所示的画面，将光标移至 G54 的 X 向，输入"X＋测量值"，按软键［MEASUR］。

8.5.2 刀具偏置设置

具体操作方法如下（将零件的右表面的中心点定为工件坐标系的原点）：

（1）进入 MDI 状态，按功能键 PROG，输入"M03 S400;"的指令，按下"循环启动"按钮，让主轴以 400r/min 的速度正转。

（2）将功能键旋转至手动或手轮的状态，移动 X 轴和 Z 轴试切 A 表面。

（3）按功能键 OFFSET SETTING 和软键［OFFSET］显示刀具补偿画面，将光标移至对应刀号的 Z 向，如图 8.18 所示，键入 Z0，按软键［MEASUR］。

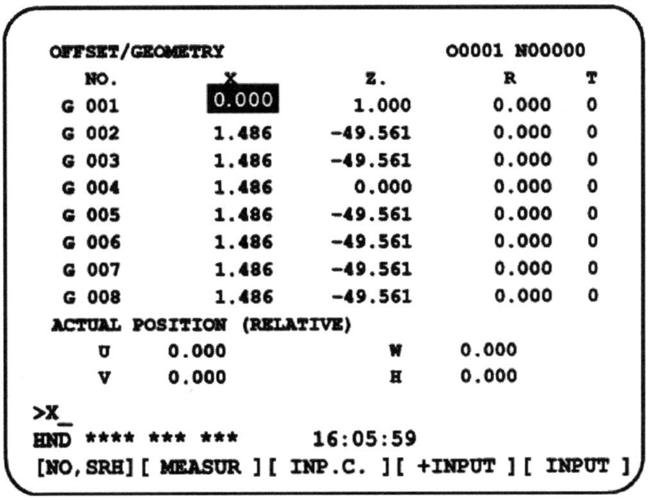

```
OFFSET/GEOMETRY                    O0001 N00000
   NO.        X          Z.        R        T
 G 001      0.000      1.000     0.000      0
 G 002      1.486    -49.561     0.000      0
 G 003      1.486    -49.561     0.000      0
 G 004      1.486      0.000     0.000      0
 G 005      1.486    -49.561     0.000      0
 G 006      1.486    -49.561     0.000      0
 G 007      1.486    -49.561     0.000      0
 G 008      1.486    -49.561     0.000      0
ACTUAL POSITION (RELATIVE)
      U      0.000         W      0.000
      V      0.000         H      0.000
>X_
HND **** *** ***        16:05:59
[NO,SRH][ MEASUR ][ INP.C. ][ +INPUT ][ INPUT ]
```

图 8.18　刀具偏置设置

（4）将功能键旋转至手动或手轮的状态，移动 X 轴和 Z 轴试切 B 表面。试切后沿 Z 向退出，X 向保持不变，退出后，按"主轴停止"按钮使主轴停止转动。

（5）用游标卡尺测量刚刚试切过的外圆表面，将测量尺寸记录，按功能键 OFFSET SETTING 和软键［OFFSET］显示刀具补偿画面，如图 8.18 所示，将光标移至对应刀号的 X 向，输入"X＋测量值"，按软键［MEASUR］。

8.5.3 G50 坐标系设置

在程序中用 G50 指令设定刀具起始点在工件坐标系下位置的坐标值（如程序中设定 G50 X50.0 Z50.0）。

（1）试切如图 8.16 所示工件的 A 表面，按功能键 POS 查看此时 Z 向的坐标值并记录。

（2）试切如图 8.16 所示工件的 B 表面，试切后沿 Z 向退出，X 向保持不变，退出后，按"主轴停止"按钮使主轴停止转动。测量 B 表面所在外圆直径，再按功能键 POS

查看当前 X 坐标值，计算出中心点的坐标值。

（3）在手动或手轮的状态下将各个轴移动至中心点的坐标值＋50.0 的位置处。

此时对刀结束，可以在当前的位置开始运行加工程序。

8.6　图形模拟

图形模拟功能可以显示自动运行的移动轨迹。机床模拟时，驱动使能钥匙开关一定要置于关闭状态，即处于机械锁住状态，否则机床会移动。但此时，程序中的 M、T 功能仍然有效，如刀架仍换刀、主轴仍会起动正反转等。

可以在画面上显示程序的刀具轨迹，通过观察显示的轨迹以检查加工过程。显示的图形可以放大或缩小。显示刀具轨迹前必须设定绘图坐标(参数)和绘图参数。开始画图前用参数 No.6510 设定绘图坐标，设定值和坐标的对应关系见"绘图坐标系"。

图形显示的步骤如下：

（1）按功能键 CUSTOM GRAPH，则显示绘图参数画面，如图 8.19 所示(如果不显示该画面，按软键〔G.PRM〕)。其中各参数含义如下：

WORK LENGTH：工件长度，用于设定模拟图形的显示长度，要大于加工工件的长度。

WORK DIAMETER：工件直径，用于设定模拟图形的显示直径。

PROGPAM STOP：程序停止位。

AUTO ERASE：自动消除，参数设为 1 时，已模拟显示的图形会在下次模拟时自动消除。

LIMIT：限制。

GRAPHIC CENTER：图形显示中心，用于设置图形中心在整个画面的中心位置。

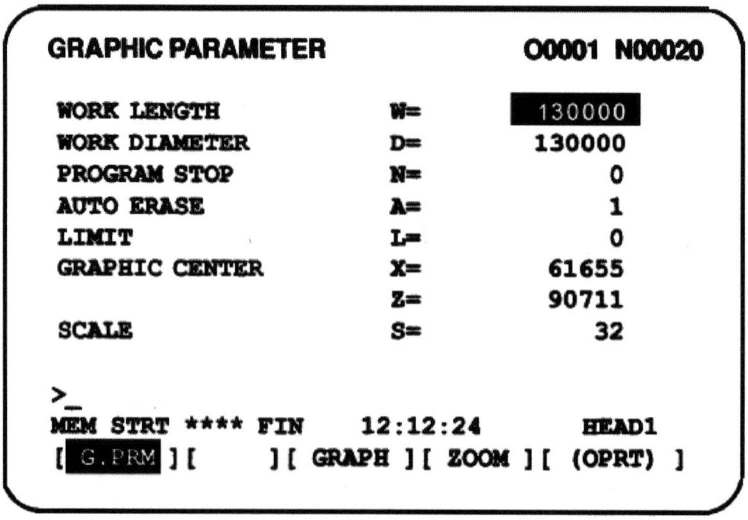

```
GRAPHIC PARAMETER                    O0001 N00020

    WORK LENGTH          W=        130000
    WORK DIAMETER        D=        130000
    PROGRAM STOP         N=             0
    AUTO ERASE           A=             1
    LIMIT                L=             0
    GRAPHIC CENTER       X=         61655
                         Z=         90711
    SCALE                S=            32

    >_
MEM STRT **** FIN     12:12:24          HEAD1
[ G.PRM ][      ][ GRAPH ][ ZOOM ][ (OPRT) ]
```

图 8.19　绘图参数画面

SCALE：显示比例，用于设置图形显示比例的大小。该数值设得越大，图形会显示得越大，但太大时图形会移动显示到屏幕外边，只能看到中心一点点或什么也看不到；太小时图形会显示得很小而看不清。此参数一般设为 100 即可。

(2) 将光标移动到所需设定的参数处。

(3) 输入数据，然后按 INPUT 键。

(4) 重复(2)和(3)直到设定完所有需要的参数。

(5) 按软键 [GRAPH]。

(6) 起动自动运行(此时驱动使能钥匙开关一定要置于关闭状态，否则机床会移动)，画面上绘出刀具的运动轨迹，如图 8.20 所示。

(7) 图形放大，图形可整体或局部放大。按功能键 CUSTOM GRAPH，然后按软键 [ZOOM] 以显示放大图，放大图画面有两个放大光标(■)，如图 8.21 所示。用这两个放大光标定义的对角线的矩形区域被放大到整个画面。

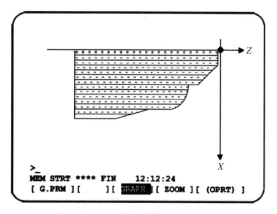
图 8.20　刀具移动轨迹显示画面

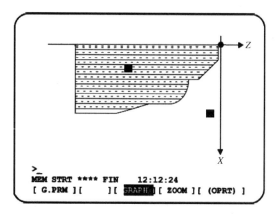
图 8.21　图形放大设置显示画面

(8) 用光标键上下左右移动放大光标，按软键 [HI/LO] 起动放大光标的移动。

(9) 为使原来图形消失，按软键 [EXEC]。

(10) 恢复前面的操作，用放大光标所定义的绘图部分被放大。

(11) 为显示原始图形，按软键 [NORMAL]，然后开始自动运行。

(12) 空运行，机床按参数设定的速度移动而不考虑程序中指定的进给速度。该功能用于从工作台上卸下工件时检查机床的运动，在模拟时可以提高执行速度。

在自动运行期间和模拟期间，按机床操作面板上空运行开关 DRN，以激活该功能使其有效。机床则按参数设定的速度移动，可用快速移动开关来改变进给速度。

说明：

(1) 设定绘图坐标系。参数 No.6510 用于设定图形功能时的绘图坐标系，设定值和绘图坐标系之间的关系如图 8.22 所示，使用双轨迹控制时，可以为每个刀架选择不同的绘图坐标系。

(2) 绘图参数。

① 工件长度(W)和工件直径(D)分别定义工件长度和工件直径，如图 8.23 所示。

② 图形中心(X，Z)和比例(S)显示画面的中心坐标和绘图比例，系统可以自动计算画面的中心坐标，以使按工件长度(WORK LENGTH)和工件直径(WORK DIAMETER)

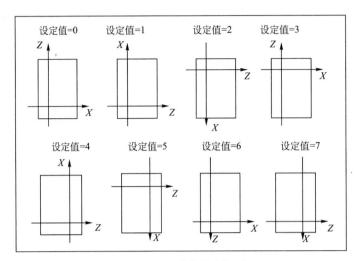

图 8.22　设定绘图坐标系

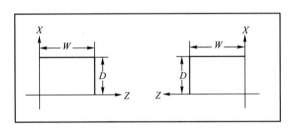

图 8.23　定义工件长度和工件直径

设定的图形能在整个画面上显示出来。因此，通常用户无须设定这些参数。图形中心的坐标在工件坐标系定义。比例(SCALE)的单位为 0.001%。

③ 程序停止(N)。当对程序的一部分进行绘图时须设定结束程序段的顺序号，图形出来后，该参数中设定的值被自动取消(清除为 0)。

④ 自动清除(A)。如果该值设定为 1，当自动运行从复位状态重新起动时前面所绘的图被自动清除，然后又重新绘制。

⑤ 删除前面的图形。在图形画面上按软键［REVIEW］以删除原来的刀具轨迹。设定图形参数：AUTO ERASE(A)＝1，从而使复位时起动自动运行，清除以前的图形后自动执行程序(AUTO ERASE＝1)。

⑥ 绘出程序一部分的图形。当需要显示程序中一部分的图形时，在循环操作方式下起动程序前，通过顺序号检索，找到绘制的起始段，并且在图形参数 PROGRAM STOP N＝中设定结束程序段的顺序号。

注意：绘图画面中，快速移动的刀具轨迹用虚线显示，进给运动的轨迹用实线显示。因此，在模拟过程中要仔细观察刀具路径是否正确，快速移动和切削进给是否合乎工艺要求，是否会干涉或过切。不要只看结果而不注重模拟过程，否则很容易出现问题，如过切或干涉，甚至会撞刀。

模拟过程中，刀具也会自动换刀，此时要检查程序中的刀具号是否和刀架上的实际刀具号相一致。如果不一致，要修改程序中的刀具号或更换刀具。

模拟过程中，为了快速显示图形，一般会起动空运行开关，以缩短模拟时间。但模拟完去手动或自动加工时，一定要关闭空运行开关，以降低机床的移动速度，否则很容易撞刀。

8.7　数控机床安全文明生产与维护保养

8.7.1　数控机床文明生产与安全操作规程

1. 文明生产

文明生产是现代企业制度的一项十分重要的内容，而数控加工是一种先进的加工方法。与通用机床加工比较，数控机床自动化程度高；采用了高性能的主轴部件及传动系统；机械结构具有较高刚度和耐磨性；热变形小；采用高效传动部件(滚珠丝杠、静压导轨)；具有自动换刀装置。

操作者除了掌握好数控机床的性能、精心操作外，一方面要管好、用好和维护好数控机床；另一方面还必须养成文明生产的良好工作习惯和严谨的工作作风，具有较好的职业素质、责任心和良好的合作精神。

2. 数控机床安全生产规程

(1) 数控机床的使用环境要避免光的直接照射和其他热辐射，要避免太潮湿或粉尘过多的场所，特别要避免有腐蚀气体的场所。

(2) 为了避免电源不稳定给电子元件造成损坏，数控机床应采取专线供电或增设稳压装置。

(3) 数控机床的开机、关机顺序，一定要按照机床说明书的规定操作。

(4) 主轴起动开始切削之前一定要关好防护罩门，程序正常运行中严禁开启防护罩门。

(5) 机床在正常运行时不允许打开电气柜的门，禁止按动"急停""复位"按钮。

(6) 机床发生事故时，操作者要注意保护现场，并向维修人员如实说明事故发生前后的情况，以利于分析问题，查找事故原因。

(7) 数控机床的使用一定要有专人负责，严禁其他人员随意动用数控设备。

(8) 要认真填写数控机床的工作日志，做好交接班工作，消除事故隐患。

(9) 不得随意更改数控系统内制造厂设定的参数。

3. 数控铣床、加工中心操作规程

为了正确合理地使用数控铣床、加工中心，保证机床正常运转，必须制定比较完整的数控铣床、加工中心操作规程，通常应做到如下几点：

(1) 机床通电后，检查各开关、按钮是否正常、灵活，机床有无异常现象。

(2) 检查电压、气压、油压是否正常，需要润滑的部位先要进行手动润滑。

(3) 各坐标轴手动回零(机床参考点)，若某轴在回零前已在零位，必须先将该轴移动离零点一段距离后，再进行手动回零。

（4）在进行工作台回转交换时，台面上、护罩上、导轨上不得有异物。

（5）机床空运转达 15min 以上，使机床达到热平衡状态。

（6）程序输入后，应认真核对，保证无误，其中包括对代码、指令、地址、数值、正负号、小数点及语法的核对。

（7）按工艺规程安装找正夹具。

（8）正确测量和计算工件坐标系，并对所得结果进行验证和验算。

（9）将工件坐标系输入设定页面，并对坐标、坐标值、正负号、小数点进行认真核对。

（10）未装工件以前，空运行一次程序，看程序能否顺利执行，刀具长度选取和夹具安装是否合理，有无超程现象。

（11）刀具补偿值（刀长、半径）输入偏置页面后，要对刀补号、补偿值、正负号、小数点进行认真核对。

（12）装夹工具，注意螺钉压板是否妨碍刀具运动，检查零件毛坯和尺寸超常现象。

（13）检查各刀头的安装方向及各刀具旋转方向是否合乎程序要求。

（14）查看各刀杆前后部位的形状和尺寸是否合乎程序要求。

（15）镗刀头尾部露出刀杆直径部分，必须小于刀尖露出刀杆直径部分。

（16）检查每把刀柄在主轴孔中是否都能拉紧。

（17）无论是首次加工的零件，还是周期性重复加工的零件，首件都必须对照图样工艺、程序和刀具调整卡进行逐段程序的试切。

（18）单段试切时，快速倍率开关必须打到最低挡。

（19）每把刀首次使用时，必须先验证它的实际长度与所给刀补值是否相符。

（20）在程序运行中，要观察数控系统上的坐标显示，可了解目前刀具运动点在机床坐标系及工件坐标系中的位置；了解程序段的位移量，还剩余多少位移量等。

（21）程序运行中，也要观察数控系统上的工作寄存器和缓冲寄存器显示，查看正在执行的程序段各状态指令和下一个程序段的内容。

（22）在程序运行中，要重点观察数控系统上的主程序和子程序，了解正在执行主程序段的具体内容。

（23）试切进刀时，在刀具运行至工件表面 30～50mm 处，必须在进给保持下，验证 Z 轴剩余坐标值和 X、Y 轴坐标值与图样是否一致。

（24）对一些有试刀要求的刀具，采用"渐近"方法。例如，先镗一小段长度，检测合格后，再镗到整个长度。使用刀具半径补偿功能的刀具数据，可由小到大，边试边修改。

（25）试切和加工中，刃磨刀具和更换刀具后，一定要重新测量刀长并修改好刀补值和刀补号。

（26）程序检索时应注意光标所指位置是否合理、准确，并观察刀具与机床运动方向坐标是否正确。

（27）程序修改后，对修改部分一定要仔细计算和认真核对。

（28）手摇进给和手动连续进给操作时，必须检查各种开关所选择的位置是否正确，弄清正负方向，认准按键，然后再进行操作。

（29）全批零件加工完成后，应核对刀具号、刀补值，使程序、偏置页面、调整卡及工艺中的刀具号、刀补值完全一致。

(30) 从刀库中卸下刀具，按调整卡或程序清理编号入库。

(31) 卸下夹具，某些夹具应记录安装位置及方位，并做出记录、存档。

(32) 清扫机床并将各坐标轴停在中间位置。

8.7.2 数控机床的日常维护与保养

1. 数控机床日常维护与保养

为了使数控机床保持良好状态，除了发生事故应及时修理外，还应坚持日常的维护保养。坚持定期检查，经常维护保养，可以把许多故障隐患消灭在发生之前，防止或减少事故的发生。不同型号的数控机床对维护要求不完全一样，对于具体情况应进行具体分析。

(1) 每天做好各导轨面的清洁，有自动润滑系统的要定期检查、清洗自动系统，检查油量，及时添加油。

(2) 每天检查主轴自动润滑系统是不是在工作。

(3) 注意检查电气柜中冷却风扇是不是工作正常、风道滤网有无堵塞。

(4) 注意检查冷却系统，检查液面高度，及时添加油或水，油、水脏时要更换清洗。

(5) 注意检查主轴驱动带，调整松紧程度。

(6) 注意检查导轨镶条松紧程度，调节间隙。

(7) 注意检查机床液压系统油箱油泵有无异常噪声，工作油面高度是否合适，压力表指示是否正常，管路及各接头有无泄漏。

(8) 注意检查导轨、机床防护罩是否齐全有效。

(9) 注意检查各运动部件的机械精度，减小形状偏差和位置偏差。

(10) 每天下班前做好机床清扫工作，清扫铁屑，擦净导轨部件上的冷却液，防止导轨生锈。

(11) 机床起动后，在机床自动连续运转前，必须监视其运转状态。

(12) 确认冷却液输出通畅，流量充足。

(13) 机床运转时，不得调整刀具和测量工件尺寸，手不得靠近旋转的刀具和工件。

(14) 停机时除去工件或刀具上的切屑。

(15) 加工完毕后关闭电源、清扫机床并涂防锈油。

2. 数控系统的日常维护与保养

数控系统使用一定时间之后，某些元器件或机械部件总要损坏。为了延长元器件的使用寿命和零部件的磨损周期，防止各种故障，特别是恶性事故的发生，延长整台数控系统的使用寿命，是数控系统进行日常维护的目的。具体的日常维护要求，在数控系统的使用、维修说明书中一般都有明确的规定。总的来说，要注意以下几点：

(1) 制定数控系统日常维护的规章制度。根据各种部件的特点，确定各自保养条例，如明文规定哪些地方需要天天清理，哪些部件要定时加油或定期更换等。

(2) 应尽量少打开数控系统柜和强电柜的门。机加工车间空气中一般都含有油雾、飘浮的灰尘甚至金属粉末。一旦它们落在数控装置内的印制电路板或电子器件上，容易引起元器件间绝缘电阻下降，并导致元器件及印制线路的损坏。因此，除非进行必要的调整和维修，否则不允许加工时敞开柜门。

（3）定时清理数控装置的散热通风系统。应每天检查数控装置上各个冷却风扇工作是否正常。视工作环境的状况，每半年或每季度检查一次风道过滤器是否有堵塞现象，如过滤网上灰尘积聚过多，需要及时清理，否则将会引起数控装置内温度过高（一般不允许超过60℃），致使数控系统不能可靠地工作，甚至发生过热报警现象。

（4）定期检查和更换直流电动机电刷。虽然在现代数控机床上交流伺服电动机和交流主轴电动机取代了直流伺服电动机和直流主轴电动机，但用户所用的一些老旧机床还是直流电动机。而电动机电刷的过度磨损将会影响电动机的性能，甚至造成电动机损坏。为此，应对电动机电刷进行定期检查和更换。检查周期随机床使用频繁度而异，一般为每半年或一年检查一次。

（5）经常监视数控装置用的电网电压。数控装置通常允许电网电压在额定值的±5%～±10%的范围内波动。如果超出此范围就会造成系统不能正常工作，甚至会引起数控系统内的电子部件损坏。为此，需要经常监视数控装置使用的电网电压。

（6）存储器用的电池需要定期更换。存储器如采用CMOS RAM器件，为了在数控系统不通电期间能保持存储的内容，设有可充电电池维持电路。在正常电源供电时，由+5V电源经一个二极管向CMOS RAM供电，同时对可充电电池进行充电；当电源停电时，则改由电池供电维持CMOS RAM信息。在一般情况下，即使电池仍未失效，也应每年更换一次，以便确保系统能正常工作。电池的更换应在CNC（计算机数值控制）装置通电状态下进行。

（7）数控系统长期不用时的维护。为提高系统的利用率和减少系统的故障率，数控机床长期闲置不用是不可取的。若数控系统处在长期闲置的情况下，需注意以下两点：一是要经常给系统通电，特别是在环境温度较高的梅雨季节更是如此。在机床锁住不动的情况下，让系统空运行。利用电气元件本身的发热来驱散数控装置内的潮气，保证电子元件性能的稳定可靠。实践证明，在空气湿度较大的地区，经常通电是降低故障率的一个有效措施。二是如果数控机床的进给轴和主轴采用直流电动机来驱动，应将电刷从直流电动机中取出，以免由于化学腐蚀作用，造成换向器表面腐蚀，使换向性能变坏，以致整台电动机损坏。

（8）备用印制电路板的维护。印制电路板长期不用容易出故障。因此，对于已购置的备用印制电路板应定期装到数控装置上通电，运行一段时间，以防损坏。

小　结

数控机床品种繁多，结构各异，操作功能和方法也不尽相同，本章以FANUC 0i mate-TB系统数控车床为例介绍数控机床的操作方法。

机床控制面板与具体的数控系统的型号有关，操作面板的功能和按钮的排列可根据机床厂家的要求布置。

控制机床运动的前提是建立机床坐标系，为此，系统接通电源后首先应进行机床各轴回参考点操作。在手动连续进给方式下可以实现机床X轴和Z轴的移动，主轴起动和停止，刀架的手动换刀，从而实现手动切削和对刀。在手轮方式，用开关选择移动轴和移动的倍率后，机床可通过旋转操作面板上手摇脉冲发生器而连续不断地移动。

自动运行主要有存储器运行、MDI 运行和 DNC 运行 3 种方式。存储器运行是执行存储在 CNC 存储器中的程序的运行方式；MDI 运行是执行从 MDI 面板输入的程序的运行方式；DNC 运行是用外部输入/输出设备上的程序控制机床的运行方式。

编程人员在编辑数控加工程序时使用工件坐标系，在数控车削加工时通常将工作原点设定在工件右端面的回转中心上。而机床坐标系是机床唯一的基准，所以必须找出工件原点在机床坐标系中的位置，在两个坐标系之间建立联系，这可以通过对刀来完成，因此在数控程序运行前必须进行对刀操作。

习　　题

8-1　数控机床开机时为什么要回参考点？如何回参考点？

8-2　刀具的当前位置信息有几种显示方式？

8-3　数控机床如何调用存储器中的程序来自动加工？

8-4　什么是 MDI 运行和 DNC 运行？各适用于何处？

8-5　FANUC 数控机床有哪些方法可以建立工件坐标系？

8-6　如何显示出程序的刀具轨迹来检查加工过程？

8-7　 数控机床的安全生产规程有哪些内容？

8-8　数控机床日常保养的内容和要求通常包括哪些方面？

第 9 章
综合实训

内容提要

数控编程与操作是一项实用技术，为了提高教学效果，理论联系实际，本章以几个中等复杂程度的案例介绍了数控机床的应用，可配合专门的实训课时来培养学生的操作技能。

9.1　数控车削综合实例1

例 9-1　车削零件图样如图 9.1 所示，零件最大外径为 $\phi48\mathrm{mm}$，长度为 83mm，所以选取毛坯为 $\phi50\mathrm{mm}$ 的圆棒料，长 85mm。

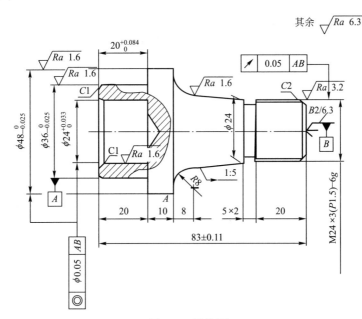

图 9.1　零件图

1. 加工工艺分析

1）制定加工方案与加工路线

本例采用两次装夹后完成粗、精加工的加工方案，先加工左端内、外形，完成粗、精加工后，调头加工另外一端。

进行数控车削加工时，加工的起始点在离工件毛坯 2mm 的位置。尽可能采用沿轴向切削的方式进行加工，以提高加工过程中工件与刀具的刚性。

2）工件的定位及装夹

工件采用自定心卡盘进行定位与装夹。当调头加工右端时，采用一夹一顶的装夹方式。工件装夹过程中，应对工件进行找正，以保证工件轴线与主轴轴线同轴。

3）刀具的选用

T01、T02 为 90°外圆车刀；T03 为外切槽刀；T04 为普通螺纹车刀；T05 为盲孔车刀。

2. 制定数控加工刀具表和数控加工工序卡

数控加工刀具表和数控加工工序卡分别如表 9-1 和表 9-2 所示。

表 9-1　数控加工刀具表

数控加工刀具卡片		产品名称	零件名称	材　料	零件图号
序号	刀具号	刀具名称及规格	数量	加工表面	备注
1	T01	外圆车刀	1	外圆轮廓	粗车
2	T02	外圆车刀	1	外圆轮廓	精车
3	T03	外切槽刀	1	外圆退刀槽	
4	T04	螺纹车刀	1	外螺纹	
5	T05	盲孔车刀	1	内轮廓	
		ϕ22mm 麻花钻	1	内孔	
绘制		审核	批准	共　页	第　页

表 9-2　数控加工工序卡

（厂名）	数控加工工序卡		产品名称	零件名称	零件图号
工序序号	程序编号	夹具名称	夹具编号	使用设备	车间
工步号	工步内容	刀具号	刀具规格	主轴转速/(r/min)	进给量/(mm/r)	背吃刀量/mm
---	---	---	---	---	---	---
1	手动钻孔		ϕ22mm 钻头	250	0.1	
2	手动加工左端面（含 Z 向对刀）	T01	外圆粗车刀	600		0.5
3	粗加工左端内轮廓	T05	盲孔车刀	500	0.25	1.0
4	精加工左端内轮廓	T05	盲孔车刀	1000	0.1	0.15
5	粗加工左端外圆轮廓	T01	外圆粗车刀	600	0.2	1.5
6	精加工左端外圆轮廓	T02	外圆精车刀	1200	0.1	0.15
7	调头手动加工右端面（Z0）	T01	外圆粗车刀	600		0.5
8	粗加工右端外圆轮廓	T01	外圆粗车刀	600	0.2	1.5
9	精加工右端外圆轮廓	T02	外圆精车刀	1200	0.1	0.15
10	切槽	T03	切槽刀	600	0.1	
11	加工双头普通外螺纹	T04	螺纹车刀	400		
绘制		审核	批准	共___页　第___页		

3. 手动钻孔

夹好工件，用 $\phi 22mm$ 麻花钻手动钻孔，孔深为 25mm。

4. 编写加工程序

1）车削工件左端轮廓的加工程序

```
O0001;
M03 S500;
T0505;                           转内孔车刀,取 5 号刀补
G00 X21.0 Z2.0;
G71 U1.0 R0.3;                   粗加工循环
G71 P30 Q40 U-0.3 W0.05 F0.25;
N30 G01 X26.0 F0.1 S1000;        精加工循环起始程序段
Z0.0;
X24.0 Z-1.0;
Z-20.0;
N40 X21.0;
G70 P30 Q40;                     精加工
G00 X100.0 Z100.0;
T0101;                           转外圆粗车刀,取 1 号刀补
M03 S600;
G00 X52.0 Z2.0;                  快速点定位至循环起点
G71 U1.5 R0.3;
G71 P50 Q60 U0.3 W0.05 F200;
N50 G01 X34.0 F0.1 S1200;
Z0.0;
X36.0 Z-1.0;
Z-20.05;
X48.0;
Z-40.0;
N60 X52.0;
G00 X100.0 Z100.0;
T0202;                           转外圆精车刀,取 2 号刀补
G00 X52.0 Z2.0;
G70 P50 Q60;                     精加工循环
G00 X100.0 Z100.0;
M30
```

2）车削工件右端轮廓的加工程序

```
O0002;
T0101;
G00 X100.0 Z100.0;
M03 S600;
G00 X52.0 Z2.0;                  快速点定位至循环起点
```

```
G71 U1.5 R0.3;
G71 P10 Q20 U0.3 W0.05 F0.2;
N10 G01 X19.8 F80 S1200;
Z0;
X23.8 Z-2.0;
Z-25.0;
X24.0;
X28.16 Z-45.8;
G02 X44.08 Z-53.0 R8.0;
N20 G01 X52.0;
G00 X100.0 Z100.0;
T0202;
G00 X26.0 Z2.0;
G70 P10 Q20;
G00 X100.0 Z100.0;                    退刀至转刀点
T0303;                                转外切槽刀,刀宽为 5mm,取 3 号刀补
M03 S600;
G00 X26.0 Z-25;
G01 X20.0 F0.1
G01 X25.0
G00 X100.0 Z100.0;
T0404;                                转外螺纹车刀,取 4 号刀补
M03 S400;
G00 X28.0 Z2.0;
G92 X23.2 Z-22.0 F1.5;
X22.6;
X22.2;
X22.04;
G00 X28.0 Z3.5;
G92 X23.2 Z-22.0 F1.5;
X22.6;
X22.2;
X22.04;
G00 X100.0 Z100.0;
M30;
```

9.2　数控车削综合实例 2

例 9 - 2　车削锥孔螺母套零件如图 9.2 所示，按中批生产安排其数控加工工艺，编写出加工程序。毛坯为 $\phi72\text{mm}$ 棒料。

1. 工艺分析

1) 分析零件图样

　　该零件表面由内外圆柱面、圆锥孔、圆弧、内沟槽、内螺纹等表面组成。其中多个径向尺寸和轴向尺寸有较高的尺寸精度、表面质量和位置公差要求，各表面的加工方案确定为粗车→精车。

　　2）装夹方案的确定

　　加工内孔时以外圆定位，用自定心卡盘装夹。加工外轮廓时，为了保证同轴度要求和便于装夹，以工件左端面和 $\phi32\text{mm}$ 孔轴线作为定位基准，为此需要设计一个心轴装置（图9.3中双点画线部分），用自定心卡盘夹持心轴左端，心轴右端留有中心孔并用顶尖顶紧，以提高工艺系统的刚性。

　　3）加工工艺的确定

　　（1）加工路线的确定。加工路线如表9-3所示。

　　（2）工序30。本工序的工序卡如表9-4所示。

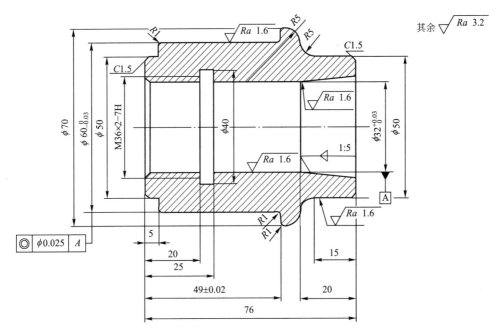

图9.2　锥孔螺母套零件

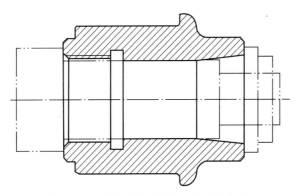

图9.3　外轮廓车削心轴定位装夹方案

表 9-3　数控加工工艺路线

（厂名）	数控加工工艺路线单	产品名称	零件名称	材　料	零件图号
				45 钢	

工序号	工序名称	工序内容		夹具	使用设备	工时
10	普车	下料：$\phi 71mm \times 78mm$ 棒料		自定心卡盘		
20	钳工	钻孔：$\phi 30mm$		自定心卡盘		
30	数车	加工左端内孔、内沟槽、内螺纹		自定心卡盘		
40	数车	加工右端内表面		自定心卡盘		
50	数车	加工外表面		心轴装置		
60	检验	按图样检查				
绘制		审核		批准	共　页	第　页

表 9-4　数控加工工序卡

（厂名）	数控加工工序卡片	产品名称	零件名称	材　料	零件图号
				45 钢	

工序号	程序编号	夹具名称	夹具编号	使用设备	车　间
30	**O2301**	自定心卡盘			

工步号	工步内容	刀具号	主轴转速 /(r/min)	进给速度 /(mm/r)	背吃刀量 /mm	备注
装夹：夹住棒料一头，留出长度大约 30mm，车端面（手动操作）保证总长 77mm，对刀，调用程序						
1	镗孔	T01	600	0.15	1	
2	车内沟槽	T02	250	0.08	4	
3	车内螺纹	T03	600			
绘制		审核		批准	共　页	第　页

本工序所使用的刀具如表 9-5 所示。

表 9-5　数控加工刀具卡

数控加工刀具卡片	工序号	程序编号	产品名称	零件名称	材　料	零件图号
	30	O2301			45 钢	

序号	刀具号	刀具名称及规格	刀尖半径 /mm	加工表面	备注
1	T01	镗刀	0.8	内表面	硬质合金
2	T02	内切槽刀（$B=5$）	0.4	内沟槽	高速钢
3	T03	内螺纹刀		内螺纹	硬质合金
绘制		审核		批准	共　页　　　第　页

（3）工序40。本工序的工序卡如表9-6所示。

表9-6 数控加工工序卡

（厂名）	数控加工工序卡片		产品名称	零件名称	材 料	零件图号
					45钢	
工序号	程序编号	夹具名称	夹具编号	使用设备		车 间
40	O2302	自定心卡盘				
工步号	工 步 内 容		刀具号	主轴转速/(r/min)	进给速度/(mm/r)	背吃刀量/mm	备注
装夹：夹住棒料一头，留出长度大约40mm，车端面（手动操作）保证总长76mm，对刀，调用程序							
1	粗镗内表面		T01	600	0.2	1	
2	精镗内表面		T02		0.1	0.3	
绘制		审核		批准		共 页	第 页

本工序所使用的刀具如表9-7所示。

表9-7 数控加工刀具卡

数控加工刀具卡片	工序号	程序编号	产品名称	零件名称	材 料	零件图号
	40	O2302			45钢	
序号	刀具号	刀具名称及规格		刀尖半径/mm	加工表面	备注
1	T01	粗镗刀		0.8	内表面	硬质合金
2	T02	精镗刀		0.4	内表面	硬质合金
绘制		审核		批准	共 页	第 页

（4）工序50。本工序的工序卡如表9-8所示。

表9-8 数控加工工序卡

（厂名）	数控加工工序卡片		产品名称	零件名称	材 料	零件图号
					45钢	
工序号	程序编号	夹具名称	夹具编号	使用设备		车 间
50	O2303	心轴装置				
工步号	工 步 内 容		刀具号	主轴转速/(r/min)	进给速度/(mm/r)	背吃刀量/mm	备注
装夹：采用心轴装夹工件，对刀，调用程序							
1	粗车右端外轮廓		T01	400	0.2	1	
2	粗车左端外轮廓		T02	400	0.2	1	
3	精车右端外轮廓		T03	600	0.1	0.3	
4	精车左端外轮廓		T04	600	0.1	0.3	
绘制		审核		批准		共 页	第 页

本工序的精加工外轮廓的走刀路线如图 9.4 所示，粗加工外轮廓的走刀路线略。

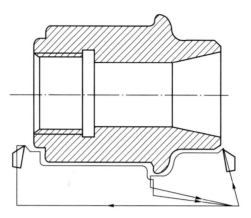

图 9.4　外轮廓车削进给路线

本工序的刀具如表 9－9 所示。

表 9－9　数控加工刀具卡

数控加工刀具卡片	工序号	程序编号	产品名称	零件名称	材　料	零件图号
	50	O2303			45 钢	
序号	刀具号	刀具名称及规格		刀尖半径/mm	加工表面	备注
1	T01	95°右偏外圆刀（80°菱形刀片）		0.8	右端外轮廓	硬质合金
2	T02	95°左偏外圆刀（80°菱形刀片）		0.8	左端外轮廓	硬质合金
3	T03	95°右偏外圆刀（80°菱形刀片）		0.4	右端外轮廓	硬质合金
4	T04	95°左偏外圆刀（80°菱形刀片）		0.4	左端外轮廓	硬质合金
绘制		审核		批准		共　页　　第　页

2．手动钻孔

夹好工件，用 ϕ30mm 麻花钻手动钻孔，孔为通孔。

3．编制数控加工程序

1）工序 30

（1）工件坐标系的建立。以工件右端面与轴线的交点为编程原点建立工件坐标系。

（2）基点坐标计算（略）。

（3）参考程序如下：

```
O2301;                        程序名
N10  T0101;                   选择 1 号刀,建立刀补
N20  M03 S600;                起动主轴
N30  G00 X80.0 Z5.0;          快进至进刀点
```

N40	X29.0 Z1.0;	快进至 G71 复合循环起点
N50	G71 U1.0 R1.0;	G71 循环粗加工内表面
N60	G71 P70 Q90 U-0.6 W0.1 F0.15	
N70	G00 X40.0 Z1.0;	径向进刀
N80	G01 X34.0 Z-2.0;	车倒角
N90	Z-22.0;	车 φ34mm 螺纹底孔
N100	G70 P70 Q90;	G70 循环精加工内表面
N110	G00 Z100.0;	Z 向快速退刀
N120	G00 X100.0 M05;	X 向快速退刀,停主轴
N130	T0100;	取消 1 号刀刀补
N140	T0202;	选择 2 号刀(左刀尖为刀位点),建立刀补
N150	M03 S250;	起动主轴
N160	G00 X80.0 Z5.0;	快进至进刀点
N170	X29.0 Z2.0;	接近工件
N180	Z-25.0;	切槽起点
N190	X40.0 F0.08;	车内沟槽
N200	X33.0 F1;	X 向退刀
N210	G00 Z100.0;	Z 向快速退刀
N220	X100.0 M05;	X 向快速退刀,停主轴
N230	T0200;	取消 2 号刀刀补
N240	T0303;	选择 3 号刀,建立刀补
N250	M03 S600;	起动主轴
N260	G00 X80.0 Z5.0;	快进至进刀点
N270	X30.0 Z2.0;	快进至 G92 循环起点
N280	G92 X34.5 Z-22.0 F2;	切螺纹循环,第一刀
N290	X35.1;	切螺纹循环,第二刀
N300	X35.5;	切螺纹循环,第三刀
N310	X35.9;	切螺纹循环,第四刀
N320	X36.0;	切螺纹循环,第五刀
N330	G00 Z100.0;	Z 向快速退刀
N340	X100.0 M05;	X 向快速退刀,停主轴
N350	T0300;	取消 3 号刀刀补
N360	M30;	程序结束

2）工序 40

（1）工件坐标系的建立。以工件右端面与轴线的交点为编程原点建立工件坐标系。

（2）基点坐标计算（略）。

（3）参考程序如下：

O2302;	程序名
N10 T0202;	选择 2 号刀,建立刀补
N20 M03 S600;	起动主轴
N30 G00 X80.0 Z5.0;	快进至进刀点
N40 X29.0 Z1.0;	快进至 G71 复合循环起点
N50 G71 U1.0 R1.0;	G71 循环粗加工内表面

N60	G71 P70 Q90 U-0.6 W0.1 F0.2;	
N70	G41 G00 X36.2 Z1.0;	径向进刀,建立刀尖圆弧半径补偿
N80	G01 X32.0 Z-20.0;	车内锥面
N90	Z-52.0;	车 ϕ32mm 孔
N100	G00 Z100.0;	Z 向快速退刀
N110	G00 X100.0 M05;	X 向快速退刀,停主轴
N120	T0100;	取消 1 号刀刀补
N130	T0202;	选择 2 号刀,建立刀补
N140	G50 S2000;	主轴限速(最高转速 3000r/min)
N150	M03 G96 S120;	起动主轴、恒线速度控制
N160	G00 X80.0 Z5.0;	快进至进刀点
N170	X29.0 Z1.0;	快进至 G70 循环起点
N180	G70 P70 Q90 F0.1;	G70 循环精加工内表面
N190	G00 Z100.0;	Z 向快速退刀
N200	G40 G00 X100.0;	取消刀尖圆弧半径补偿,X 向快速退刀
N210	M05;	停主轴
N220	G97;	取消恒线速
N230	T0200;	取消 2 号刀刀补
N240	M30;	程序结束

3）工序 50

（1）工件坐标系的建立。以工件右端面与轴线的交点为编程原点建立工件坐标系。

（2）基点坐标计算（略）。

（3）参考程序如下：

O2303;		程序名
N10	T0101;	选择 1 号刀,建立刀补
N20	M03 S400;	起动主轴
N30	G00 X80.0 Z5.0;	快进至进刀点
N40	X72.0 Z1.0;	快进至 G71 复合循环起点
N50	G71 U1.5 R1.0;	G71 循环粗加工右端外轮廓
N60	G71 P70 Q130 U0.6 W0.1 F0.2;	
N70	G00 X45.0 Z1.0;	X 向进刀
N80	G01 X50.0 Z-1.5;	车倒角
N90	Z-15.0;	车 ϕ50mm 外圆
N100	G02 X60.0 Z-20.0 R5.0;	倒 R5mm 圆角
N110	G03 X70.0 Z-25.0 R5.0;	倒 R5mm 圆角
N120	G01 Z-28.0;	车 ϕ70mm 外圆
N130	X72.0;	X 向退刀
N140	G00 X200.0;	X 向快速退刀
N150	Z20.0 M05;	Z 向快速退刀,停主轴
N160	T0100;	取消 1 号刀刀补
N170	T0202;	选择 2 号刀,建立刀补
N180	M03 S400;	起动主轴
N190	G00 X80.0 Z5.0;	快进至进刀点

N200	G00 Z-77.0;	Z 向进刀
N210	X72.0 Z-77.0;	快进至 G71 复合循环起点
N220	G71 U1.5 R1.0;	G71 循环粗加工左端外轮廓
N230	G71 P240 Q330 U0.6 W-0.1 F0.2;	
N240	G00 X45.0 Z-77.0;	X 向进刀
N250	G01 X50.0 Z-74.5;	车倒角
N260	Z-71.0;	车 ϕ50mm 外圆
N270	X58.0;	车台阶
N280	G02 X60.0 Z-70.0 R1.0;	倒 R1mm 圆角
N290	G01 Z-28.0;	车 ϕ60mm 外圆
N300	G03 X62.0 Z-27.0 R1.0;	倒 R1mm 圆角
N310	X68.0;	车台阶
N320	G02 X70.0 Z-26.0 R1.0;	倒 R1mm 圆角
N330	G01 Z-24.0;	车 ϕ70mm 外圆
N340	G00 X200.0;	X 向快速退刀
N350	Z20.0 M05;	Z 向快速退刀, 停主轴
N360	T0200;	取消 2 号刀刀补
N370	T0303;	选择 3 号刀, 建立刀补
N380	M03 S600;	起动主轴
N390	G00 X80.0 Z5.0;	快进至进刀点
N400	X72.0 Z1.0;	快进至 G70 复合循环起点
N410	G70 P70 Q130 F0.1;	G70 循环精加工右端外轮廓
N420	G00 X200.0;	X 向快速退刀
N430	Z20.0 M05;	Z 向快速退刀, 停主轴
N440	T0300;	取消 3 号刀刀补
N450	T0404;	选择 4 号刀, 建立刀补
N460	M03 S600;	起动主轴
N470	G00 X80.0 Z5.0;	快进至进刀点
N480	G00 Z-77.0;	Z 向进刀
N490	X72.0 Z-77.0;	快进至 G70 循环起点
N500	G70 P240 Q330 F0.1;	G70 循环精加工左端外轮廓
N510	G00 X200.0;	X 向快速退刀
N520	Z20.0 M05;	Z 向快速退刀, 停主轴
N530	T0400;	取消 4 号刀刀补
N540	M30;	程序结束

9.3 数控铣削综合实例 1

例 9 - 3 图 9.5 所示为二阶外轮廓矩形槽板零件, 底面已精铣完毕, 分析该零件的加工工艺, 并编制其轮廓的加工程序。

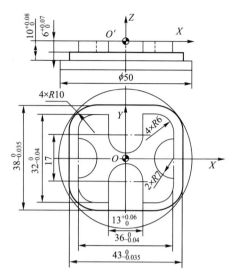

图 9.5 二阶外轮廓矩形槽板零件

1. 零件加工工艺分析

如图 9.5 所示的零件,加工内容为矩形轮廓及槽板轮廓,深度尺寸的测量基准取零件上表面,采用平口钳及 V 形块进行一次装夹即可完成加工。槽板的最小凹圆弧半径为 6.5mm,因此只能采用直径小于等于 12mm 的立铣刀加工,本题采用 ϕ12mm 的立铣刀进行加工,该零件安排的加工工艺过程如下。

(1)手动方式或 MDI 方式铣削零件上表面,确定轮廓深度测量基准。

(2)粗、半精铣矩形轮廓及槽板轮廓,留单边余量 0.1mm。

(3)精铣矩形轮廓及槽板轮廓。

零件加工的数控加工工序卡如表 9 - 10 所示。

表 9 - 10 数控加工工序卡

(厂名)	数控加工工艺卡片		产品名称		零件名称		零件图号	
工序序号	程序编号	夹具名称	夹具编号		使用设备		车间	
工步号	工步内容	刀具号	刀具规格/mm	主轴转速/(r/min)	进给速度/(mm/min)	背吃刀量/mm
---	---	---	---	---	---	---
1	手动铣削零件上表面		ϕ50 面铣刀	1000	400	
2	粗铣矩形轮廓	T01	ϕ12 三刃立铣刀	400	60	
3	半精铣矩形轮廓	T01	ϕ12 三刃立铣刀	400	120	
4	粗铣槽板轮廓	T01	ϕ12 三刃立铣刀	400	60	
5	半精铣槽板轮廓	T01	ϕ12 三刃立铣刀	400	120	
6	精铣矩形轮廓	T02	ϕ12 四刃立铣刀	500	150	
7	精铣槽板轮廓	T02	ϕ12 四刃立铣刀	500	150	
绘制		审核		批准		共 页	第 页	

2. 刀具及切削用量的选择

加工零件所需的刀具选择如表 9 - 11 所示。

表 9 - 11　数控加工刀具表

数控加工刀具卡片		产品名称	零件名称	材　料	零件图号
序号	刀具号	刀具名称及规格/mm	数量	加工表面	备注(半径补偿)/mm
1		$\phi100$ 可转位面铣刀	1	铣上表面	
2	T01	$\phi12$ 三刃立铣刀	1	粗、半精铣矩形轮廓及槽板轮廓	$D_1=6.4$ $D_2=6.1$
3	T02	$\phi12$ 四刃立铣刀	1	精铣矩形轮廓及槽板轮廓	$D_3=6$
绘制		审核		批准	共　页　　第　页

3. 工件坐标系的设定

选取上表面中心 O 点为工件坐标系的原点。

4. 编制加工程序

加工矩形轮廓及槽板轮廓的铣削程序如下：

```
O9220;                         程序名
N10  G54 G17 G90 G40 G49 G94;  建立工件坐标系,XY平面,绝对编程,取消半径补偿及长度补
                               偿,进给速度单位为 mm/min
N20  M03 S400 ;                主轴正转,转速 400r/min
N30  G43 G00 Z100.0 H1;         Z轴快速定位,调用1号长度补偿
N40  G00 X-50.0 Y-40.0;         X、Y轴快速定位
N50  Z-5.9;                     Z轴进刀,槽板底面留 0.1mm 余量
N60  D1 F60;                    指定粗铣刀具半径补偿代号D1,进给速度为60mm/min
N70  M98 P9222;                 调用子程序 O9222,粗铣槽板轮廓
N80  G00 Z-9.9;                 Z轴进刀,矩形轮廓底面留 0.1mm 余量
N90  M98 P9221;                 调用子程序 O9221,粗铣四边形轮廓
N100 D2 F120;                   指定粗铣刀具半径补偿代号D2,进给速度为120mm/min
N110 G00 Z-6.0;                 Z轴进刀至矩形轮廓底面
N120 M98 P9221;                 调用子程序 O9221,半精铣四边形轮廓
N130 G00 Z-6.0;                 Z轴进刀至槽板轮廓底面
N140 M98 P9222;                 调用子程序 O9222,半精铣槽板轮廓
N150 G49 G00 Z150;              快速抬刀至 Z150mm 处,并取消刀具长度补偿
N160 M05;                       主轴停转
N170 M01;                       程序暂停,进行手动换精铣刀
N180 M03 S500;                  主轴正转,转速 500r/min
N190 G43 G00 Z100.0 H2;         Z轴快速定位,调用2号长度补偿
N200 G00 X-50.0 Y-40.0;         X、Y轴快速定位
N210 Z-6.0;                     Z轴进刀
N220 D3 F150;                   指定精铣刀具半径补偿代号D3,进给速度为150mm/min
```

N230	M98 P9222;	调用子程序 O9222,精铣槽板轮廓
N240	G00 Z-10.0;	Z轴进刀
N250	M98 P9221;	调用子程序 O9221,精铣矩形轮廓
N260	G49 G00 Z150.0;	抬刀至 Z150mm 处,并取消刀具长度补偿值
N270	M30;	程序结束
O9221;		子程序名:O9221
N10	G42 G00 X-35.0 Y-19.0;	X、Y轴快速定位,并执行刀具半径补偿
N20	G01 X11.5;	
N30	G03 X21.5 Y-9.0 R10.0;	
N40	G01 Y9.0;	
N50	G03 X11.5 Y19.0 R10.0;	
N60	G01 X-11.5;	
N70	G03 X-21.5 Y9.0 R10.0;	四边形轮廓铣削
N80	G01 Y-9.0;	
N90	G03 X-11.5 Y-19.0 R10.0;	
N100	G02 X3.5 Y-34.0 R15.0;	
N110	G40 G00 X-50.0 Y-40.0;	取消刀具半径补偿,返回下刀点
N120	M99;	子程序结束,并返回主程序
O9222;		子程序名:O9222
N10	G42 G00 X-30.0 Y-16.0;	X、Y轴快速定位,并执行刀具半径补偿
N20	G01 X-6.5	
N30	Y-8.5;	
N40	G02 X6.5 R6.5;	
N50	G01 Y-16.0 ;	
N60	X12.0;	
N70	G03 X18.0 Y-10.0 R6.0;	
N80	G01 Y-7.0;	
N90	G02 Y7.0 R7.0;	
N100	G01 Y10.0;	
N110	G03 X12.0 Y16.0 R6.0;	
N120	G01 X6.5;	槽板轮廓铣削
N130	Y8.5;	
N140	G02 X-6.5 R6.5;	
N150	G01 Y16.0;	
N160	X-12.0;	
N170	G03 X-18.0 Y10.0 R6.0;	
N180	G01 Y7.0;	
N190	G02 Y-7.0 R7.0;	
N200	G01 Y-10.0;	
N210	G03 X-12.0 Y-16.0 R6.0;	
N220	G02 X3.0 Y-31.0 R15.0;	
N230	G40 G00 X-50.0 Y-40.0;	取消刀具半径补偿,返回下刀点
N240	M99;	子程序结束,并返回主程序

9.4 数控铣削综合实例 2

例 9 - 4 腰形槽底板如图 9.6 所示，按单件生产安排其数控铣削工艺，编写出加工程序。毛坯尺寸为 $100mm \times 80mm \times 20\ mm$，长度方向侧面对宽度侧面及底面的垂直度公差为 0.03；零件材料为 45 钢，表面粗糙度为 $Ra = 3.2\mu m$。

1. 零件工艺分析

该零件包含了外形轮廓、圆形槽、腰形槽和孔的加工，有较高的尺寸精度和垂直度、对称度等形位精度要求。编程前必须详细分析图样中各部分的加工方法及走刀路线，选择合理的装夹方案和加工刀具，保证零件的加工精度要求。

外形轮廓中的 50 和 60.73 两尺寸的上极限偏差都为零，可不必将其转变为对称公差，直接通过调整刀补来达到公差要求；$3 \times \phi 10mm$ 孔尺寸精度和表面质量要求较高，并对 C 面有较高的垂直度要求，需要铰削加工，并注意以 C 面为定位基准；$\phi 42mm$ 圆形槽有较高的对称度要求，对刀时 X、Y 方向应采用寻边器碰双边，准确找到工件中心。加工过程如下：

（1）外轮廓的粗、精铣削。批量生产时，粗精加工刀具要分开，本例采用同一把刀具进行。粗加工单边留 0.2mm 余量。

（2）加工 $3 \times \phi 10mm$ 孔和垂直进刀工艺孔。

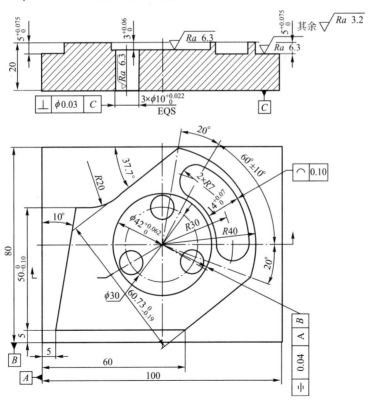

图 9.6　腰形槽底板

271

（3）圆形槽粗、精铣削，采用同一把刀具进行。

（4）腰形槽粗、精铣削，采用同一把刀具进行。

零件加工的数控加工工序卡如表9-12所示。

表9-12　数控加工工序卡

（厂名）	数控加工工序卡片		产品名称	零件名称	零件图号
工序号	程序编号	夹具名称	夹具编号	设备名称	车间

工步号	工步内容	刀具号	刀具规格/mm	主轴转速/(r/min)	进给速度/(mm/min)	背吃刀量/mm	备注
1	去除轮廓边角料	T01	ϕ20 立铣刀	400	80		
2	粗铣外轮廓	T01	ϕ20 立铣刀	500	100		
3	精铣外轮廓	T01	ϕ20 立铣刀	700	80		
4	钻中心孔	T02	ϕ3 中心钻	2000	80		
5	钻 3×ϕ10mm 底孔和垂直进刀工艺孔	T03	ϕ9.7 麻花钻	600	80		
6	铰 3×ϕ10H7 孔	T04	ϕ10 铰刀	200	50		
7	粗铣圆形槽	T05	ϕ16 立铣刀	500	80		
8	半精铣圆形槽	T05	ϕ16 立铣刀	500	80		
9	精铣圆形槽	T05	ϕ16 立铣刀	750	60		
10	粗铣腰形槽	T06	ϕ12 立铣刀	600	80		
11	半精铣腰形槽	T06	ϕ12 立铣刀	600	80		
12	精铣腰形槽	T06	ϕ12 立铣刀	800	60		
绘制		审核		批准		共　页	第　页

2. 刀具选择

加工零件所需的刀具选择如表9-13所示。

表9-13　数控加工刀具卡

数控加工刀具卡片		产品名称	零件名称	材　料	零件图号
				45 钢	
序号	刀具号	刀具名称及规格/mm	刀补号	加工表面	备注(半径补偿)/mm
1	T01	ϕ20 立铣刀	D01	铣外轮廓	粗 10.2　精 9.96

（续）

数控加工刀具卡片		产品名称	零件名称	材 料	零件图号
				45 钢	
序号	刀具号	刀具名称及规格/mm	刀补号	加工表面	备注（半径补偿）/mm
2	T02	ϕ3 中心钻		钻中心孔	
3	T03	ϕ9.7 麻花钻		钻 3×ϕ10mm 底孔和工艺孔	
4	T04	ϕ10 铰刀		铰 3×ϕ10H7 孔	
5	T05	ϕ16 立铣刀	D05	铣圆形槽	半精 8.2 精 7.98
6	T06	ϕ12 立铣刀	D06	铣腰形槽	半精 6.1 精 5.98
绘制		审核	批准	共 页	第 页

3. 装夹方案

用平口台虎钳装夹工件，工件上表面高出钳口 8mm 左右。校正固定钳口的平行度及工件上表面的平行度，确保精度要求。

4. 编制加工程序

在工件中心建立工件坐标系，Z 轴原点设在工件上表面的对称中心。

1）外形轮廓铣削

（1）去除轮廓边角料。安装 ϕ20mm 立铣刀（T01）并对刀，去除轮廓边角料程序如下：

```
O0001;
N10 G17 G21 G40 G54 G80 G90 G94;          程序初始化
N20 G00 Z50.0 M08;                        刀具定位到安全平面,起动主轴
N30 M03 S400;
N40 X-65.0 Y32.0;                         去除轮廓边角料
N50 Z-5.0;
N60 G01 X-24.0 F80;
N70 Y55.0;
N80 G00 Z50.0;
N90 X40.0 Y55.0;
N100 Z-5.0;
N110 G01 Y35.0;
N120 X52.0;
N130 Y-32.0;
N140 X40.0;
N150 Y-55.0
N160 G00 Z50.0 M09;
N170 M05;
N180 M30;
```

（2）粗、精加工外形轮廓。外形轮廓各点坐标及切入切出路线如图9.7所示，刀具由 P_0 点下刀，通过 P_0P_1 直线建立左刀补，沿圆弧 P_1P_2 切向切入，走完轮廓后由圆弧 P_2P_{10} 切向切出，通过直线 $P_{10}P_{11}$ 取消刀补。粗、精加工采用同一程序，通过设置刀补值控制加工余量和达到尺寸要求。外形轮廓粗、精加工程序如下（程序中切削参数为粗加工参数）：

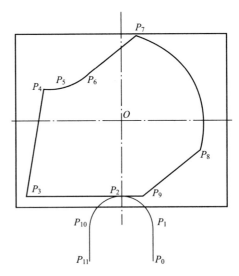

P_0	(15,−65)
P_1	(15,−50)
P_2	(0,−35)
P_3	(−45,−35)
P_4	(−36.184,15)
P_5	(−31.444,15)
P_6	(−19.214,19.176)
P_7	(6.944,39.393)
P_8	(37.589,−13.677)
P_9	(10,−35)
P_{10}	(−15,−50)
P_{11}	(−15,−65)

图 9.7　外形轮廓各点坐标及切入切出路线

```
O0002;
N10 G17 G21 G40 G54 G80 G90 G94;          程序初始化
N20 G00 Z50.0 M08;                        刀具定位到安全平面,起动主轴
N30 M03 S500;                             精加工时设为700r/min
N40 G00 X15.0 Y−65.0;                     达到 P₀ 点
N50 Z−5.0;                                下刀
N60 G01 G41 Y−50.0 D01 F100;              建立刀补,粗加工时刀补设为10.2mm,精加工时刀补设为
                                          9.96mm(根据实测尺寸调整);精加工时 F 设为80mm/min
N70 G03 X0.0 Y−35.0 R15.0;                切向切入
N80 G01 X−45.0 Y−35.0;                    铣削外形轮廓
N90 X−36.184 Y15.0;
N100 X−31.444;
N110 G03 X−19.214 Y19.176 R20.0;
N120 G01 X6.944 Y39.393;
N130 G02 X37.589 Y−13.677 R40.0;
N140 G01 X10.0 Y−35.0;
N150 X0;
N160 G03 X−15.0 Y−50.0 R15.0;             切向切出
N170 G40 G01 Y−65.0;                      取消刀补
N180 G00 Z50.0 M09
N190 M05;
N230 M30;                                 程序结束
```

2）加工 3×φ10mm 孔和垂直进刀工艺孔

首先安装中心钻（T02）并对刀，孔加工程序如下：

```
O0003;
N10 G17 G21 G40 G54 G80 G90 G94;          程序初始化
N20 G00 Z50.0 M08;                        刀具定位到安全平面,起动主轴
N30 M03 S2000;
N40 G99 G81 X12.99 Y-7.5 R5.0 Z-5.0 F80;  钻中心孔,深度以钻出锥面为好
N50 X-12.99;
N60 X0.0 Y15.0;
N70 Y0.0;
N80 X30.0;
N100 G00 Z180.0 M09;                      刀具抬到手工换刀高度
N105 X150.0 Y150.0;                       移到手工换刀位置
N110 M05;
N120 M00;                                 程序暂停,手工换 T03 刀,换转速
N130 M03 S600;
N140 G00 Z50.0 M08;                       刀具定位到安全平面
N150 G99 G83 X12.99 Y-7.5 R5.0 Z-24.0 Q-4.0 F80;  钻 3×φ10mm 底孔和垂直进刀工艺孔
N160 X-12.99;
N170 X0.0 Y15.0;
N180 G81 Y0.0 R5.0 Z-2.9;
N190 X30.0 Z-4.9;
N200 G00 Z180.0 M09;                      刀具抬到手工换刀高度
N210 X150.0 Y150.0;                       移到手工换刀位置
N220 M05;
N230 M00;                                 程序暂停,手工换 T04 刀,换转速
N240 M03 S200;
N250 G00 Z50.0 M08;                       刀具定位到安全平面
N260 G99 G85 X12.99 Y-7.5 R5.0 Z-24.0 Q-4.0 F80;  铰 3×φ10mm 孔
N270 X-12.99;
N280 G98 X0.0 Y15.0;
N290 M05;
N300 M30;                                 程序结束
```

3）圆形槽铣削

安装 φ16mm 立铣刀（T05）并对刀，圆形槽铣削程序如下：

（1）粗铣圆形槽程序如下：

```
O0004;
N10 G17 G21 G40 G54 G80 G90 G94;          程序初始化
N20 G00 Z50.0 M08;                        刀具定位到安全平面,起动主轴
N30 M03 S500;
N40 X0.0 Y0.0;
N50 Z10.0;
N60 G01 Z-3.0 F40;                        下刀
N70 X5.0 F80;                             去除圆形槽中材料
N80 G03 I-5.0;
```

```
N90 G01 X12.0;
N100 G03 I-12.0;
N110 G00 Z50 M09;
N120 M05;
N130 M30;                          程序结束
```

(2) 半精、精铣圆形槽边界。半精、精加工采用同一程序，通过设置刀补值控制加工余量和达到尺寸要求。程序如下（程序中切削参数为半精加工参数）：

```
O0005;
N10 G17 G21 G40 G54 G80 G90 G94;   程序初始化
N20 G00 Z50.0 M08;                 刀具定位到安全平面,起动主轴
N30 M03 S600;                      精加工时设为 750r/min
N40 X0.0 Y0.0;
N50 Z10.0;
N60 G01 Z-3.0 F40;                 下刀
N70 G41 X-15.0 Y-6.0 D05 F80;      建立刀补,半精加工时刀补设为 8.2mm,精加工时刀补设
                                   为 7.98mm(根据实测尺寸调整);精加工时 F 设为 60mm/min
N80 G03 X0.0 Y-21.0 R15.0;         切向切入
N90 G03 J21.0;                     铣削圆形槽边界
N100 G03 X15.0 Y-6.0 R15.0;        切向切出
N110 G01 G40 X0.0 Y0.0;            取消刀补
N120 G00 Z50 M09;
N130 M05;
N140 M30;                          程序结束
```

4）铣削腰形槽

(1) 粗铣腰形槽。安装 ϕ12mm 立铣刀（T06）并对刀，粗铣腰形槽程序如下：

```
O0006;
N10 G17 G21 G40 G54 G80 G90 G94;   程序初始化
N20 G00 Z50.0 M08;                 刀具定位到安全平面,起动主轴
N30 M03 S600;
N40 X30.0 Y0.0;                    到达预钻孔上方
N50 Z10.0;
N60 G01 Z-5.0 F40;                 下刀
N70 G03 X15.0 Y25.981 R30.0 F80;   粗铣腰形槽
N80 G00 Z50 M09;
N90 M05;
N100 M30;
```

(2) 半精、精铣腰形槽。腰形槽各点坐标及切入切出路线如图 9.8 所示，半精、精加工可采用同一程序，通过设置刀补值控制加工余量和达到尺寸要求。程序如下（程序中切削参数为半精加工参数）：

A0	30，0
A1	30.5，−6.5
A2	37，0
A3	18.5，32.043
A4	11.5，19.919
A5	23，0
A6	30.5，6.5

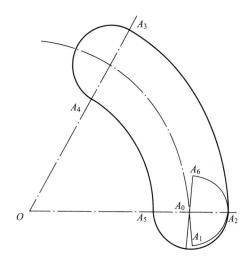

图 9.8　腰形槽各点坐标及切入切出路线

O0007;

N10 G17 G21 G40 G54 G80 G90 G94;　　　　程序初始化

N20 G00 Z50.0 M08;　　　　　　　　　　刀具定位到安全平面,起动主轴

N30 M03 S600;　　　　　　　　　　　　精加工时设为 800r/min

N40 X30.0 Y0.0;

N50 Z10.0;

N60 G01 Z−3.0 F40;　　　　　　　　　　下刀

N70 G41 X30.5 Y−6.5 D06 F80;　　　　建立刀补,半精加工时刀补设为 6.1mm,精加工时刀补设为

　　　　　　　　　　　　　　　　　　5.98mm(根据实测尺寸调整);精加工时 F 设为 60mm/min

N80 G03 X37.0 Y0.0 R6.5;　　　　　　切向切入

N90 G03 X18.5 Y32.043 R37.0;　　　　铣削腰形槽边界

N100 X11.5 Y19.919 R7.0;

N110 G02 X23.0 Y0 R23.0;

N120 G03 X37.0 R7.0;

N130 X30.5 Y6.5 R6.5;

N140 G01 G40 X30.0 Y0.0;　　　　　　取消刀补

N150 G00 Z50 M09;

N160 M05;

N170 M30;　　　　　　　　　　　　　程序结束

5. 注意事项

（1）铣削外形轮廓时，刀具应在工件外面下刀，注意避免刀具快速下刀时与工件发生碰撞。

（2）使用立铣刀粗铣圆形槽和腰形槽时，应先在工件上钻工艺孔，避免立铣刀中心垂直切削工件。

（3）精铣时刀具应切向切入和切出工件。在进行刀具半径补偿时，切入和切出圆弧半径应大于刀具半径补偿设定值。

（4）精铣时应采用顺铣方式，以提高尺寸精度和表面质量。

（5）铣削腰形槽的 $R7\mathrm{mm}$ 内圆弧时，注意调低刀具进给率。

小　　结

本章主要通过 4 个典型实例来巩固前面各章所学数控机床应用方面的知识，将理论知识应用到实践中，全面提高数控编程及工艺分析的能力。在各实例中，详细阐述了加工工艺分析、工艺卡编制及参考程序。通过实例，应对复杂零件的加工有所了解，为今后编写复杂零件程序打下良好的基础。

习　　题

9-1　要求加工如图 9.9 所示的手柄零件，毛坯为 $\phi42\mathrm{mm}$ 棒料，长 88mm。试编制其数控加工工艺，编写加工程序。

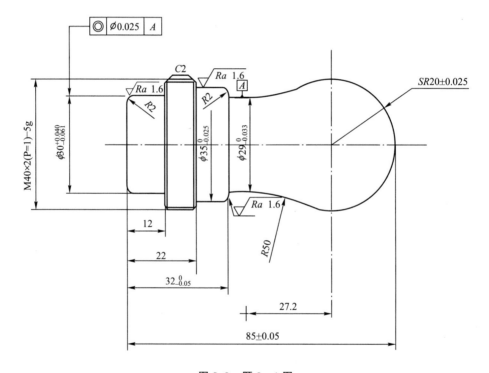

图 9.9　题 9-1 图

9-2　轴套类零件如图 9.10 所示，毛坯为 $\phi82\mathrm{mm}$ 棒料。按中批生产安排其数控加工工艺，编写加工程序。

9-3　图 9.11 所示为一轴套的零件图，材料为 45 钢，毛坯尺寸为 $\phi40\mathrm{mm}$ 实心棒料，试分析其数控加工工艺，选择加工刀具和编写加工程序。

9-4　加工如图 9.12 所示的零件，毛坯为 80mm×80mm×19mm 长方块，材料为 45 钢，4 个侧面及底面已加工。按单件生产安排其数控加工工艺，编写加工程序。

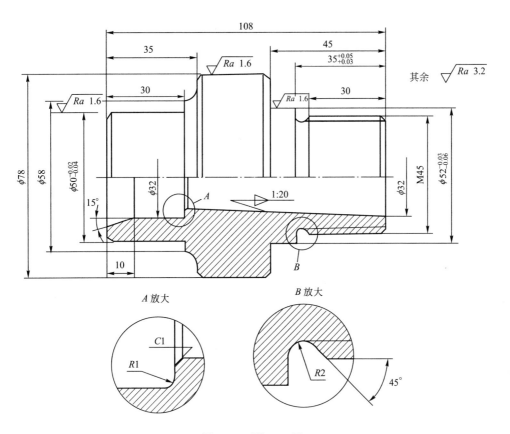

图 9.10　题 9-2 图

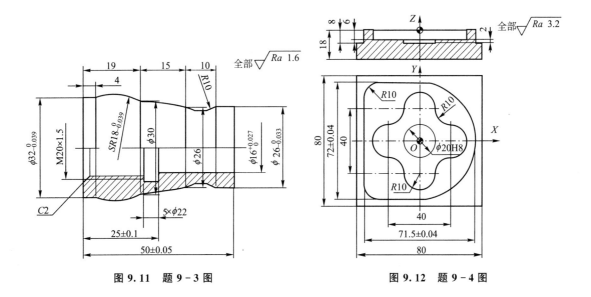

图 9.11　题 9-3 图　　　　　　图 9.12　题 9-4 图

9-5 加工如图9.13所示的凸轮零件，毛坯为$\phi 105\text{mm}\times 25\text{mm}$圆柱块，材料为45钢，单件生产，编制加工程序。

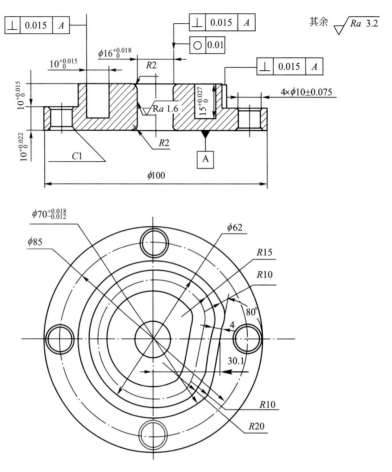

图 9.13 题 9-5 图

9-6 加工如图9.14所示的零件，材料为硬铝，其底面、顶面已经加工完成，外轮廓的总加工余量为2mm。试分析其数控加工工艺，选择加工刀具和编写加工程序。设上表面中心为工件坐标系原点，图中 A 点的坐标为(-10.865，24.292)，B 点的坐标为(-35.432，8.395)。

9-7 工件如图9.15所示，毛坯为50mm×50mm×10mm的方形坯料，材料为45钢，要求在 FANUC 数控系统立式加工中心上完成顶面加工、外轮廓、内轮廓、孔加工编程。工件坐标原点在上表面中心。

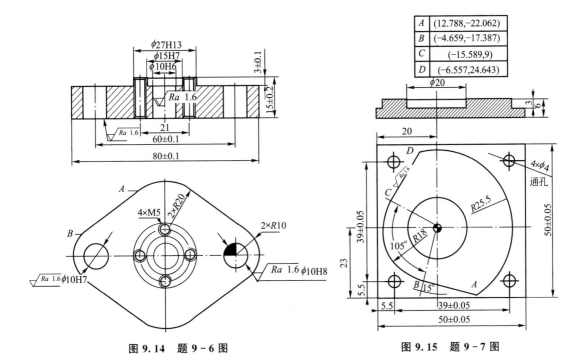

A	(12.788,−22.062)
B	(−4.659,−17.387)
C	(−15.589,9)
D	(−6.557,24.643)

图 9.14　题 9 − 6 图

图 9.15　题 9 − 7 图

参 考 文 献

［1］王爱玲，沈兴全．现代数控编程技术及应用［M］．北京：国防工业出版社，2002．

［2］曹甜东，唐燕华，贾伟杰．数控技术［M］．2版．武汉：华中科技大学出版社，2008．

［3］胡占齐，杨莉．机床数控技术［M］．北京：机械工业出版社，2007．

［4］王爱玲，张吉堂，吴雁．现代数控原理及控制系统［M］．北京：国防工业出版社，2002．

［5］陈小怡．数控加工工艺与编程［M］．北京：清华大学出版社，2009．

［6］蒋建强，张德荣．数控机床编程与操作［M］．北京：清华大学出版社，2010．

［7］黄康美．数控加工编程［M］．上海：上海交通大学出版社，2004．

［8］张超英，罗学科．数控加工综合实训［M］．北京：化学工业出版社，2004．

［9］彭晓南，徐向纮，刘丽冰．数控技术［M］．北京：机械工业出版社，2001．

［10］张建钢，胡大泽．数控技术［M］．武汉：华中科技大学出版社，2000．

［11］罗学科，谢富春．数控原理与数控机床［M］．北京：化学工业出版社，2004．

［12］陈志雄．数控机床与数控编程技术［M］．北京：电子工业出版社，2003．

［13］李正锋．数控加工工艺［M］．上海：上海交通大学出版社，2004．

［14］罗辑．数控加工工艺及刀具［M］．重庆：重庆大学出版社，2006．

［15］黄志辉．数控加工编程与操作［M］．北京：电子工业出版社，2006．

北京大学出版社教材书目

❖ 欢迎访问教学服务网站 www.pup6.com，免费查阅已出版教材的电子书(PDF版)、电子课件和相关教学资源。

❖ 欢迎征订投稿。联系方式：010-62750667，童编辑，13426433315@163.com，pup_6@163.com，欢迎联系。

序号	书　名	标准书号	主　编	定价	出版日期
1	机械设计	978-7-5038-4448-5	郑　江，许　瑛	33	2007.8
2	机械设计(第2版)	978-7-301-28560-2	吕　宏　王　慧	47	2018.8
3	机械设计	978-7-301-17599-6	门艳忠	40	2010.8
4	机械设计	978-7-301-21139-7	王贤民，霍仕武	49	2014.1
5	机械设计	978-7-301-21742-9	师素娟，张秀花	48	2012.12
6	机械原理	978-7-301-11488-9	常治斌，张京辉	29	2008.6
7	机械原理	978-7-301-15425-0	王跃进	26	2013.9
8	机械原理	978-7-301-19088-3	郭宏亮，孙志宏	36	2011.6
9	机械原理	978-7-301-19429-4	杨松华	34	2011.8
10	机械设计基础	978-7-5038-4444-2	曲玉峰，关晓平	27	2008.1
11	机械设计基础	978-7-301-22011-5	苗淑杰，刘喜平	49	2015.8
12	机械设计基础	978-7-301-22957-6	朱　玉	38	2014.12
13	机械设计课程设计	978-7-301-12357-7	许　瑛	35	2012.7
14	机械设计课程设计(第2版)	978-7-301-27844-4	王　慧，吕　宏	36	2016.12
15	机械设计辅导与习题解答	978-7-301-23291-0	王　慧，吕　宏	26	2013.12
16	机械原理、机械设计学习指导与综合强化	978-7-301-23195-1	张占国	63	2014.1
17	机电一体化课程设计指导书	978-7-301-19736-3	王金娥　罗生梅	35	2013.5
18	机械工程专业毕业设计指导书	978-7-301-18805-7	张黎骅，吕小荣	22	2015.4
19	机械创新设计	978-7-301-12403-1	丛晓霞	32	2012.8
20	机械系统设计	978-7-301-20847-2	孙月华	32	2012.7
21	机械设计基础实验及机构创新设计	978-7-301-20653-9	邹旻	28	2014.1
22	TRIZ理论机械创新设计工程训练教程	978-7-301-18945-0	删苏苏，马履中	45	2011.6
23	TRIZ理论及应用	978-7-301-19390-7	刘训涛，曹　贺等	35	2013.7
24	创新的方法——TRIZ理论概述	978-7-301-19453-9	沈萌红	28	2011.9
25	机械工程基础	978-7-301-21853-2	潘玉良，周建军	34	2013.2
26	机械工程实训	978-7-301-26114-9	侯书林，张　炜等	52	2015.10
27	机械CAD基础	978-7-301-20023-0	徐云杰	34	2012.2
28	AutoCAD工程制图	978-7-5038-4446-9	杨巧绒，张克义	20	2011.4
29	AutoCAD工程制图	978-7-301-21419-0	刘善淑，胡爱萍	38	2015.2
30	工程制图	978-7-5038-4442-6	戴立玲，杨世平	27	2012.2
31	工程制图	978-7-301-19428-7	孙晓娟，徐丽娟	30	2012.5
32	工程制图习题集	978-7-5038-4443-4	杨世平，戴立玲	20	2008.1
33	机械制图(机类)	978-7-301-12171-9	张绍群，孙晓娟	32	2009.1
34	机械制图习题集(机类)	978-7-301-12172-6	张绍群，王慧敏	29	2007.8
35	机械制图(第2版)	978-7-301-19332-7	孙晓娟，王慧敏	38	2014.1
36	机械制图	978-7-301-21480-0	李凤云，张　凯等	36	2013.1
37	机械制图习题集(第2版)	978-7-301-19370-7	孙晓娟，王慧敏	22	2011.8
38	机械制图	978-7-301-21138-0	张　艳，杨晨升	37	2012.8
39	机械制图习题集	978-7-301-21339-1	张　艳，杨晨升	24	2012.10
40	机械制图	978-7-301-22896-8	臧福领，杨晓冬等	60	2013.8
41	机械制图与AutoCAD基础教程	978-7-301-13122-0	张爱梅	35	2013.1
42	机械制图与AutoCAD基础教程习题集	978-7-301-13120-6	鲁　杰，张爱梅	22	2013.1
43	AutoCAD 2008工程绘图	978-7-301-14478-7	赵润平，宗荣珍	35	2009.1
44	AutoCAD实例绘图教程	978-7-301-20764-2	李庆华，刘晓杰	32	2012.6
45	工程制图案例教程	978-7-301-15369-7	宗荣珍	28	2009.6
46	工程制图案例教程习题集	978-7-301-15285-0	宗荣珍	24	2009.6
47	理论力学(第2版)	978-7-301-23125-8	盛冬发，刘　军	38	2013.9
48	理论力学	978-7-301-29087-3	刘　军，阎海鹏	45	2018.1
49	材料力学	978-7-301-14462-6	陈忠安，王　静	30	2013.4
50	工程力学(上册)	978-7-301-11487-2	毕勤胜，李纪刚	29	2008.6
51	工程力学(下册)	978-7-301-11565-7	毕勤胜，李纪刚	28	2008.6
52	液压传动(第2版)	978-7-301-19507-9	王守城，容一鸣	38	2013.7
53	液压与气压传动	978-7-301-13179-4	王守城，容一鸣	32	2013.7

序号	书 名	标准书号	主 编	定价	出版日期
54	液压与液力传动	978-7-301-17579-8	周长城等	34	2011.11
55	液压传动与控制实用技术	978-7-301-15647-6	刘 忠	36	2009.8
56	金工实习指导教程	978-7-301-21885-3	周哲波	30	2014.1
57	工程训练(第4版)	978-7-301-28272-4	郭永环，姜银方	42	2017.6
58	机械制造基础实习教程(第2版)	978-7-301-28946-4	邱 兵，杨明金	45	2017.12
59	公差与测量技术	978-7-301-15455-7	孔晓玲	25	2012.9
60	互换性与测量技术基础(第3版)	978-7-301-25770-8	王长春等	35	2015.6
61	互换性与技术测量	978-7-301-20848-4	周哲波	35	2012.6
62	机械制造技术基础	978-7-301-14474-9	张 鹏，孙有亮	28	2011.6
63	机械制造技术基础	978-7-301-16284-2	侯书林　张建国	32	2012.8
64	机械制造技术基础(第2版)	978-7-301-28420-9	李菊丽，郭华锋	49	2017.6
65	先进制造技术基础	978-7-301-15499-1	冯宪章	30	2011.11
66	先进制造技术	978-7-301-22283-6	朱 林，杨春杰	30	2013.4
67	先进制造技术	978-7-301-20914-1	刘 璇，冯 凭	28	2012.8
68	先进制造与工程仿真技术	978-7-301-22541-7	李 彬	35	2013.5
69	机械精度设计与测量技术	978-7-301-13580-8	于 峰	25	2013.7
70	机械制造工艺学	978-7-301-13758-1	郭艳玲，李彦蓉	30	2008.8
71	机械制造工艺学(第2版)	978-7-301-23726-7	陈红霞	45	2014.1
72	机械制造工艺学	978-7-301-19903-9	周哲波，姜志明	49	2012.1
73	机械制造基础(上)——工程材料及热加工工艺基础(第2版)	978-7-301-18474-5	侯书林，朱 海	40	2013.2
74	制造之用	978-7-301-23527-0	王中任	30	2013.12
75	机械制造基础(下)——机械加工工艺基础(第2版)	978-7-301-18638-1	侯书林，朱 海	32	2012.5
76	金属材料及工艺	978-7-301-19522-2	于文强	44	2013.2
77	金属工艺学	978-7-301-21082-6	侯书林，于文强	32	2012.8
78	工程材料及其成形技术基础(第2版)	978-7-301-22367-3	申荣华	58	2016.1
79	工程材料及其成形技术基础学习指导与习题详解(第2版)	978-7-301-26300-6	申荣华	28	2015.9
80	机械工程材料及成形基础	978-7-301-15433-5	侯俊英，王兴源	30	2012.5
81	机械工程材料(第2版)	978-7-301-22552-3	戈晓岚，招玉春	36	2013.6
82	机械工程材料	978-7-301-18522-3	张铁军	36	2012.5
83	工程材料与机械制造基础	978-7-301-15899-9	苏子林	32	2011.5
84	控制工程基础	978-7-301-12169-6	杨振中，韩致信	29	2007.8
85	机械制造装备设计	978-7-301-23869-1	宋士刚，黄 华	40	2014.12
86	机械工程控制基础	978-7-301-12354-6	韩致信	25	2008.1
87	机电工程专业英语(第2版)	978-7-301-16518-8	朱 林	24	2013.7
88	机械制造专业英语	978-7-301-21319-3	王中任	28	2014.12
89	机械工程专业英语	978-7-301-23173-9	余兴波，姜 波等	30	2013.9
90	机床电气控制技术	978-7-5038-4433-7	张万奎	26	2007.9
91	机床数控技术(第2版)	978-7-301-16519-5	杜国臣，王士军	35	2014.1
92	自动化制造系统	978-7-301-21026-0	辛宗生，魏国丰	37	2014.1
93	数控机床与编程	978-7-301-15900-2	张洪江，侯书林	25	2012.10
94	数控铣床编程与操作	978-7-301-21347-6	王志斌	35	2012.10
95	数控技术	978-7-301-21144-1	吴瑞明	28	2012.9
96	数控技术	978-7-301-22073-3	唐友亮　佘 勃	45	2014.1
97	数控技术(双语教学版)	978-7-301-27920-5	吴瑞明	36	2017.3
98	数控技术与编程	978-7-301-26028-9	程广振　卢建湘	36	2015.8
99	数控技术及应用	978-7-301-23262-0	刘 军	49	2013.10
100	数控加工技术	978-7-5038-4450-7	王 彪，张 兰	29	2011.7
101	数控加工与编程技术	978-7-301-18475-2	李体仁	34	2012.5
102	数控编程与加工实习教程	978-7-301-17387-9	张春雨，于 雷	37	2011.9
103	数控加工技术及实训	978-7-301-19508-6	姜永成，夏广岚	33	2011.9
104	数控编程与操作	978-7-301-20903-5	李英平	26	2012.8
105	数控技术及其应用	978-7-301-27034-9	贾伟杰	46	2016.4
106	数控原理及控制系统	978-7-301-28834-4	周庆贵，陈书法	36	2017.9
107	现代数控机床调试及维护	978-7-301-18033-4	邓三鹏等	32	2010.11
108	金属切削原理与刀具	978-7-5038-4447-7	陈锡渠，彭晓南	29	2012.5
109	金属切削机床(第2版)	978-7-301-25202-4	夏广岚，姜永成	42	2015.1
110	典型零件工艺设计	978-7-301-21013-0	白海清	34	2012.8
111	模具设计与制造(第2版)	978-7-301-24801-0	田光辉，林红旗	56	2016.1
112	工程机械检测与维修	978-7-301-21185-4	卢彦群	45	2012.9
113	工程机械电气与电子控制	978-7-301-26868-1	钱宏琦	54	2016.3

序号	书 名	标准书号	主 编	定价	出版日期
114	工程机械设计	978-7-301-27334-0	陈海虹，唐绪文	49	2016.8
115	特种加工(第 2 版)	978-7-301-27285-5	刘志东	54	2017.3
116	精密与特种加工技术	978-7-301-12167-2	袁根福，祝锡晶	29	2011.12
117	逆向建模技术与产品创新设计	978-7-301-15670-4	张学昌	28	2013.1
118	CAD/CAM 技术基础	978-7-301-17742-6	刘 军	28	2012.5
119	CAD/CAM 技术案例教程	978-7-301-17732-7	汤修映	42	2010.9
120	Pro/ENGINEER Wildfire 2.0 实用教程	978-7-5038-4437-X	黄卫东，任国栋	32	2007.7
121	Pro/ENGINEER Wildfire 3.0 实例教程	978-7-301-12359-1	张选民	45	2008.2
122	Pro/ENGINEER Wildfire 3.0 曲面设计实例教程	978-7-301-13182-4	张选民	45	2008.2
123	Pro/ENGINEER Wildfire 5.0 实用教程	978-7-301-16841-7	黄卫东，郝用兴	43	2014.1
124	Pro/ENGINEER Wildfire 5.0 实例教程	978-7-301-20133-6	张选民，徐超辉	52	2012.2
125	SolidWorks 三维建模及实例教程	978-7-301-15149-5	上官林建	30	2012.8
126	SolidWorks 2016 基础教程与上机指导	978-7-301-28291-1	刘萍华	54	2018.1
127	UG NX 9.0 计算机辅助设计与制造实用教程 (第 2 版)	978-7-301-26029-6	张黎骅，吕小荣	36	2015.8
128	CATIA 实例应用教程	978-7-301-23037-4	于志新	45	2013.8
129	Cimatron E9.0 产品设计与数控自动编程技术	978-7-301-17802-7	孙树峰	36	2010.9
130	Mastercam 数控加工案例教程	978-7-301-19315-0	刘 文，姜永梅	45	2011.8
131	应用创造学	978-7-301-17533-0	王成军，沈豫浙	26	2012.5
132	机电产品学	978-7-301-15579-0	张亮峰等	24	2015.4
133	品质工程学基础	978-7-301-16745-8	丁 燕	30	2011.5
134	设计心理学	978-7-301-11567-1	张成忠	48	2011.6
135	计算机辅助设计与制造	978-7-5038-4439-6	仲梁维，张国全	29	2007.9
136	产品造型计算机辅助设计	978-7-5038-4474-4	张慧姝，刘永翔	27	2006.8
137	产品设计原理	978-7-301-12355-3	刘美华	30	2008.2
138	产品设计表现技法	978-7-301-15434-2	张慧姝	42	2012.5
139	CorelDRAW X5 经典案例教程解析	978-7-301-21950-8	杜秋磊	40	2013.1
140	产品创意设计	978-7-301-17977-2	虞世鸣	38	2012.5
141	工业产品造型设计	978-7-301-18313-7	袁涛	39	2011.1
142	化工工艺学	978-7-301-15283-6	邓建强	42	2013.7
143	构成设计	978-7-301-21466-4	袁涛	58	2013.1
144	设计色彩	978-7-301-24246-9	姜晓微	52	2014.6
145	过程装备机械基础(第 2 版)	978-301-22627-8	于新奇	38	2013.7
146	过程装备测试技术	978-7-301-17290-2	王毅	45	2010.6
147	过程控制装置及系统设计	978-7-301-17635-1	张早校	30	2010.8
148	质量管理与工程	978-7-301-15643-8	陈宝江	34	2009.8
149	质量管理统计技术	978-7-301-16465-5	周友苏，杨 飒	30	2010.1
150	人因工程	978-7-301-19291-7	马如宏	39	2011.8
151	工程系统概论——系统论在工程技术中的应用	978-7-301-17142-4	黄志坚	32	2010.6
152	测试技术基础(第 2 版)	978-7-301-16530-0	江征风	30	2014.1
153	测试技术实验教程	978-7-301-13489-4	封士彩	22	2008.8
154	测控系统原理设计	978-7-301-24399-2	齐永奇	39	2014.7
155	测试技术学习指导与习题详解	978-7-301-14457-2	封士彩	34	2009.3
156	可编程控制器原理与应用(第 2 版)	978-7-301-16922-3	赵 燕，周新建	33	2011.11
157	工程光学(第 2 版)	978-7-301-28978-5	王红敏	41	2018.1
158	精密机械设计	978-7-301-16947-6	田 明，冯进良等	38	2011.9
159	传感器原理及应用	978-7-301-16503-4	赵 燕	35	2014.1
160	测控技术与仪器专业导论(第 2 版)	978-7-301-24223-0	陈毅静	36	2014.6
161	现代测试技术	978-7-301-19316-7	陈科山，王 燕	43	2011.8
162	风力发电原理	978-7-301-19631-1	吴双群，赵丹平	33	2011.10
163	风力机空气动力学	978-7-301-19555-0	吴双群	32	2011.10
164	风力机设计理论及方法	978-7-301-20006-3	赵丹平	32	2012.1
165	计算机辅助工程	978-7-301-22977-4	许承东	38	2013.8
166	现代船舶建造技术	978-7-301-23703-8	初冠南，孙清洁	33	2014.1
167	机床数控技术(第 3 版)	978-7-301-24452-4	杜国臣	43	2016.8
168	工业设计概论(双语)	978-7-301-27933-5	窦金花	35	2017.3
169	产品创新设计与制造教程	978-7-301-27921-2	赵 波	31	2017.3

如您需要免费纸质样书用于教学，欢迎登陆第六事业部门户网(www.pup6.com)填表申请，并欢迎在线登记选题以到北京大学出版社来出版您的大作，也可下载相关表格填写后发到我们的邮箱，我们将及时与您取得联系并做好全方位的服务。